Münsterische Beiträge zur Rechts- und Staatswissenschaft

Herausgegeben
von der Rechts- und Staatswissenschaftlichen Fakultät
der Westfälischen Wilhelms-Universität in Münster

23

1977

Walter de Gruyter · Berlin · New York

Erfüllung mit Buchgeld und die Haftung der Beteiligten wegen ungerechtfertigter Bereicherung

Die Rückabwicklung irrtümlicher oder sonst fehlerhafter Bankgutschriften

von

Eugen-Ludwig Putzo

1977

Walter de Gruyter · Berlin · New York

CIP-Kurztitelaufnahme der Deutschen Bibliothek

Putzo, Eugen-Ludwig

Erfüllung mit Buchgeld und die Haftung der Beteiligten wegen ungerechtfertigter Bereicherung. — 1. Aufl. — Berlin, New York : de Gruyter, 1977.
(Münsterische Beiträge zur Rechts- und Staatswissenschaft ; H. 23)
ISBN 3-11-007268-8

Druck: W. Hildebrand, 1000 Berlin 65. — Bindearbeiten: Wübben & Co., 1000 Berlin 42.
Printed in Germany.

V O R W O R T

Die vorliegende Abhandlung wurde im Sommer des Jahres 1976 auf Vorschlag der Professoren Dr.Kollhosser und Dr.Harms vom Fachbereich Rechtswissenschaft der Westfälischen Wilhelms-Universität Münster als Dissertation angenommen. Sie wurde angeregt und betreut von meinem verehrten Lehrer, Herrn Professor Dr.Kollhosser, dem ich auch an dieser Stelle für kritischen Rat und vielfältige Förderung herzlich danke.

Mein Dank gilt ferner dem Fachbereich Rechtswissenschaft und dem Fachbereich Wirtschafts- und Sozialwissenschaften für die Aufnahme der Arbeit in die Schriftenreihe, die sie unter dem Namen der früheren Rechts- und Staatswissenschaftlichen Fakultät gemeinsam herausgeben. Dem Land Nordrhein-Westfalen danke ich für einen vom Rektor der Universität bewilligten Druckkostenzuschuß.

Münster
im März 1977

Eugen-Ludwig Putzo

INHALTSVERZEICHNIS

ABKÜRZUNGSVERZEICHNIS

a.	anders
a.A.	anderer Ansicht
allg.M.	allgemeine Meinung
Anh.	Anhang
Einl.	Einleitung
h.A.	herrschende Auffassung
h.L.	herrschende Lehre
h.M.	herrschende Meinung
m.N.	mit Nachweisen
m.w.N.	mit weiteren Nachweisen
Rdz.	Randziffer
Rsp.	Rechtsprechung
s.	siehe
S.	Seite
s.a.	siehe auch
s.o.	siehe oben

Im übrigen entsprechen die benutzten Abkürzungen den Vorschlägen von Kirchner, Abkürzungsverzeichnis der Rechtssprache, 2.Auflage, Berlin 1968

SCHRIFTTUMSVERZEICHNIS

Baumbach-Duden	Handelsgesetzbuch, Kommentar 21.Auflage, München und Berlin 1974
Baumbach-Hefermehl	Wechselgesetz und Scheckgesetz 11.Auflage, München 1973
Baur-Wolf	Bereicherungsansprüche bei irrtümlicher Leistung auf fremde Schuld JuS 1966,393 ff
Beitzke	Probleme des Kontokorrents, Festschrift für Julius v.Gierke, Berlin 1950,1 ff
Benszt	Die Banküberweisung im Konkurs, Betriebsberater 1949,500 ff
Berg	Anmerkung zum Urteil des BGH v. 5.10.1961 (Idealheim), NJW 1962, 1o1 ff
Berg	Bereicherung durch Leistung und in sonstiger Weise in den Fällen des § 951 Abs. 1 BGB, AcP 160(79), 1o7 ff
Bettermann	Kriegsbedingte Störungen im Überweisungsverkehr, ZHR 111,135 ff
Beuthien	Zweckerreichung und Zweckstörung im Schuldverhältnis, JZ 1968, 323 ff
Beck	Gesetz über die Deutsche Bundesbank, Kommentar, Düsseldorf 1959
Bittrof	Der Einzug von Quittungen und Lastschriften, Bankbetrieb 1962,13 ff
Blaurock	Das Anerkenntnis beim Kontokorrent, NJW 1971,2206 ff
Block	Hat das Lastschriftabkommen eine Lücke? ZGKW 1967,272 ff

Böhle-Stamschräder	Konkursordnung, Kommentar 11. Auflage, München und Berlin 1974
Böhmer	Der Erfüllungswille, München 1910
Brecher	Kritik zu: Friedrich Kübler, Feststellung und Garantie, AcP 168(1968),536 ff
Bötticher, E.	Besinnung auf das Gestaltungsrecht und das Gestaltungsklagerecht, Festschrift für Dölle, Tübingen 1963,41 ff Band I
Breit	Die Grundlagen des internen Scheckrechts, ZHR 64,445 ff
Breit	Scheck-Girovertrag und Kontokorrent, ZHR 67,500 ff
Brodmann	Zur Lehre vom Girovertrag, ZHR 60,282 ff
Canaris	Einwendungsausschluß und Bereicherungsausgleich im Girovertragsrecht, BB 1972,774 ff
Canaris	Der Bereicherungsausgleich im Dreipersonenverhältnis, Festschrift für Larenz, S. 799 ff, München 1973
Canaris	Lastschrift und Verfügungsbefugnis bei Bankkonten, NJW 1973, 825 ff
Canaris	Grundprobleme des bankgeschäftlichen Abrechnungs WM 1976,999
v.Caemmerer	Girozahlung, JZ 1963,446 ff
v.Caemmerer	Bereicherungsansprüche und Drittbeziehungen, JZ 1962,385 ff
v.Caemmerer	Bereicherung und unerlaubte Handlung, Festschrift für Rabel, S.373 ff, Tübingen 1954
v.Caemmerer	Irrtümliche Zahlung fremder Schulden, Festschrift für Dölle, Tübingen 1963, Bd. I,135 ff

Duden | Der Gestaltwandel des Geldes und seine rechtlichen Folgen, Schriftenreihe der Juristischen Studiengesellschaft Karlsruhe, Heft 86, Karlsruhe 1968

Düringer-Hachenburg | Das Handeslgesetzbuch, 3.Auflage Band IV Mannheim, Berlin, Leipzig 1932

Ehmann | Die Funktion der Zweckvereinbarung bei der Erfüllung, JZ 1968,549 ff

Ehmann | Ist die Erfüllung Realvertrag? NJW 1969,1833 ff

Enneccerus-Lehmann | Lehrbuch des Bürgerlichen Rechts, 2.Band, Recht der Schuldverhältnisse, 15.Bearbeitung, Tübingen 1958

Erman | Handkommentar zum Bürgerlichen Gesetzbuch, 5.Auflage, Münster 1972 (zit. Erman-Bearbeiter)

Esser-Schmidt | Schuldrecht, Band 1, Allgemeiner Teil (Teilband 1), 5.Auflage, Karlsruhe 1975

Esser | Schuldrecht, Band 2, Besonderer Teil, 4.Auflage, Karlsruhe 1971

Esser | Das Verhältnis von Kaufvertrag und Darlehnsvertrag beim B-Geschäft des finanzierten Teilzahlungsgeschäftes, Festschrift für Eduard Kern, S.87 ff, Tübingen 1968

Feldbausch | Handbuch der Bankpraxis, Frankfurt/Main 1968

Fikentscher | Schuldrecht, 4. Auflage, Berlin, New York 1973

Flume | Allgemeiner Teil des Bürgerlichen Rechts, Band II, Das Rechtsgeschäft, 2.Auflage, Berlin, Heidelberg, New York 1975

Flume | Anmerkung zum Urteil des BGH vom 5.10.1961 (Idealheim), JZ 1962,281 f

Fögen | Geld- und Währungsrecht, München 1969

Franke | Rechtsfragen im Bereich des Lastschriftverfahrens, Betrieb 1973,1055

Graumann	Fehlerhafte Banküberweisungen und ihre Rückabwicklung, insbesondere nach den Regeln über die Herausgabe einer ungerechtfertigten Bereicherung und unter besonderer Berücksichtigung der höchstrichterlichen Rechtsprechung, Dissertation Freiburg/Br. 1953 (maschinenschriftlich)
Hadding	Zur zivilrechtlichen Beurteilung des Lastschriftverfahrens, Festschrift für Bärmann, München 1975, S.375 ff
Hagenmüller-Diepen	Der Bankbetrieb, 5. Auflage, Wiesbaden 1972
Hahn	Das Zahlungs- und Inkassogeschäft der Banken, Frankfurt/Main 1970
Helbig	Die Giroüberweisung, deren Widerruf und Anfechtung nach deutschem und schweizerischem Recht, Dissertation München 1970
Hefermehl	Grundfragen des Kontokorrents, in: Das deutsche Privatrecht in der Mitte des 20.Jahrhunderts, Festschrift für H. Lehmann, Band II S. 547 ff, Berlin, Tübingen, Frankfurt 1956
Hefermehl	Rechtsfragen des Überweisungsverkehrs in: Festschrift für Philipp Möring, München 1975
Helfferich	Das Geld, 6. Auflage, Leipzig 1929
Henze-Schmidt	Grundriß für die Sparkassenarbeit, Teil 4, Giroabteilung, Stuttgart 1959
Höpker-Aschhoff	Geld und Währungen, Stuttgart 1948
Huber	Bereicherungsansprüche beim Bau auf fremdem Boden, JuS 1970,342 ff
Hülsmann	Leistungskondiktion und Eingriffskondiktion in Dreiecksverhältnissen, Dissertation Köln 1966
Isele	Geldschuld und bargeldloser Zahlungsverkehr, AcP 129,129 ff

Jaeger-Lent	Konkursordnung, Kommentar, 8. Auflage, Berlin 1958
Jarchow	Theorie und Politik des Geldes, Göttingen 1973
Jung	Ist der Empfänger einer Postanweisung grundlos bereichert, weil der Vertrag zwischen dem Einzahler und der Post nichtig war? IherJb 70,2o7 ff
Kiehnscherf	Widerruf und Anfechtung eines Giroüberweisungsauftrages, Mainz 1955
Koch	Banken und Bankgeschäfte, Jena 1931
Koch	Rechtsfragen aus dem Gebiet des Überweisungsverkehrs, ZHR 1o5, 262 ff
Kölzer	Bereicherungshaftung im Giroverkehr, Dissertation Köln 1936
König	Ausgleichsansprüche bei Fehlüberweisungen im Girorecht, Dissertation Münster 1957
Kötter	Zur Rechtsnatur der Leistungskondiktion, AcP 153,193
Kolbenschlag	Rechtliche Probleme der Stornierungspraxis bei Kreditinstituten, WM 1970,174 ff
Koller	Die Bedeutung der dem Überweisungsbegünstigten erteilten Gutschrift im Giroverkehr, BB 1972, 687 ff
Krawielicki	Grundlagen des Bereicherungsanspruches, Breslau 1936, neugedruckt Aalen 1964
Köndgen	Wandlungen im Bereicherungsrecht in: Dogmatik und Methode, Kronsberg 1975
Koppensteiner-Kramer	Ungerechtfertigte Bereicherung, Berlin, New York 1975

Kümpel	Zur Neufassung der Allgemeinen Geschäftsbedingungen der Banken, WM 1976, Sonderbeilage Nr. 1 (zu Heft 12)
Kübler	Feststellung und Garantie, Tübinger rechtswissenschaftliche Abhandlungen Nr.17, Tübingen 1967
Kunisch	Die Voraussetzungen für Bereicherungsansprüche in Dreiecksverhältnissen, Rückgriffskondiktion und Kondiktion gegen Drittempfänger, Berlin 1968
Larenz	Allgemeiner Teil des deutschen Bürgerlichen Rechts, 3. Auflage, München 1975
Larenz	Lehrbuch des Schuldrechts, 1.Band, Allgemeiner Teil, 11. Auflage, München 1976; 2. Band, Besonderer Teil, 11. Auflage, München 1977
Liesecke	Das Bankguthaben in Gesetzgebung und Rechtsprechung, WM 1975,214, 238,286,314
Liesecke	Die neuere Rechtsprechung des Bundesgerichtshofes zum Bankrecht, WM 1959,614 ff
Lipfert H.	Nationaler und internationaler Zahlungsverkehr, Wiesbaden 1970
Lipfert H.	Nationale und internationale Währungspolitik, JuS 1961,282 ff
Marburger	Das kausale Schuldanerkenntnis als einseitiger Feststellungsvertrag, Berlin, New York 1971
Lorenz	Anmerkung zum Urteil des OLG Hamburg vom 30.10.1970, JZ 1971, 427 ff
Lorenz	Bereicherungsrechtliche Drittbeziehungen, JuS 1968,441 ff
Lorenz	Gläubiger, Schuldner, Dritte und Bereicherungsausgleich, AcP 168,218 ff

Mellerowicz	Der Zahlungsverkehr in Deutschland, Wiesbaden 1962
Meyer-Cording	Das Recht der Banküberweisung, Tübingen 1951
Möschel	Fehlerhafte Banküberweisungen und Bereicherungsausgleich, JUS 1972, 297 ff
Mühl	Zur Frage des Durchgriffs beim Doppelmangel im Bereicherungsrecht, NJW 1968,1868 ff
Müller-Löffelholz	Banklexikon, Wiesbaden 1972
Nebelung	Weisungen bei außerbetrieblichen Kettenüberweisungen, NJW 1958, 44 ff
Nebelung	Bankkontokorrent, NJW 1953,450 ff
Nebelung	Gutschriften auf Konto pro Diverse, NJW 1959,1o68 ff
Obermüller	Die Bank im Konkurs ihres Kunden, Wiesbaden 1972
Obst-Hintner	Das Geld-, Bank- und Börsenwesen, 36. Auflage, Stuttgart 1968
Palandt	Bürgerliches Gesetzbuch, 36. Auflage, München 1977
Paliy-Quittner	Enzyklopädisches Lexikon für das Bank- und Börsenwesen, 3. Auflage, Frankfurt/Main 1967
Pawlowski	Feststellung und Garantie, Bemerkungen zum gleichnamigen Werk von Friedrich Kübler, JZ 1968,4o1 ff
Pfister	Zum Bereicherungsanspruch im Dreiecksverhältnis bei Fehlen einer Anweisung, JR 1969,47 ff
Pikart	Die Rechtsrechnung des Bundesgerichtshofes zum Überweisungs- und Zahlungsverkehr, WM 1955,390 ff
Pikart	Die Rechtsprechung des Bundesgerichtshofes zum Bankvertrag, WM 1957,1238

Pikart	Die neuere Rechtsprechung des Bundesgerichtshofes zum Kontokorrentvertrag, WM 1960,1314 ff
Pikart	Die neuere Rechtsprechung des Bundesgerichtshofes zum Kontokorrentvertrag, WM 1970,866 ff
Pleyer-Holschbach	Lastschriftverfahren und Monopolmißbrauch, DB 1972,761
Reinhardt	Vom Wesen des Geldes und seiner Einfügung in die Güterordnung des Privatrechts, Festschrift für Gustav Böhmer, Bonn 1954, S. 60 ff
Reichsgerichtsräte-Kommentar zum bürgerlichen Gesetzbuch	Das Bürgerliche Gesetzbuch, herausgegeben von Mitgliedern des Bundesgerichtshofes, II. Band, 1.Teil, 12. Auflage, Berlin, New York 1976, II. Band, 2. Teil, herausgegeben von Reichsgerichtsräten und Bundesrichtern, Berlin 1960 (zit.: BGB-BGRK)
Reichsgerichtsräte-Kommentar zum Handelsgesetzbuch	Handelsgesetzbuch, Großkommentar III. Band, 3. Auflage, Berlin, New York 1973, Lieferung 2 - Berlin, New York 1975, Lieferung 3, bearbeitet von ClW. Canaris, zit.: Canaris, Anh. C nach § 357 HGB
Reichert-Facilides	Geldwertschwankungen und Privatrecht, JZ 1969,617 ff
Rospatt	Unter welchen Voraussetzungen erwächst einem Dritten, zu dessen Gunsten eine Banküberweisung erfolgt, ein Rechtsanspruch gegen die Bank? Bank-Archiv 1933, 320 ff
Rospatt	Rückgängigmachung irrtümlicher Banküberweisungen, Bank-Archiv 1933/34,499 ff
Rother	Ungerechtfertigte Bereicherung bei wiederkehrenden Geldleistungen, AcP 166,134 ff
Rother	Erfüllung durch abstraktes Rechtsgeschäft, AcP 169,1 ff

Schaudwet — Bankenkontokorrent und Allgemeine Geschäftsbedingungen, Berlin 1967

Schindler-Becker — Die Entwicklung der das Kontokorrent betreffenden Klauseln, Berlin 1967

Scheyhing — Leistungskondiktion und Bereicherung in sonstiger Weise, ACP 157,371 ff

Schlegelberger — Handelsgesetzbuch, 3.Band, 4. Auflage, Berlin und Frankfurt 1966

Schmidt R. — Rationalisierung und Privatrecht, AcP 166,1 ff

Schmidt F. — Der nationale Zahlungsverkehr, Leipzig 1920

Schmölders — Geldpolitik, Tübingen 1962

Schoele — Das Recht der Überweisung, Berlin 1937

Schoele — Die Folgen einer irrtümlichen Auftragserteilung im Zahlungs- und Überweisungsverkehr, Bank-Archiv 1937/38,521 ff

Schoele — Die Rechtsstellung des Auftraggebers zur Empfängerbank im Überweisungsverkehr, Bank-Archiv 1941,3o7 ff

Schönle — Bank- und Börsenrecht, 2. Auflage, München 1976

Schütz — Die Rechtsnatur von Bank- und Sparkassenguthaben, JZ 1964,91 ff

Schütz — Widerruf bei Zahlungen und Überweisungen, AcP 160,23 ff

Schwark — Bereicherungsansprüche bei Banküberweisungen, WM 1970,1334

Serick — Über die Subsidiarität der Sicht des Leistungsempfängers bei Leistungen im Sinne von § 816 Abs. 2 BGB, Festschrift für Philipp Möhring, S. 115 ff, München 1975

Severing	Der Zahlungsverkehr, Essen 1952
Simitis	Bemerkungen zur rechtlichen Stellung des Geldes, AcP 159,4o6 ff
Soergel-Siebert	Bürgerliches Gesetzbuch, 10. Auflage, Stuttgart 1969 (zit.: Soergel-Bearbeiter)
Skrotzki	Lastschriftverfahren und Insolvenz, KTS 1974,136 ff
Stähler	Der Girovertrag, Leipzig 1909
v.Spindler-Becker-Starke	Die deutsche Bundesbank, 4. Auflage, Stuttgart 1973
Stampe	Simultantilgung von Geldschulden, AcP 1o7,283 ff
Staub	Staub's Kommentar zum Handelsgesetzbuch, 3. Band, 14. Auflage, Berlin, Leipzig 1933 (Zit.: Staub-Bearbeiter)
Staudinger	J.v.Staudingers Kommentar zum bürgerlichen Gesetzbuch, mit Einführungsgesetz und Nebengesetzen, 11. Auflage, Band II Teil 1b Berlin 1961 Band II Teil 1c Berlin 1967 Band II Teil 3 Berlin 1958 (zit./Staudinger-Bearbeiter)
Szagunn-Neumann	Gesetz über das Kreditwesen, 2. Auflage, Stuttgart 1967
Teschemacher	Ein Beitrag zur rechtlichen Betrachtung des Abrechnungsverkehrs bei den Abrechnungsstellen der Reichsbank, ZHR 67,4o3 ff
Thomä	Tilgung fremder Schuld durch irrtümliche Eigenleistung? JZ 1962, 627 ff
Trost-Schütz	Bankgeschäftliches Formularbuch, 17. Auflage, Köln 1967
von Tuhr	Zur Lehre von der Anweisung, IherJb. 48,1 ff
Ulmer E.	Akkreditiv und Anweisung, AcP 126,129 ff

Ulmer, E.	Gutschrift und Deckung im Bankrecht, SüdJZ 1948,235 ff
Viehoff	Automation im Zahlungsverkehr, ZGKW 1967,984 ff
Völp	Einlösung ungedeckter Schecks durch die Bank - zugleich ein Beitrag zur Lehre vom Kontokorrent, NJW 1955,1 ff
Wehrhahn	Bankbedingungen, Wiesbaden 1973
Weispfennig	Ein Beitrag zur Lehre vom Kontokorrent, JW 1938,3091 ff
Weitnauer	Die bewußte und zweckgerichtete Vermehrung fremden Vermögens, NJW 1974,1729 ff
Westermann H.	Sachenrecht, 5.Auflage, Karlsruhe 1973 (Nachdruck)
Westermann H.P.	Doppelmangel und Bereicherungskette im Dreiecksverhältnis, JuS 1968,17 ff
Wilburg	Die Lehre von der ungerechtfertigten Bereicherung nach deutschem und österreichischem Recht - Kritik und Aufbau, Graz 1934
Wilhelm	Rechtsverletzung und Vermögensentscheidung als Grundlagen und Grenzen des Anspruchs auf ungerechtfertigter Bereicherung, Bonn 1973
Wilhelm	Das Merkmal "auf Kosten" als notwendiges Kriterium der Leistungskondiktion, JuS 1973,1
Wilhelm	Die Zurechnung der Leistung bei Widerruf einer Anweisung, insbesondere eines Schecks, ACP 175,3o4
Wolf Manfred	Die aufgedrängte Bereicherung, JZ 1966,467 ff
Wirth	Die Rückabwicklung fehlgeschlagener Banküberweisungen, Mainz 1975
Wunschel	Rechtsfragen der Banküberweisung, NJW 1958,1764 ff

Zeiss	Leistungsverhältnis und Insolvenzrisiko bei irrtümlicher Tilgung fremder Schulden, AcP 165, 332 ff
Zeiss	Leistung, Zuwendungszweck und Erfüllung, JZ 1963,7

EINFÜHRUNG

Einleitend erscheinen einige knappe Bemerkungen über den Zahlungsverkehr, namentlich über das Verhältnis von Buchgeld zu den gesetzlichen Zahlungsmitteln, angebracht.

a) Zahlung ist jede Hingabe von Geld als dem allgemein gültigen Schuldtilgungsmittel. Dem abstrakten, technischen Zahlungsvorgang können die verschiedensten wirtschaftlichen Zwecke zugrundeliegen. Zweck einer Zahlung kann sein, die Gegenleistung für eine Lieferung oder sonstige Leistung zu erbringen. Zweck einer Zahlung kann auch sein, den Empfänger kreditmäßig zu verpflichten oder eine Sache aus altruistischen Gründen zu fördern. Zahlungsverkehr ist die Gesamtheit dieser Zahlungen. [1)]

Je nach dem Einsatz von Bargeld unterscheidet man Barzahlungsverkehr, Bargeld ersparenden und bargeldlosen Zahlungsverkehr. [2)] Barzahlung bedeutet Übereignung (§ 929 BGB) von gesetzlichen Zahlungsmitteln. Bargeld ersparender und bargeldloser Zahlungsverkehr kann nur mit Hilfe einer vermittelnden Bank durchgeführt werden. Während der bargeldlose Zahlungsverkehr allein durch Gutschriften und Abschriften auf Zahlungsverkehrskonten abgewickelt wird, wird bei Bargeld ersparendem Zahlungsausgleich nur auf einer Seite auf einem Zahlungsverkehrskonto gebucht, dagegen auf der anderen Seite Bargeld verwandt. Bargeld sparender Zahlungsverkehr liegt nur bei Bargeldeinzahlung auf ein Konto des Gläubigers oder umgekehrt durch Bargeldeinlösung eines Schecks vor.

---

1) vgl. Mellerowicz S.7; Lipfert, Zahlungsverkehr Einl.I S.12; Müller-Löffelholz, Banklexikon Sp.1932.

2) zuerst F. Schmidt S.11; ihm folgend Hahn S.17 und Lipfert, Zahlungsverkehr S.16. Hahn S.11 spricht bei bargeldlosen Zahlungen wegen der Einschaltung von Zahlungsmittlern von einem "mittelbaren Zahlungsausgleich".

Je höher eine Volkswirtschaft entwickelt ist, umso weniger versachlicht und umso abstrakter treten die Zahlungsmittel in Erscheinung. Die Gesamtheit der Zahlungsmittel bildet wirtschaftlich gesehen das Geld. [3]

Das Verständnis für das Wesen des Buchgeldes wird erleichtert durch einen kurzen Rückblick auf die Entwicklung der Erscheinungsformen des Geldes.

b) Die Geschichte des Geldwesens zeigt eine fortschreitende Entmaterialisierung des Geldes vom individuell konkreten Gut zum fungiblen Abstraktum der substratlosen Geldfunktion der Bankguthaben. Diese Entwicklung wird vor allem dadurch gekennzeichnet, daß von Stufe zu Stufe in die Geldfunktion auch die Forderung auf das Geld in der jeweils zuletzt erreichten Form einbezogen wurde. [4] Die Erscheinungsform, in der das Geld zuerst auftrat, ist das Warengeld (z.B. Vieh, lat. pecus pecunia), das seinen Wert offensichtlich aus dem Marktwert seiner Nutzungsfähigkeit als Sachgut beziehen konnte. Es ist Sachgeld. Vollwertiges Sachgeld liegt vor, wenn bei einer Gold- oder Silberwährung

3) zu den zahlreichen Versuchen, das Phänomen Geld zu umschreiben, vgl. Isele AcP 129 ff; Simitis AcP 159,406; Reichert-Facilides JZ 1969,617; Reinhardt in Festschrift für Böhmer S.40 ff; Thywissen BB 1971,1346 m.w.N. Bekannt geworden ist die wirtschaftliche Definition von Helfferich aaO. S.324: Geld ist "die Gesamtheit derjenigen Objekte, welche in einer gegebenen Wirtschaftsverfassung und in einem gegebenen Wirtschaftsgebiet die ordentliche Bestimmung haben, den Verkehr oder die Übertragung von Werten zwischen den wirtschaftenden Individuen zu vermitteln".
Ähnlich Jarchow S.1 ff: "Ganz allgemein kann man unter Geld oder Zahlungsmitteln alles verstehen, was im Rahmen des nationalen Zahlungsverkehrs einer Volkswirtschaft generell zur Bezahlung von Gütern und Dienstverpflichtungen akzeptiert wird."

4) vgl. Reinhardt aaO. S.62 (71); Simitis AcP 159,327; Obst-Rintner S.24; Höpker-Aschoff S.14 ff.

Stoff- und Nennwert der Münze übereinstimmen (Kurantmünzen).[5] Die unterwertig ausgeprägten Scheidemünzen lassen den Übergang vom Sachgeld zum Kreditgeld [6] deutlich erkennen. Kreditgeld besitzt keinen Sachwert. Die Banknote ist reines Kreditgeld, gleichgültig, ob ihr eine gesetzliche Einlösungspflicht der staatlichen Notenbank gegenübersteht (Goldkernwährung) oder nicht. Die Entstehung der Banknote und die mit ihr vorgenommene Abstraktion des Geldes von seinem materiellen Wert mag man sich typisiert an einem historischen Beispiel vergegenwärtigen, den Depositenscheinen.[7] Sie sind in gewisser Hinsicht vergleichbar mit dem, was Buchgeld bedeutet.

Im Mittelalter erschienen zuerst in Italien Depositenscheine. Die zahlreichen umlaufenden, meist unterwertigen Münzsorten wurden von Banken und Goldschmieden gegen Anweisung auf das sich bei ihnen ansammelnde Kapital (Gold und Silber) eingetauscht. Diese Anweisungen begannen alsbald an Stelle des in Verwahrung genommenen Metallgeldes zu zirkulieren und fanden Verwendung als Zahlungsmittel (privates Kreditgeld).

Der nächste Schritt zur Abstraktion war getan, als die Geldwechsler merkten, daß jeweils nur ein Teil der ausgegebenen Depositenscheine vorgelegt wurde, sie also mehr Scheine ausgeben konnten, als Metallgeld hinterlegt war. Mit Hilfe der Teildeckung konnte ein gewinnbringendes Kreditgeschäft betrieben werden. Der Grundsatz der bankmäßigen Deckung [8] war entdeckt.

---

5) Für Deutschland bestimmte das Münzgesetz v. 1873, daß aus einem Kilogramm Feingold 2790 Mark in Goldmünzen zu prägen waren. Goldmünzen wurden bis 1919 ausgegeben; vgl. Lipfert, Zahlungsverkehr S.42.

6) Mellerowicz S.8; Jarchow S.18; Obst-Hintner S.21.

7) aus Stähler: Der Giroverkehr S.7.

8) dazu Severing S.24.

Die Vorstellung, daß Geld einen Eigenwert haben müsse, und sei es auch nur einen durch Deckungsvorschriften gesicherten mittelbaren Eigenwert, hat jahrhundertelang die Geldlehre beherrscht. Das System der Teildeckung in Gold bestimmte die Deckungsvorschriften für die Deutsche Reichsbank. Obwohl sie seit ihrer Gründung im Jahre 1873 bis zum 14.8.1914 unbeschränkt einlösungspflichtig war, wurden ihre Noten erst im Jahre 1909 gesetzliches Zahlungsmittel. [9) Fritz Schmidt [10) unterscheidet noch im Jahre 1920 in seinem umfassenden Werk über den bargeldlosen Zahlungsverkehr in Deutschland zwischen Bargeld, worunter er nur die Münzen der Reichsbank versteht, und bargeldersetzenden Zahlungsmitteln, unter denen er die Noten der Reichsbank an erster Stelle nennt. Erst die von G.F. Knapp [11) im Jahre 1909 begründete staatliche Theorie des Geldes, nach welcher der Annahmebefehl des Staates - Geld als Geschöpf der Rechtsordnung - die Eigenschaft als Zahlungsmittel bestimmt, leitete die letzte Phase der Abstraktion ein. Die staatliche Theorie des Geldes, die für die Rechtswissenschaft erhebliche Bedeutung gewinnen sollte, bedeutete sachlich die Überwindung des Metallismus und brachte die Erkenntnis, daß die Bindung der an sich unbegrenzt vermehrbaren Banknotenmenge an den Goldbestand nichts anderes darstellt als die Verhinderung schrankenloser Papiergeldschöpfung. Der Satz, daß Geld ist, was als solches gilt [12), gewann entscheidende Bedeutung.

Als man im Rahmen der Währungsreform von 1948 die deutsche Mark schuf, hat man auf Deckungsvorschriften verzichtet. Es ist Aufgabe der Deutschen Bundesbank, dafür zu sorgen, daß Geldmenge und Gütervolumen im richtigen Verhältnis zueinander stehen. Die von ihr gemäß § 14 des Gesetzes über die Deutsche Bundesbank [13) ausgegebenen Banknoten sind in

---

9) F. Schmidt, S.22.

10) F. Schmidt, S.18.

11) dazu Schmölders, Geldpolitik S.60 ff.

12) s. Schmölders aaO.

13) BGBl 1957 I S.745.

der Bundesrepublik Deutschland einziges, unbeschränktes gesetzliches Zahlungsmittel. In der Bundesrepublik Deutschland bilden sie zusammen mit den Bundesmünzen, für die der Annahmezwang gemäß § 3 des Bundesmünzgesetzes [14] beschränkt ist, das Bargeld.

Die Barzahlung ist jedoch weitgehend durch bargeldlose Zahlung zurückgedrängt. [15]

Im bargeldlosen Zahlungsverkehr zirkuliert das Geld durch Umbuchung von einem Konto auf ein anderes. Das bedeutet nicht, daß überhaupt ohne Geld im wirtschaftlichen Sinn gezahlt würde. Die Sichtguthaben auf Girokonten sind selbst als Zahlungsmittel anzusehen, weil sie Zahlungszwecken dienen und als Zahlungsmittel vom Verkehr akzeptiert werden.

Buchgeld ist privates, nicht verbrieftes und durch das Bundesbankgesetz staatlich genehmigtes Kreditgeld. [16] Für den wirtschaftlichen, nicht juristisch definierten Begriff des Geldes sind daher Bargeld und Buchgeld nur zwei verschiedene Erscheinungsformen der gleichen Sache, des Geldes. [17]

c) Unter Buchgeld versteht man die Sichtguthaben gegen Geldinstitute aller Art. Nur täglich fällige Guthaben auf Konten, die dem Zahlungsverkehr dienen, dürfen als Buchgeld angesehen werden (§ 22 KWG). [18] Jarchow [19] definiert Buch- oder Giralgeld als "nicht verbriefte Forderungen an die Zentralbank und an die Geschäftsbank, die nicht

---

14) BGBl 1950 I S.323.

15) Nach einer Mitteilung des Sparkassen- und Giroverbandes nahm die Zahl der Sparkassengirokonten beispielsweise im Jahre 1972 um etwa 0,6 Mio. zu. Insgesamt wurden 1972 auf Sparkassengirokonten 3,34 Milliarden DM eingezahlt.

16) Obst-Hintner S.24; Mellerowicz S.8.

17) Jarchow S.17 ff.

18) Spindler-Becker-Starke S.32 ff.

19) Jarchow S.19,21.

oder nur relativ niedrig verzinslich sind, dafür aber zu jeder Zeit, also auf Sicht von ihrem Besitzer in gesetzliche Zahlungsmittel umgetauscht oder im Wege einer Überweisung oder durch Scheck auf andere Wirtschaftseinheiten übertragen werden können." Kürzer definieren Obst-Hintner [20] Buchgeld als "Guthaben, die Zahlungsverkehrszwecken zu dienen bestimmt sind". Beide Definitionen enthalten jeweils ein Kriterium, das in die Begriffsbestimmung aufgenommen werden sollte. Es ist einmal die jederzeitige Umtauschbarkeit und zum anderen der Zahlungszweck, dem Buchgeld allein dient. Buchgeld kann demnach wie folgt beschrieben werden: Es sind auf Zahlungsverkehrskonten ausgewiesene Sichtforderungen gegen Kreditinstitute auf Übereignung gesetzlicher Zahlungsmittel.

Buchgeld beruht in erster Linie auf der Geldschöpfungsmacht der Banken. [21] Tatsächlich ist das Geldschöpfungspotential der Kreditinstitute jedoch nicht unbegrenzt. Die Grenzen ergeben sich daraus, daß die Geschäftsbanken die gegen sie gerichteten Buchgeldforderungen in gesetzlichen Zahlungsmitteln zu erfüllen haben, die sie nicht selbst schaffen können. In einem Bankensystem wie dem der Bundesrepublik Deutschland, das eine Zentralbank und eine Vielzahl von Geschäfts- und Kreditbanken umfaßt, reguliert allein die Zentralbank die Menge der gesetzlichen Zahlungsmittel. Die Bundesbank kann durch ihre Mindestreservepolitik, wenn diese als währungspolitisches Instrument von allgemeiner Bedeutung auch nicht vornehmlich der Liquiditätssicherung der Kreditinstitute dient, mittelbar die Geldschöpfungskapazität der Geschäftsbanken beeinflussen. Wird den Geschäftsbanken Zentralbankgeld entzogen, so wird die Geldschöpfung seitens der Geschäftsbanken behindert. Wird ihnen umgekehrt Zentralbankgeld zugeführt, kann das Buchgeldvolumen wachsen.

---

20) Obst-Hintner S.66,67.

21) Simitis, AcP 159,424 m.w.N.; Lipfert, JuS 1961,282 ff.

Zudem benötigen die Geschäftsbanken Zentralbankgeld, um die Spitzen im bargeldlosen Zahlungsverkehr mit anderen Geschäftsbanken auszugleichen. Die Geschäftsbanken sind verständlicherweise daran interessiert, ihren Bedarf an Bargeld gering zu halten. Der Abfluß von Zentralbankgeld wird umso kleiner sein, je unbedeutender die Barzahlungen im gesamten Zahlungsverkehr sind und je leichter es möglich ist, in Gironetzen einen internen Ausgleich in der Überweisung zu finden, so daß kein Zentralbankgeld an andere Banken abfließt. Diesem Ziel dient vornehmlich die ständige Ausweitung der Gironetze und die sogenannte "Fakultativklausel" im Überweisungsverkehr.[22] Diese Interessen der Geschäftsbanken und die Pflicht der Notenbank andererseits, den Giralgeldumfang zu kontrollieren, kennzeichnen die Organisation und die Abwicklung des bargeldlosen Zahlungsverkehrs insgesamt.[23]

Im folgenden ersten Hauptteil wird zunächst der Tatbestand der Überweisung wiedergegeben. Die einzelnen Vorgänge, besonders der Girovertrag und seine Ausführungsakte, werden sodann rechtlich beurteilt.

Auf dieser Grundlage geht es im zweiten Hauptteil um die Rückabwicklung von bargeldlosen Zahlungen, die fehlerhaft sind.

---

22) "oder ein anderes Konto des Empfängers".

23) eingehend Simitis, AcP 159,406 ff; Mellerowicz S.72 ff.

ERSTER HAUPTTEIL

DER BARGELDLOSE ZAHLUNGSVERKEHR UND DIE RECHTSNATUR DER EINZELNEN GIROGESCHÄFTE

1. KAPITEL: RECHTSTATSACHEN DER GIROÜBERWEISUNG

I. Die hinläufige Überweisung

1. Begriff

Im engeren Sinn wird unter einer Überweisung nur die Zahlung aufgrund eines Überweisungsauftrages des Zahlungspflichtigen verstanden, die sogenannte hinläufige Überweisung. Im weiteren Sinn umfaßt der Begriff auch bargeldlose Zahlungen durch Schecks und Lastschriften, den sogenannten rückläufigen Überweisungsverkehr. Allgemein kann man sagen, eine Giroüberweisung ist die Übertragung von Buchgeld. Sie wird durch Umbuchung vollzogen und besteht darin, das Konto des Auftraggebers zu belasten und das des Empfängers zu erkennen. [1]

2. Tatsächliche Voraussetzungen

Eine Giroüberweisung setzt gewöhnlich voraus, daß Absender und Empfänger der Zahlung ein Girokonto unterhalten. Die Kontoeröffnung erfolgt über Antragsformulare, in denen "um die Errichtung eines Girokontos" gebeten wird. In diesem Formular erkennt der Kunde die Allgemeinen Geschäfts-

---

1) vgl. Trost-Schütz S.368; Schönle S.320; Lipfert, "Zahlungsverkehr" S.67; Szagunn-Neumann § 1 KWG Anm.66.

bedingungen der Bank [2] an, die ihm gewöhnlich ausgehändigt werden. In dem Kontoeröffnungsantrag ist zugleich angegeben, wer verfügungsbefugt sein soll.

Eine Giroüberweisung ist auch möglich, wenn der Zahlungspflichtige kein Konto unterhält. Er kann per Zahlschein bar einzahlen. Der eingezahlte Betrag wird dann zunächst dem Konto "Kasse" zugeführt und von dort dem Empfängerkonto zugeleitet. Andererseits ist eine Überweisung auch möglich, wenn der Empfänger kein Konto unterhält. Der überwiesene Betrag wird dann auf sogenannten Cpd-Konten (pro diverse) verbucht und dort zur Auszahlung an den Empfänger bereitgehalten.

Im hinläufigen Überweisungsverkehr wird die Umbuchung durch einen Überweisungsauftrag des Zahlungspflichtigen an seine Bank ausgelöst. In der Bundesrepublik Deutschland werden bei allen Kreditinstituten die gleichen Formulare für den Überweisungsauftrag verwandt.[3] Das mit den Worten "Überweisungsauftrag" überschriebene Formular enthält Namen und genaue Anschrift des Empfängers, dessen Bank und dortige Kontonummer, den Überweisungsbetrag in Buchstaben und Ziffern sowie Namen und Kontonummer des Absenders (Auftraggebers). Die Spalte "Verwendungszwecke" braucht nicht ausgefüllt zu werden. Sie gibt Gelegenheit für Mitteilungen an den Empfänger, insbesondere zu Mitteilungen des Zwecks der Überweisung. Der Vordruck des Überweisungsauftrages, auf dem durchgeschrieben wird, ist dreiteilig. Das erste Blatt, das unterschrieben sein muß, verbleibt bei der beauftragten Bank. Der erste Durchschlag dieses Auftrages dient als Gutschriftsanzeige für den Zahlungsempfänger. Er wird als "Überweisungsträger" [4] bezeichnet und durchläuft den ganzen Überweisungs-

---

2) Die Geschäftsbedingungen der Privatbanken und die der Sparkassen sind unterschiedlich gefaßt. Die Arbeit geht von den Geschäftsbedingungen der Privatbanken in ihrer Neufassung zum 1.1.1976 aus. (Dazu allg. Kümpel, WM 1976, Sonderbeilage zu Heft 12) Sie berücksichtigt die geltende Fassung der Sparkassen-AGB, soweit es sachlich auf die Abweichungen ankommt.

3) abgebildet bei Trost-Schütz S.373, Muster 282, 283.

4) im Anschluß an Lipfert, Zahlungsverkehr S.50.

weg, bis er schließlich in die Hände des Empfängers gelangt. Den zweiten Durchschlag erhält der Auftraggeber von seiner Bank für sich zurück. Zur Vereinfachung geben die verschiedenen Kreditinstitute Sammelformulare und Spezialvordrucke aus, die jedoch in der Sache dem Einzelauftragsformular entsprechen. [5]

2. Formen der Überweisung

Werden die Konten der Überweisungsbeteiligten von der gleichen kontoführenden Stelle geführt, so spricht man von einer H a u s ü b e r w e i s u n g . Es erfolgt lediglich ein Übertrag. Der Überweisungsträger verbleibt im Hause. Wird das Empfängerkonto nicht im Hause aber doch bei einer anderen Filiale des gleichen Kreditinstitutes geführt, so spricht man von Filialüberweisung. Sie kann direkt von Filiale zu Filiale erfolgen, sofern diese gegenseitig in Kontenverbindung stehen. Andernfalls läuft der Überweisungsträger über eine gemeinsame Verrechnungsstelle der Institutsverwaltung, die für jede Filiale ein Konto führt und ihrerseits das der absendenden Filiale belastet und das der empfangenden Filiale erkennt. Wird dagegen das Empfängerkonto bei einem anderen Kreditinstitut geführt, so handelt es sich um eine außerbetriebliche Überweisung, die man auch K e t t e n ü b e r w e i s u n g nennt. An ihr sind mindestens zwei, möglicherweise aber eine Mehrzahl von Kreditinstituten beteiligt. Stehen Absender, Bank und Empfängerbank nicht in gegenseitiger Kontenverbindung, dann muß eine dritte Bank als Vermittlungsstelle eingeschaltet werden. In einem solchen Fall erteilt die Absendebank auf dem bei ihr geführten Konto dieser Stelle Gutschrift und leitet die Überweisungsträger an diese weiter. Als Vermittlungsstellen werden für den Verkehr der Sparkassen untereinander deren

---

5) s. die Sammlung: "Spargirovordrucke für den Kunden", herausgegeben im Deutschen Sparkassenverlag Stuttgart und die Muster 284-286 bei Trost-Schütz S.378.

Bezirks-Girozentralen und für diese die Deutsche Girozentrale tätig. Bei den Kreditgenossenschaften entspricht ihr die Deutsche Genossenschaftskasse. Der übrige Verkehr läuft über die Landeszentralbanken, die für nahezu alle Kreditinstitute Girokonten unterhalten. Diese werden spesen- und gebührenfrei geführt, dürfen aber nie debitorisch gehalten werden. (Ziff. II,3 der Allgemeinen Geschäftsbedingungen der Deutschen Bundesbank). Die Geschäftsbanken müssen sich also bei den Landeszentralbanken liquide halten. Den Zahlungsverkehr der Landeszentralbanken untereinander vermittelt die Deutsche Bundesbank.[6)]

Der Weg des Überweisungsträgers, der Überweisungsweg, und der Verrechnungsweg müssen nicht identisch sein. Die Landeszentralbanken versenden, um Verzögerungen zu vermeiden, die Überweisungsträger direkt an die für die Empfängerbank zuständige Landeszentralbank (Fernverkehr), so daß dort Gutschrift zugunsten des Empfängers vor Erledigung der Verrechnung seitens der Bundesbank erfolgen kann. Ähnlich verfahren die Sparkassen im Spargiroschnellverkehr [7)], der innerhalb des Geschäftsgebietes einer Stammgirozentrale bei allen Überweisungen über 300,-- DM auch ohne Eilvermerk seitens des Absenders angewandt wird (Eilavis). Auf Wunsch erledigen die Kreditinstitute Überweisungen im Blitzgiroverkehr, d.h. fernschriftlich, telefonisch oder telegrafisch.

II. Der rückläufige Überweisungsverkehr

1. Die Einziehung

Die Einziehung mittels Lastschriften und die Einlösung von Wechseln, Schecks u.a. erfolgt im Prinzip ähnlich wie

---

6) Zum Ganzen s. Obst-Hintner, S.72-76.

7) s. für die Sparkassenorganisation die Darstellung in der Broschüre "Sparkassen-Giroverkehr", herausgegeben vom Deutschen Sparkassen- und Giroverband.

eine Zahlung mittels Überweisung. Jedoch nimmt der Ausgleich den umgekehrten Weg, nämlich von der Empfängerbank über eine Verrechnungsstelle zur Bank des Schuldners.

Die Landeszentralbanken (Bundesbank) ziehen für Kreditinstitute, die bei ihnen ein Girokonto unterhalten, auf DM lautende Schecks und Lastschriften, die diesen Kreditinstistuten von ihren Kunden zum Inkasso eingereicht worden sind, von allen Orten des Bundesgebietes ein. Einzelheiten des "vereinfachten Scheck- und Lastschrifteinzuges" sind durch die "Geschäftsbestimmungen der Abrechnungsstelle der Deutschen Bundesbank" [8] und durch ein "Scheckrückgabeabkommen" [9] der Spitzenverbände des Kreditgewerbes geregelt.

2. Der Lastschriftverkehr

Die Eigenart des Lastschriftverkehrs besteht darin, daß nicht der Zahlungspflichtige, sondern der Zahlungsempfänger den Zahlungsvorgang auslöst. Die einheitlich verwandte gelbe Lastschriftkarte [10] enthält unter der Überschrift "Lastschrift" die gleichen Angaben wie der Überweisungsauftrag und enthält zusätzlich den Vermerk, "Einzugsermächtigung des Zahlungspflichtigen liegt dem Empfänger vor". Das Lastschriftverfahren kommt in zwei Formen vor: Der Zahlungspflichtige kann seine Bank b e a u f t r a g e n , die ihr vorgelegten Lastschriften von bestimmten Zahlungsempfängern zu Lasten seines Kontos bis auf Widerruf einzulösen (Abbuchungsauftrag). Statt dessen kann er den Empfänger e r m ä c h t i g e n , in Höhe der ihm zustehenden Beträge über sein Bankkonto bis auf Widerruf zu verfügen

---

8) dazu Spindler-Becker-Starke § 19 Anm. 6,8.

9) abgedruckt bei Trost-Schütz S.395.

10) abgebildet bei Trost-Schütz S.398, Muster 308.

(Einziehungsermächtigung) [11]. Das Lastschriftverfahren wird vor allem von solchen Unternehmen genutzt, die regelmäßige Massenabrechnungen vorzunehmen haben. Der Zahlungsempfänger erhält über den Gesamtbetrag aller gleichzeitig eingereichten Lastschriften mit Einreichung nur eine Gutschrift. Der Lastschriftverkehr ist im Verhältnis der beteiligten Kreditinstitute untereinander durch das "Abkommen über den Lastschriftverkehr" [12] geregelt. Von den zahlreichen Einzelbestimmungen sei hervorgehoben, daß die Lastschrift grundsätzlich bei Sicht fällig ist. Die erste Inkassostelle haftet der Zahlstelle für jeden Schaden, der ihr durch unberechtigt ausgestellte Lastschriften entsteht. Ferner sind Voraussetzungen und Gefahren für den Fall der Nichteinlösung der Lastschriften geregelt, namentlich der Widerspruch des Zahlungspflichtigen. Das Abkommen umfaßt weiter ein verbindliches Muster einer Vereinbarung zwischen der ersten Inkassostelle und dem Zahlungsempfänger. Danach muß sich der Zahlungsempfänger von vornherein mit jeder Rückbelastung nicht eingelöster Lastschriften einverstanden erklären. Nach Ziff. 11 dieses Musters trägt er zudem grundsätzlich alle Folgen des Abhandenkommens, insbesondere auch von Fälschungen und Verfälschungen von Lastschriftvordrucken. Nach ihrer Verwendung ähnelt die Lastschrift in vieler Hinsicht dem Scheck. Wie jener ist sie I n k a s s o p a p i e r und wird vom Zahlungsempfänger vorgelegt. Hier wie da erfolgt die Gutschrift zugunsten der Berechtigten vor der Abschrift auf dem Konto des Verpflichteten.

---

11) vgl. Trost-Schütz S.385; Hahn S.29 f; Canaris Anh. C nach § 357 HGB Anm.154 m.w.N.; Hadding Festschrift für Bärmann S.375 ff;sowie unten S.48 ff.

12) abgedruckt bei Trost-Schütz S.386, Muster 304; dazu Block in ZGKW 1967,272.

III. Die Abrechnung (Clearing)

Besonderer Darstellung bedarf die bei den zentralen Zahlungsmittlern, hauptsächlich bei den Landeszentralbanken [13], durchgeführte Verrechnung [14].

An ihr nehmen praktisch alle Kreditinstitute teil, die bei der Abrechnungsstelle ein Girokonto unterhalten. Außerdem ist die Abrechnungsstelle selbst beteiligt. Betroffen ist in erster Linie der Platzverkehr; aber auch der Verkehr der zentralen Verkehrsmittler untereinander wird im Wege der Abrechnung erledigt. Zugelassen sind nicht nur Überweisungsaufträge und Schecks, sondern auch andere Forderungspapiere wie Lastschriften, Quittungen, Wechsel, Zins- und Dividendenscheine. Die Abrechnungspapiere werden von Boten der einzelnen Banken bei der Abrechnungsstelle in der Regel zweimal am Tage nach Empfängern getrennt in einzelnen Lieferumschlägen eingeliefert. Jedem Lieferumschlag sind Zusammenstellungen der darin enthaltenen Abrechnungspapiere, sogenannte Tippstreifen, beizufügen. Über die gesamte Einlieferung wird wiederum ein Einlieferungsverzeichnis erstellt. Die Abrechnungsstelle fertigt nach Prüfung der Einlieferungen Auslieferungsverzeichnisse an, die den wartenden Boten ausgehändigt werden. Die Summe der Einlieferungs- und Auslieferungsverzeichnisse des Tages werden für jedes teilnehmende Kreditinstitut saldiert, und nur der Saldo wird auf den Konten der einzelnen Teilnehmer gut- oder abgeschrieben. Zahlungsströme von beliebiger Höhe finden somit durch eine einzige Buchung ihre Erledigung.

---

13) Sie sind zugleich die Abrechnungsstelle im Sinne des Art.38 Abs.3 WG.

14) zur Technik der Skontierung s. Severing S.105-113; Canaris, Anh. C nach § 357 HGB Anm. 151,152,159 m.N.; ders. in WM 1976,994.

IV. Automation [15)]

Die bisher geschilderte herkömmliche Abwicklung des Überweisungsverkehrs unterliegt durch zunehmenden Einsatz von elektronischen Datenverarbeitungsanlagen nennenswerten Änderungen [16)]. Das Hauptziel der Automation des bargeldlosen Zahlungsverkehrs ist die beleglose Überweisung. Die innerbetriebliche Automation setzt vollautomatische Buchungsmaschinen voraus, die nicht nur die Buchungen auf Konten, sondern gleichzeitig auch die Gutschriftsanzeigen für den Empfänger abdrucken.

Die nächste Automationsstufe wird die Datenfernübertragung sein. An die Stelle von Belegen treten Magnetbänder, die lediglich mit der Stückzahl der Aufträge und dem Gesamtbetrag aller Überweisungen beschriftet sind. Für den Massenverkehr liegen den Kreditinstituten bereits Listen mit einheitlichen Abkürzungen für den Empfänger und Schlüsselzahlen für typische Verwendungszwecke vor.

---

15) dazu die Reihe: "Automation des Zahlungsverkehrs", herausgegeben vom Deutschen Sparkassen- und Giroverband im Deutschen Sparkassenverlag Stuttgart 1974; ferner Viehoff, ZGKW 1967,984 f.

16) Rechtliche Konsequenzen für den Entstehungszeitpunkt von Gutschriftsforderungen zieht Hefermehl, Festschrift für Ph. Möhring S.381; Kümpel, WM 1976,16.

2. KAPITEL: DIE RECHTLICHE BEURTEILUNG DER GIROGESCHÄFTE

I. Verpflichtungsgeschäfte (Grundgeschäfte) [1]

Nach der Legaldefinition des § 1 Abs.2 Ziff.9 KWG ist als Girogeschäft die "Durchführung des bargeldlosen Zahlungsverkehrs und des Abrechnungsverkehrs" zu verstehen. Das Gesetz faßt den Verkehr der Kreditinstitute mit ihren Girokunden und den Verkehr mit anderen Kreditinstituten als zwischengeschaltete Zahlungsmittler zusammen. In bankwirtschaftlicher Sicht handelt es sich um ein einheitliches Geschäft, weil die Girozahlung mittels einer Verrechnung vorgenommen wird. Juristisch enthält das Girogeschäft jedoch eine Vielzahl von unterschiedlich zu bewertenden Einzelvorgängen und Rechtsbeziehungen.

Die Verpflichtungsgeschäfte werden nachfolgend auch als G r u n d g e s c h ä f t e bezeichnet, um Verwechslungen mit rechtsgeschäftlichen Erklärungstatbeständen zu vermeiden, die in Ausführung des Girovertrages erfolgen.

1. Der Girovertrag

Die rechtlichen Beziehungen zwischen dem Inhaber eines Kontos und dem kontoführenden Kreditinstitut werden durch den Girovertrag - in der älteren Rechtsprechung auch Kontoeröffnungsvertrag genannt [2] - geregelt. Das Reichsgericht [3] hat den Girovertrag schon im Jahre 1903 als "die entscheidende Norm für die Beurteilung der Rechtsverhältnisse, welche aus dem Giroverkehr entstehen" bezeichnet. Sein Inhalt ist im Wege der Auslegung der beiderseitigen

---

1) vgl. Bettermann, ZHR 111,135 (141), der verschiedentlich die Unterscheidung von Verpflichtungs- und Ausführungsgeschäften im Girovertragsrecht hervorhebt.

2) RGZ 54,331; noch BGH in NJW 1954,437.

3) RGZ 54,327.

Verpflichtungserklärungen festzulegen. Sodann ist zu prüfen, welche Vorschriften aus dem Vertragsrecht des BGB auf diesen Vertrag Anwendung finden können. Die Arbeit beschränkt sich dabei auf solche Fragen, die wegen ihrer grundsätzlichen Bedeutung vorab geklärt sein sollen, um die Rückabwicklung von Überweisungen möglichst konzentriert behandeln zu können.

a) Inhaltsbestimmung

Ausdrückliche Inhaltsbestimmungen werden nicht getroffen. Auch wird der Girovertrag nicht ausgefertigt. Die Allgemeinen Geschäftsbedingungen enthalten zahlreiche für das Girogeschäft wichtige Bestimmungen, jedoch geben sie ebensowenig wie die Legaldefinition des § 1 Abs.2 Ziff.9 KWG Antwort auf die Frage, wozu sich die Parteien gegenseitig verpflichten.

(1) Hauptpflichten der Bank

Die Verpflichtung der Bank besteht darin, den eingehenden und ausgehenden Zahlungsverkehr des Kunden sachgemäß und pünktlich zu bearbeiten. Dazu muß die Bank die erforderlichen Geschäftseinrichtungen ständig bereithalten. (AGB vor Ziff.I) Wesentlich ist die Weisungsgebundenheit [4]. Die Ausführung der Weisungen geschieht durch Auszahlung oder durch Umbuchung in den Büchern der Bank oder durch Vermittlung einer Gutschrift bei einer anderen Kontostelle für einen Dritten. Zugleich ist die Bank verpflichtet, dem Kunden alle für ihn bestimmten Eingänge gutzuschreiben. Weisungen des Kunden sind aber nur im Rahmen eines bestehenden Guthabens von Bedeutung. Der Girovertrag verpflichtet die Bank nicht, dem Kunden Kredit zu gewähren. Das Kreditgeschäft (§ 1 Abs.I Ziff.2 KWG) ist vom Girogeschäft (§ 1 Ziff.9 KWG) zu unterscheiden. Zwar kann der Kunde über das mittels einer Kreditrichtlinie bereitgestellte Darlehen giromäßig verfügen, so daß

---

4) dazu unten S. 30.

Kreditgeschäft und Girogeschäft eng beieinander liegen. Rechtlich sind die Geschäfte aber zu trennen.[5] Die Bank führt nur Weisungen zu einer Zahlung und zum Einzug von Geldern (Inkasso) aus. Ihre Tätigkeit ist wie die Übereignung von Bargeld wertneutral und im Verhältnis zum Grundgeschäft abstrakt.[6]

Canaris[7] ist der Ansicht, der Girovertrag regele nur die Verfügung mittels Überweisungsauftrages.

Die h.M.[8] sieht in dem Girovertrag zugleich die Grundlage für Aufträge zur Einlösung von Schecks, zahlbar gestellten Wechseln, Lastschriften und anderen Inkassopapieren. Richtig ist, daß der Girovertrag nicht notwendig mit einer entsprechenden Abrede, insbesondere mit einer Scheckabrede, verbunden sein muß. Der Überweisungsauftrag ist das Hauptinstrument des Girovertrages. Jedoch sollte man mit der Rechtsprechung den Tatbestand des Girogeschäftes in Anlehnung an § 1 Ziff.9 KWG einheitlich umschreiben und mit ihm alle Zahlungsverkehrsgeschäfte erfassen, die von einem Zahlungsverkehrskonto ausgehen und auf ein solches gerichtet sind. Die Scheckabrede begründet lediglich eine weitere Verfügungsmöglichkeit des Girokunden über sein Guthaben. Das interne Scheckrecht ist Girorecht.[9]

---

5) Inwieweit eine Bank bei langjähriger Kontenbeziehung bei zweifelsfrei guten Kunden dennoch aufgrund des Girovertrages zu einer kurzfristigen Kreditierung verpflichtet sein kann, ist eine Frage, die nach den Grundsätzen von Treu und Glauben im Rahmen eines Dauerschuldverhältnisses zu beurteilen ist, vgl. Kiehnscherf S.11; zur Rechtsnatur der Kreditrichtlinien Schönle § 121,30 II 2.

6) schon RGZ 54,332; zuletzt BGH WM 1972,308.

7) Canaris Anh. C nach § 357 HGB Anm.150.

8) RGZ 54,329; BGH NJW 1954,190; Meyer-Cording S.9; Schlegelberger Hefermehl Anh. zu § 365 Rdz.2; Szagunn-Neumann § 1 KWG Rdz.66; Schoele S.103,53 mit Nachweisen aus der älteren Literatur; s.a. Palandt-Thomas § 675 Anm.3b.

9) eingehend Breit, ZHR 64,445 ff und 67,509 ff.

(2) Hauptpflichten des Kontoinhabers

Der Girovertrag enthält in der heute üblichen Form die Verpflichtung des Kunden, für geleistete Zahlungsverkehrsdienste der Bank eine Vergütung in Form von Gebühren und Provisionen zu zahlen. Soweit diese über tatsächlich entstandene Aufwendungen hinausgehen, enthalten sie eine Vergütung. Jedoch werden nicht überall Gebühren erhoben. Der Giroverkehr der Geschäftsbanken mit den zentralen Verkehrsmittlern ist nach Ziff.II 2.1. der Geschäftsbedingungen der Bundesbank aus währungspolitischen Gründen gebühren- und spesenfrei. Auch das Girogeschäft der Geschäftsbanken mit ihren Kunden ist nicht immer gebührenpflichtig geführt worden. Dies war den Banken angesichts der vielfältigen Vorteile aus der Ansammlung von Kapital bei ihnen möglich.

Die Kontogebühren haben erst in den letzten Jahren nennenswerte Höhen erreicht. Der Einzelüberweisungsauftrag eines Kunden, der, ohne ein Girokonto zu unterhalten, bar einzahlt, wird überall gebühren- und spesenfrei erledigt. Dennoch ist der Girovertrag, auch wo Gebühren und Spesen nicht berechnet werden, nicht nur einseitig verpflichtend.

In der Literatur wird vielfach angenommen, bei Gebührenfreiheit bestehe die Vergütung der Bank in der zinslosen oder zinsniedrigen Gebrauchsüberlassung eines gewissen Bodensatzes der Kontoeinlage.[10] Das ist nicht ganz genau. Entscheidend ist der tatsächliche Verzicht auf sonst zu erzielende Zinsen. Sieht man die Gebrauchsüberlassung der Kontoeinlage als Vergütung für geleistete Dienste an, dann müßte die Bank von ihrem Kunden verlangen können, ständig ein Guthaben zu unterhalten. Eine solche Verpflichtung besteht aber nicht. Ein Guthaben zu unterhalten ist vielmehr nur eine Obliegenheit des Bankkunden. Früher war aller-

---

10) vgl. Helbig S.35.

dings die Vereinbarung eines Mindestguthabens nicht selten.[11] Aber auch diese Abrede konnte nur bedeuten, daß die Bank solche Aufträge nicht auszuführen brauchte, die das Mindestguthaben angreifen.

Tatsächlich weisen die Zahlungsverkehrskonten in ihrer Gesamtheit hingegen gewisse zeitlich schwankende Dauerguthaben auf, die entsprechend dem Girovertrag nur niedrig verzinslich sind.

Dieser statistisch zu ermittelnde B o d e n s a t z auf den Zahlungsverkehrskonten kann von den Kreditinstituten langfristig (Kapitalmarkt), die ihn übersteigenden Guthaben können kurzfristig (Geldmarkt) verliehen werden. Außerdem erwachsen den Kreditinstituten in Erledigung der Zahlungsaufträge nicht unbeträchtliche Wertstellungsgewinne.[12]

(3) Nebenpflichten (Allgemeiner Bankvertrag)

Die Einleitung zu den Allgemeinen Geschäftsbedingungen bezeichnet das Verhältnis der Bank zu ihren Kunden als ein Vertrauensverhältnis. Als solches ist es durch beiderseitige Sorgfaltspflichten gekennzeichnet. Bezüglich des Girovertrages haben sie ihren Grund darin, daß das Kreditinstitut mit Ausführung des Zahlungsverkehrs recht genauen Einblick in die Vermögensverhältnisse der Kunden gewinnt. Dem entspricht eine Pflicht zur Verschwiegenheit sowie Rechenschafts- und Auskunftspflichten gegenüber den Kontoinhabern.[13] Das Kreditinstitut ist auch zu sachdienlichem Rat bei der Durchführung des Zahlungsverkehrs verpflichtet; jedoch besteht keine Verpflichtung, allgemeine Vermögensinteressen der Kunden wahrzunehmen. Die Bank ist, wie das Reichsgericht formuliert[14], "Kassen-

---

11) s. Obst-Hintner S.72,79.

12) vgl. Schönle § 31 I 1; Müller-Löffelholz Sp.1906; RGZ 54,392.

13) dazu Hagenmüller-Diepen S.240.

14) RGZ 54,392.

halterin, nicht die Ratgeberin ihrer Kunden".

Die Kreditinstitute müßten angesichts der Vielzahl von Girokunden, die untereinander in Geschäftsverbindung stehen, in Interessenkonflikte geraten. Die Rechtsprechung[15] hat in zahlreichen Entscheidungen Sorgfaltspflichten der Bankkunden konkretisiert. Hervorgehoben sei hier nur die Pflicht zur sorgfältigen Überprüfung aller Kontoauszüge und aller Mitteilungen des Kreditinstitutes, die Pflicht zur sorgfältigen Aufbewahrung aller Formulare sowie zu ihrer vollständigen und deutlichen Beschriftung. Die Lehre vom allgemeinen Bankvertrag sucht die so ausgestaltete Geschäftsverbindung rechtlich zu verselbständigen, indem sie einen Rahmen- oder Richtlinien- oder Vorvertrag annimmt. Eine kritische Erörterung dieser Lehre ist in dieser Arbeit nicht erforderlich, weil Sorgfaltspflichtverletzungen auf der Schadensersatzebene relevant werden, um die es hier weniger geht. Zuletzt hat Canaris[16] die Lehre vom allgemeinen Bankvertrag ausführlich und kritisch dargestellt; er kommt zu dem Ergebnis, daß ein allgemeiner Bankvertrag dem geltenden Recht unbekannt ist, die Sorgfaltspflichten vielmehr als Nebenpflichten des Girovertrages hinreichend begründet sind.

b) Die Einordnung des Girovertrages in das Vertragsrecht des BGB

(1) Geschäftsbesorgungsvertrag, § 675 BGB

Der Girovertrag scheint Elemente von verschiedenen Vertragstypen des BGB zu enthalten. So besteht regelmäßig

---

15) vgl. die Übersichten von Pikart WM 1955,390, 1957, 1238, 1960,1314; 1970,866; sowie Soergel-Siebert-Mühl § 675 RdZ 4; für den Sparkassenbereich sind deren "Bedingungen für den Überweisungsverkehr" zu beachten.

16) Canaris Anh.A nach § 357 HGB.

eine Geldforderung des Kunden gegen die Kontostelle aus dem Guthaben ähnlich wie bei einem Darlehen (§ 607 BGB) oder einem Summenverwahrungsvertrag (§ 700 BGB). Canaris[17] nimmt an, der Girovertrag sei regelmäßig mit einem Verwahrungsvertrag verbunden. Die Anwendung der Verwahrungsvorschriften im Rahmen des Girovertrages ist jedoch weder notwendig noch gerechtfertigt. Die Erklärung des Guthabens als depositium irregulare mag historisch verständlich erscheinen, da ursprünglich die Aufbewahrung ein wesentliches Kennzeichen des Giros war. Die Annahme eines Verwahrungsvertrages, der bewegliche Sachen betrifft, ist unhaltbar, wie das Guthaben nicht notwendig auf Bareinzahlungen beruht, sondern ganz überwiegend auf Gutschriften. Außerdem treffen die Pflichten des Verwahrers, Raum zu gewähren und Obhut zu übernehmen[18], nicht annähernd die Tätigkeit einer Girobank. Vom normalen Darlehen unterscheidet sich das Guthaben dadurch, daß es primär nicht im Interesse der Bank, sondern im Liquiditätsinteresse des Kontoinhabers unterhalten wird und zudem sofort fällig ist.

Die rechtliche Beurteilung des Girovertrages hängt in Wahrheit nicht von der Rechtsnatur des Guthabens, sondern von Inhalt und Gegenstand des Girogeschäftes ab. Das Guthaben entsteht erst in Ausführung des Girovertrages, der gewöhnlich vor Begründung eines Guthabens geschlossen wird. Das Guthaben ist nichts anderes als eine Geldforderung, die ihren Entstehungsgrund im Girovertrag hat. In ihm ist bestimmt, daß die Bank Beträge, die für den Kontoinhaber eingehen, ihm gutzubringen, als solche anzuerkennen, durch Gutschrift auszuweisen und andererseits Zahlungsaufträge durch Abbuchung und Weiterleitung auszuführen hat. Im Vordergrund des Girovertrages steht mithin eine Tätigkeit (Dienstleistung der Bank), die darauf gerichtet ist, Zahlungsverkehrsdienste zu leisten.

---

17) Canaris Anh.C nach § 357 HGB Anm.158; ähnlich Schönle § 8 I; ablehnend Helbig S.40.

18) vgl. Palandt-Thomas Anm.2 vor § 688.

(a) Geschäftsbesorgung

Der Girovertrag ist ein Dienstvertrag (§ 611 ff BGB). Er ist Geschäftsbesorgungsvertrag (§ 675 BGB), da die Dienstleistung auf eine selbständige Tätigkeit wirtschaftlicher Art gerichtet ist, die für einen anderen in dessen Interesse vorgenommen wird.[19] Die Rechtsprechung[20] zum Geschäftsbesorgungsvertrag betont ergänzend, daß es sich um eine Tätigkeit handeln müsse, für die ursprünglich der Geschäftsherr selbst zu sorgen hatte, die ihm aber durch den Geschäftsführer abgenommen wurde. Dieser müsse eine bereits bestehende Obliegenheit des Geschäftsherrn wahrzunehmen haben. Eine in der Literatur vertretene Mindermeinung[21] versteht unter einer Geschäftsbesorgung dagegen jedwede fremdnützige Tätigkeit.

Nach beiden Auffassungen liegt ein Geschäftsbesorgungsvertrag vor. Trotz der strengen Weisungsbindung handelt die Bank selbständig, da die Ausführung der Zahlungsverkehrsdienste (Kontoführung, Weitergabe der Überweisungsträger, bankgeschäftliche Organisation) ausschließlich in den Verantwortungsbereich der Bank fällt. Die Bewertung des Girovertrages als Geschäftsbesorgungsvertrag ist inzwischen gefestigte Rechtsprechung und kann heute als unbestritten bezeichnet werden.[22]

(b) Entgeltlichkeit

Der Girovertrag ist entgeltlich, weil er nach dem Willen der Parteien auf einen Austausch von Leistungen ge-

---

19) vgl. Palandt-Thomas § 675 Anm.2.

20) RGZ 97,61-65; BGHZ 45,223.

21) Staudinger-Nipperdey § 675 Anm.16.

22) schon RGZ 54,329; BGH NJW 1954,190; BGHZ 10,139; seitdem st.Rsp., zuletzt BGH NJW 1976.1449; aus dem Schrifttum Canaris Anh.C nach § 357 HGB Anm.156 m.N.

richtet ist.[23] Von Godin[24] hat die Entgeltlichkeit auch des provisions- und gebührenpflichtigen Vertrages bestritten und ausgeführt, die genannten wirtschaftlichen Vorteile seien nicht die Causa des Girovertrages, da diese Vorteile erst durch eine weitere Tätigkeit der Bank erzielt würden. Es fehle an jeder Äquivalenzbeziehung zwischen der von der Bank durch den Girovertrag dem einzelnen Kunden versprochenen Leistung und den allgemeinen geschäftlichen Möglichkeiten, welche das Girokonto des Kunden für die Bank mit sich bringe. Damit wertet von Godin die Interessen jedoch nicht zutreffend. Er übersieht den Zinsverzicht des Bankkunden bezüglich seiner Einlagen.[25] Die der Bank zufließenden Nutzungsvorteile aus den ihr nahezu zinslos überlassenen Geldern sind so erheblich, daß man die Entgeltlichkeit nicht leugnen kann. Ihretwegen wird das Zahlungsgeschäft von den Banken betrieben. Es ist nicht allein die werbende Wirkung des bargeldlosen Zahlungsverkehrs für andere Geschäftszweige der Bank, die das Interesse der Kreditinstitute am Girogeschäft begründet, sondern zugleich die Ansammlung von kaum zu verzinsendem Kapital. Die Entgeltlichkeit entspricht auch allein dem § 354 HGB.[26]

(c) Gegenseitigkeit

Der Girovertrag ist ein gegenseitiger Vertrag. Die praktische Bedeutung der Gegenseitigkeit ist aber gering; der an sich bei gegenseitigen Verträgen gegebene

---

23) vgl. Canaris aaO.; Schlegelberger-Hefermehl nach § 365 HGB Anm.14; Schönle § 31 I 1; Meyer-Cording S.10; Liesecke WM 1975,229; von Spindler-Becker-Starke § 19 Anm.6.

24) von Godin in Großkomm. zum HGB 1.Aufl., Anh.I nach § 365 Anm.21.

25) s.o. S.21.

26) eingehend Helbig S.36; Canaris Anh.C nach § 357 HGB Anm.157.

Zug-um-Zug-Mechanismus ist durch Vorleistungsverpflichtungen ersetzt. Hervorzuheben ist, daß nur die Dienstleistungspflicht der Bank und die Vergütungspflicht des Kunden (Provisionen, teilweise Gebühren, Zinsverzicht) in einem synallagmatischen Verhältnis stehen. Bei der praktisch überaus wichtigen Herausgabepflicht (§ 667 BGB) der Bank fehlt der Gegenseitigkeitsbezug.[27)]

(d) Dauerschuldverhältnis

Der Girovertrag ist gewöhnlich zeitlich nicht begrenzt und erstreckt sich auf eine im voraus nicht festgelegte Zahl von Vorgängen. Er ist ein Dauerschuldverhältnis.[28)]

Nimmt der Kunde eine Einzelüberweisung ohne vorherige Errichtung eines Girokontos vor, so wird kein Dauerschuldverhältnis begründet. Der Dienstvertrag ist dann nur auf eine einzelne Geschäftsbesorgung gerichtet. Gegenseitigkeit und Entgeltlichkeit sind aber auch hier gewahrt.[29)]

(2) Nicht zutreffende Qualifikationen

(a) Die Auffassung[30)], die den Giroverkehr als Werkvertrag qualifiziert, ist überholt. Man sah in der Buchung auf einem Konto einen Erfolg im Sinne des § 631 BGB und glaubte, die Selbständigkeit der Banken verbiete die Annahme eines Dienstvertrages. Ein Werkvertrag liegt jedoch nicht vor, weil die Bank nicht für einen Erfolg eintritt, sondern nur sorgfältige Dienstleistungen verspricht.[31)] Die typischen Rechtsinstitute des Werkvertrages - Gewährleistung, Gefahrtragung, Nachbesserung, Abnahme - sind im Girovertragsrecht nicht anwendbar.

---

27) Esser-Schmidt, Schuldrecht Bd.1, § 17,V.

28) Canaris aaO.

29) Schlegelberger-Hefermehl nach § 365 HGB, Rdz.16; BGH WM 1972,308; Canaris aaO.; Schönle § 31 II; Meyer-Cording S.30.

30) Klein ZHR 55,182.

31) kritisch Helbig S.29; auch Canaris Anh.C nach § 357 HGB Anm.156.

(b) Das Reichtsgericht[32] hat den Girovertrag zunächst für einen echten Vertrag zugunsten Dritter (§ 328 BGB) gehalten. Offensichtlich konnte es sich nur so ein Recht des Empfängers auf Auszahlung des ihm überwiesenen Betrages erklären. Die Rechtsnatur dieses Vertrages wurde nicht näher bestimmt.

In bewußtem Widerspruch dazu heißt es in RGZ 102,63, der Girovertrag begründe keinen Anspruch des Dritten gegen die Bank. Die Banken wollten wenigstens regelmäßig Giroverträge in diesem Sinne nicht abschließen. Ein solcher Wille sei umso weniger anzunehmen, wenn der Dritte nicht einmal ihr Kunde sei.

In RGZ 141,287 heißt es dann wieder ganz allgemein, der Girovertrag sei als ein Vertrag zugunsten eines Dritten mindestens in dem Sinne aufzufassen, daß der Begünstigte ein unmittelbares Recht auf Auszahlung des überwiesenen Betrages mit der tatsächlich vollzogenen Gutschrift erwerbe. Dem hat sich der Bundesgerichtshof[33] zunächst angeschlossen, dann aber die Annahme einer Drittbegünstigung des Girovertrages unter Berufung auf die fast einhellige Meinung des Schrifttums[34] abgelehnt.

Seither besteht Einigkeit darüber, daß der Überweisungsempfänger keine Ansprüche aus dem Rechtsverhältnis des Überweisenden zu seiner Bank ableiten kann. Diese Erkenntnis ist grundlegend, weil auf ihr die Abstraktion der Girovertragsverhältnisse beruht. Die Konstruktion eines Vertrages zugunsten Dritter ist denkunmöglich bei der außerbetrieblichen Überweisung. Aus der Sicht der Empfangsbank läge ein Vertrag zu Lasten Dritter vor, den es nicht

---

32) RGZ 54,351; 84,354.

33) BGH NJW 1954,437.

34) Palandt-Heinrichs § 270 Anm.1b; Canaris aaO. Anm.97; Möschel JuS 1972,297; Schönle § 31 I 2; Schlegelberger-Hefermehl nach § 325 HGB Rdz.15; Meyer - Cording S.13.

gibt. Würde das Recht des Empfängers seinen Entstehungsgrund im Verhältnis des Zahlenden zu seiner Bank haben, so würde dieser Forderung die notwendige Abstraktheit fehlen, um als Buchgeld Zahlungszwecken dienen zu können. Auch wenn man den Anspruch des Empfängers an eine tatsächlich vollzogene Buchung der Empfangsbank bindet, bleibt er doch den Einwendungen des § 334 BGB aus dem Absenderverhältnis ausgesetzt. Schließlich ist mit Bettermann[35] der früheren Rechtsprechung die mangelnde Unterscheidung von Verpflichtungs- und Erfüllungsgeschäft vorzuhalten.

Klarstellend bleibt darauf hinzuweisen, daß der Vertrag zugunsten Dritter § 328 BGB) im Giroverkehr nicht ohne jede praktische Bedeutung ist. Er kommt dort vor, wo der Empfänger einer bargeldlosen Zahlung kein Girokonto mit der auszahlenden Bank unterhält. In solchen Fällen kann eine Eingangs- oder Absendebestätigung einer Bank (Avis) ein Umstand sein, der die Annahme eines Vertrages zugunsten Dritter rechtfertigt. Ein Beispiel enthält die Entscheidung des OLG Celle vom 20.3.1970.[36]

(c) Die Bezeichnung des Girovertrages als gemischten Vertrag oder als Vertrag eigener Art ist von geringer Bedeutung, solange Einigkeit über die anzuwendenden Vorschriften besteht. Schoele[37] hat diese Auffassung eingehend begründet. Er meint, die meisten Bestimmungen des Dienstvertragsrechtes (§§ 611 ff) wie auch die in § 675 BGB genannten Bestimmungen seien im Hinblick auf Gewohnheitsrecht und auf die allgemeinen Geschäftsbedingungen der Banken im Rahmen eines Girovertrages nicht anwendbar. Dies trifft, wie die nachfolgende Prüfung zeigen wird, mit Einschränkungen für das Dienstvertragsrecht zu, ist aber falsch in Bezug auf das nach § 675 BGB entsprechend anzuwendende Auftragsrecht.

---

35) Bettermann ZHR 11,140.

36) OLG Celle DB 1970,1077.

37) Schoele S.78.

(3) Anzuwendende Vorschriften

Auf einen Dienstvertrag, der eine Geschäftsbesorgung zum Gegenstand hat, finden die in § 675 BGB genannten Vorschriften entsprechende Anwendung.

Die Anwendung dieser Vorschriften ist aber nur insoweit angezeigt, als ihr die rechtliche Natur oder die Art des Dienstvertrages oder die Umstände des Falles oder die Notwendigkeit , ein sachgerechtes Ergebnis zu erzielen, nicht entgegenstehen.[38)] Das rechtfertigt zu prüfen, ob und mit welcher Bedeutung die im § 675 BGB genannten Bestimmungen im Rahmen eines Girovertragsverhältnisses angewandt werden können.

Die Prüfung soll dazu dienen, den Girovertrag genauer zu bestimmen. Es geht dabei weniger um Vollständigkeit als darum, das Kennzeichnende herauszustellen.

(a) Das Dienstvertragsrecht ist im allgemeinen nicht anwendbar. Einzelne hier nicht weiter zu verfolgende Sonderfälle bleiben denkbar. Das Dienstvertragsrecht des BGB paßt nicht auf den Girovertrag, da es in erster Linie die Dienstverträge der nicht selbständig Tätigen im Auge hat.[39)]

(b) Auftragsrecht

Umso größere Bedeutung kommt dem Auftragsrecht zu, das auf selbständige, eigenbestimmte Tätigkeit zugeschnitten ist.

aa) § 663 Satz 2 BGB ist auf den einzelnen Überweisungsauftrag anzuwenden.[40)] Zahlungsverkehrsgeschäfte sind unverzüglich zu bearbeiten. Die Vorschrift dürfte zugleich

---

38) Staudinger-Nipperdey § 675 Rdz.54.

39) vgl. Larenz, Schuldrecht § 52 I; Sörgel-Volze Anm.4 vor § 611.

40) vgl. Meyer-Cording S.55.

eine Grenze für unberechtigte Wertstellungsgewinne ziehen. Ziff.7 der Allgemeinen Geschäftsbedingungen enthält jedoch eine weitgehende Freizeichnungsklausel für Verzögerungsschäden.

bb) Die in § 665 BGB bestimmte Weisungsgebundenheit kennzeichnet den Girovertrag insgesamt. Sie ist lediglich durch Ziff.4(2) der Allgemeinen Geschäftsbedingungen bezüglich der Art der Ausführung eines Auftrages gelockert. Die Bank hat sich grundsätzlich nicht um die zugrundeliegenden Rechtsbeziehungen der Beteiligten zu kümmern. Sie hat sich streng innerhalb der Grenzen des ihr erteilten Auftrages zu halten.[41] Dies folgt aus dem Wesen des Girovertrages, der über den Zweck, den Zahlungsvorgang zu erledigen, nicht hinausgeht. Bei einer Haus- und Filialüberweisung ergibt sich das zudem aus der Doppelstellung des Kreditinstitutes, das hier sowohl dem Zahlenden wie dem Zahlungsempfänger girovertraglich verpflichtet ist. Die erforderliche Unabhängigkeit und Unparteilichkeit der Bank ist nur gewahrt, wenn jede Prüfung der Zweckmäßigkeit der Zahlung ausgeschlossen bleibt. Über das Weisungsrecht kann nach einer jüngeren Entscheidung des Bundesgerichtshofes[42] auch die Kontokorrentzugehörigkeit einer Gutschrift und damit die Verrechnung seitens der Empfangsbank mit einem Debetsaldo des Empfängers ausgeschlossen werden. Die Weisungsgebundenheit der Kreditinstitute erweist sich hier als ein konstitutives Element der Gleichwertigkeit von Bargeld und Buchgeld. Die Maßgeblichkeit der Weisungen des Schuldners ist auch im außerbetrieblichen Überweisungsverkehr gewahrt. Zwar ist der Absender der Zahlung nur seiner Bank gegenüber weisungsbefugt.[43] Jedoch dürfen Weisungen der erstbeauftragten Bank an die zwischengeschalteten Zahlungsmittler den Weisungen des Absenders nicht widersprechen. Bei Ver-

---

41) BGHZ 10,319; BGH WM 1972,309; 1974,274.

42) BGH NJW 1974,1082.

43) BGH WM 1958,1978; a.noch BGH WM 1957,1055 mit abl.Anm.v. Nebelung in NJW 1958,44.

wendung des dreiteiligen Überweisungsvordruckes ist das weitgehend sichergestellt. Für mündlich oder sonst anders erteilte Aufträge enthält Ziff.8 Abs.2 der Allgemeinen Geschäftsbedingungen eine Schadensfreizeichnung.

cc) § 667 BGB ist die Anspruchsgrundlage für den Anspruch des Kontoinhabers auf Gutschrift. Die Bank ist verpflichtet, bei ihr eingehende Zahlungen ihren Kunden durch Gutschrift gutzubringen.[44)] Der Anspruch entsteht und wird fällig, sobald die Bank den Gegenwert erlangt hat, sei es durch Bareinzahlung oder durch Gutschrift. Bei einer Hausüberweisung ist dagegen auf den Zeitpunkt der Belastungsbuchung auf dem Konto des Auftraggebers abzustellen. Hier setzt der Anspruch auf Gutschrift allerdings voraus, daß das Konto des Absenders Deckung aufweist, oder daß eine nicht ausgenutzte Kreditrichtlinie besteht. Mit der Belastungsbuchung vermindert sich die Verfügungsmöglichkeit des Kontoinhabers um den abgeschriebenen Betrag.

Gegenstand des Herausgabeanspruches ist Buchgeld. Der Herausgabeanspruch des § 667 BGB ist, wie Canaris zutreffend schreibt[45)], in spezifischer Weise girovertraglich modifiziert: die Bank hat das Erlangte in Form einer Gutschrift auf Girokonto dem Empfänger zur Verfügung zu stellen. Gerade diese Abrede der Parteien bewirkt die angestrebte Vereinfachung des Zahlungsverkehrs. Die Bank wäre sonst bei Bareinzahlung zur Barauszahlung verpflichtet. Die Einschaltung der Bank in den Zahlungsverkehr wäre also nicht einmal Bargeld ersparend. Erlangt die Bank ihrerseits eine Gutschrift auf einem Konto bei einer Zwischen-

---

44) vgl. BGH WM 1971,110; Palandt-Thomas § 667 Anm.2b; Schönle § 31 III 3c; Schlegelberger-Hefermehl Anh. § 365 Rdz.41; Meyer-Cording S.53 ff(75) m.w.N. zur älteren Literatur; Ulmer in JZ 1948,235 im Zusammenhang mit den Deckungsfragen der Ost-West-Überweisungen.

45) Canaris Anh.C nach § 357 HGB Anm.198 mit zahlreichen Nachweisen.

bank, dann wäre sie an sich nach § 667 BGB zur Abtretung des Gutschriftsanspruchs verpflichtet. Das ist jedoch nicht bezweckt; denn der Zahlungsempfänger müßte sich dann an eine fremde Bank wenden, um dort Bargeld abzuholen oder dort ein Konto zu eröffnen.

Die Bedeutung des § 667 BGB im Girorecht ist, daß auf ihm die Gutschrift beruht. Dies verkannte Schoele[46], der die Auffassung vertrat, eine Herausgabepflicht nach § 667 BGB bestehe während der Dauer des Girovertrages nicht. Diese sei ersetzt durch die Verfügungsmöglichkeit des Kunden über sein Guthaben. In Wahrheit beruht die Verfügungsmöglichkeit auf diesem Anspruch.Schoele muß sich entgegenhalten lassen, daß er zu Unrecht den Herausgabeanspruch auf Bargeld schmälert und damit gerade die von ihm befürwortete Gleichwertigkeit von Bar- und Buchgeld nicht konsequent durchführt.

dd) Nach § 669 BGB kann der Beauftragte einen Vorschuß für erforderliche Aufwendungen verlangen. Die Bank pflegt im hinläufigen Überweisungsverkehr das Konto des Auftraggebers zu belasten, noch bevor der überwiesene Betrag dem Begünstigten gutgeschrieben ist. Darin sieht die herrschende Meinung[47] die Geltendmachung eines Rechts auf Vorschuß gemäß § 669 BGB. Eine Mindermeinung[48] hält dagegen die Anwendung des § 669 BGB auf die vorab erfolgte Kontoabschrift für wenig sinnvoll oder überflüssig. Hefermehl[49] erblickt in der Lastschrift nicht einen Vorschuß, sondern den Gegenstand der aufgrund des Girovertrages geschuldeten Leistung, die in das Vermögen des Empfängers durch Gutschrift zu überführen ist. Der Vorgang sei so zu beurteilen, als ob jemand einem anderen Geld

46) Schoele,Recht der Überweisung S.56.

47) BGHZ 4,228; 26,5; Schönle § 31 III 2; Canaris Anh.C nach § 357 HGB Anm.166; Meyer-Cording S.36.

48) Möschel JuS 1972,229; Kienscherf S.33.

49) Schlegelberger-Hefermehl Anh. § 365 Rdz.30 ("Objekt der geschuldeten Leistung"); ähnlich Helbig S.50.

aushändige und ihn beauftrage, einem Dritten diesen Betrag für Rechnung des Auftraggebers auszuzahlen.

Beide Auffassungen wollen letztlich gewährleisten, daß die vor Ausführung der Überweisung vorgenommene Kontobelastung bis zur Erledigung des Auftrages nur vorläufigen Charakter hat. Zu diesem Zweck braucht aber auf § 669 BGB nicht abgestellt zu werden, auch wenn der vorab erfolgten Belastungsbuchung tatsächlich eine vorschußartige Bedeutung zukommt. Besser entnimmt man dem Girovertrag die Abrede, nach welcher die beauftragte Bank berechtigt ist, ihre künftigen Aufwendungen, die in Erledigung des Auftrages voraussichtlich erforderlich werden, vorab in das Konto als Belastung einzustellen. Erweist sich der Auftrag als undurchführbar, so ergibt sich von selbst, daß die Belastungsbuchung wieder zu löschen ist. Die Vorschrift des § 669 BGB will dem Beauftragten ersparen, Mittel aus eigenem Vermögen aufbringen zu müssen, um den Auftrag erledigen zu können. Diesen Zweck kann die Belastungsbuchung bei debitorischem Konto nie erfüllen. Aber auch bei einem kreditorischen Konto erfolgt die Belastungsbuchung hauptsächlich deshalb vorab, um so früh wie möglich den Umfang der Verfügungsmöglichkeit des Kontoinhabers, d.h. den richtigen Kontostand anzuzeigen. Daran haben alle Beteiligten ein Interesse. Nach dem Inhalt des Girovertrages kann der Kontoinhaber immer nur in Höhe des rechnerischen Zwischensaldos verfügen. Die Bank sichert sich durch die Vorabbuchung vor unbeabsichtigten Kontoüberziehungen, die sie nicht auszuführen braucht. Das aber geht über den Sinn des § 669 BGB weit hinaus. Die Vorschrift könnte auch nur bei hinläufigen, nicht bei rückläufigen Überweisungen Anwendung finden, weil dort die Belastungsbuchung erst am Ende des Zahlungsvorganges erfolgt. Sie wäre auch dann unanwendbar, wenn Abschrift und Gutschrift etwa aus Automationsgründen gleichzeitig erfolgen.

ee) Nach § 670 BGB kann die Bank von ihrem Auftraggeber Ersatz für ihre Aufwendungen verlangen. Es stellt sich jedoch die Frage, was die Bank als Aufwendungen geltend machen kann. Nach ganz h.M. sind dies vor allem die den Zahlungsempfängern ausgezahlten und gutgeschriebenen Beträge.[50] Schoele[51] hat das bestritten. Gutschriften und Barauszahlungen leiste die Bank nicht freiwillig, sondern pflichtgemäß in Erfüllung erteilter Aufträge. Deshalb seien sie keine Aufwendungen. Jedoch steht die Verpflichtung der Bank zur Ausführung der Weisungen des Kunden der Freiwilligkeit im Sinne des Aufwendungsbegriffes[52] nicht entgegen. Das Merkmal der Freiwilligkeit dient nur der Abgrenzung zum Schaden, für den Ersatz nur bei Verschulden verlangt werden kann. Aufwendungen können auch pflichtgemäß erfolgen; es kommt darauf an, ob der Aufopferung des Vermögenswertes eine Entscheidung des Verpflichteten zugrunde liegt. Das trifft zu, wenn die Bank dem Begünstigten Gutschrift erteilt oder ihm Bargeld aushändigt. Der Anspruch aus § 670 BGB wird von der h.M. somit zu Recht als Grundlage der Belastungsbuchungen angesehen. Zugleich rechtfertigt die Bestimmung, daß Gebühren für Buchungen und Ersatz für andere Aufwendungen erhoben werden, soweit sie tatsächlich entstandene Unkosten nicht übersteigen.

ff) Über die Beendigung des Girovertrages enthalten die Allgemeinen Geschäftsbedingungen verschiedene Regeln, die aber mit denen des Gesetzes (§§ 675, 672 ff BGB) weitgehend übereinstimmen. Nach Ziff.17 der Allgemeinen Geschäftsbedingungen können beide Teile ohne Einhaltung einer Frist und ohne Vorliegen eines Grundes jederzeit

---

50) BGHZ 4,248; Canaris Anh.C nach § 357 HGB Anm.166; Schönle § 31 III/2; Schlegelberger-Hefermehl Anh. § 365 Rdz.30, für das debitorische Auftraggeberkonto; Meyer-Cording S.36.

51) Schoele,Recht der Überweisung S.83.

52) BGHZ 8,229; RGZ 95,51; Palandt-Thomas § 670 Anm.2; Staudinger-Nipperdey § 670 Rdz.1a.

kündigen. Mit Beendigung des Girovertragsverhältnisses ist abzurechnen, die Salden sind auszugleichen und das Konto auf Null zu bringen.

Nach §§ 672 ff BGB lassen Tod und Eintritt der Geschäftsunfähigkeit auf Seiten des Bankkunden den Girovertrag grundsätzlich unberührt. Seine Rechte und Pflichten sind nicht so höchstpersönlich, als daß eine Fortsetzung des Vertrages mit den Erben nicht möglich wäre. An die Stelle des geschäftsunfähig gewordenen Kontoinhabers tritt sein gesetzlicher Vertreter. Für den Fall, daß die Bank unverschuldet vom Eintritt eines Mangels der Geschäftsfähigkeit keine Kenntnis erlangt, enthält Ziff.23 Abs.2 der Allgemeinen Geschäftsbedingungen eine Freizeichnungsklausel für daraus entstehende Schäden. Dagegen führen der Tod des Bankiers bzw. Verlust der Rechtsfähigkeit der Bank gemäß § 673 BGB im Zweifel zur Beendigung des Girovertrages.[53)]

2. Vertragsbeziehungen im mehrgliedrigen Zahlungsverkehr

a) Das Rechtsverhältnis benachbarter Kettenglieder

(1) Die F i l i a l ü b e r w e i s u n g ist eine mehrgliedrige[54)] Überweisung, aber ebenso wie die Hausüberweisung ein innerbetrieblicher Vorgang; denn die Filialen der Groß- und Regionalbanken besitzen keine eigene Rechtspersönlichkeit, so daß rechtlich nur zwei Beteiligte, der Kontoinhaber und die Bank, in ihrer jeweiligen Rechtsform vorhanden sind. Die Frage spielte nach dem Zweiten Weltkrieg eine Rolle im Zusammenhang mit dem Problem der steckengebliebenen Ost-West-Überweisungen und jüngst anläßlich des Zusammenbruchs der Herstatt-Bank.[55)] Aus der damaligen Erörterung kann als

---

53) s. im einzelnen Canaris Anh.C nach § 357 HGB Anm. 249-251; Meyer-Cording S.109; Schoele, Recht der Überweisung, S.99,100.

54) gebräuchliche Ausdrucksweise im Anschluß an Bettermann ZHR 111,136; vgl. Canaris aaO. Anm.191.

55) LG Frankfurt/M., WM 1976,1118 (Herstatt-Fall); auch BGHZ 63,87.

Ergebnis die nunmehr einhellige Meinung festgehalten werden, daß die einheitliche Rechtspersönlichkeit einer Gesamtbank mit Zentrale und Filialen nunmehr unbestritten feststeht.[56]

Gesonderte Rechtsbeziehungen zwischen den Filialen und der Hauptniederlassung bestehen nicht. Die Filialüberweisung ist insoweit wie eine Hausüberweisung zu behandeln. Hervorzuheben ist, daß nach Ziff.26 der Allgemeinen Geschäftsbedingungen die Geschäftsräume der kontoführenden Stelle der Bank für beide Teile Erfüllungsort sind. Demnach ist eine Filialüberweisung erst dann ausgeführt, wenn dem Begünstigten bei der Filiale, bei der er sein Konto unterhält, gutgeschrieben wurde.

(2) Nach Ziff.9 der Allgemeinen Geschäftsbedingungen darf sich die beauftragte Bank zur Ausführung des Auftrages Dritter bedienen. Von dieser Befugnis macht sie bei einer K e t t e n ü b e r w e i s u n g Gebrauch, wenn sie andere Geschäftsbanken einschaltet. Regelmäßig wird die zweitbeauftragte Bank eine Landeszentralbank sein.

Das Rechtsverhältnis zwischen der erst- und zweitbeauftragten Bank ist wiederum ein Giroverhältnis.[57] Die zwischengeschalteten Zahlungsmittler werden gleichfalls "zur Durchführung des bargeldlosen Zahlungsverkehrs" tätig (vgl. § 1 Abs.1 S.2 Ziff.9 KWG). Sie führen wie die erstbeauftragte Bank Zahlungsverkehrskonten. Wendet sich die Absendebank wegen Vermittlung der Überweisung an die Empfängerbank oder an eine andere Geschäftsbank, so erteilt sie dieser einen Giroauftrag.[58] Gewöhnlich leitet sie die erste Durchschrift des Überweisungsauftrages, den Überwei-

---

56) zum Ganzen Canaris Anh.C nach § 357 HGB Anm.33,66 ff m.N.

57) s. Canaris Anh.C nach § 357 HGB Anm.193; BGH WM 1957, 1048; 1958,1078; 1961,78; BGHZ 13,111; Ziff.1 und 7 der AGB Landeszentralbanken bezeichnen die Konten als "Girokonten" (abgedruckt bei Schlegelberger-Hefermehl, Anh. § 365 HGB Rdz.11).

58) vgl. LG Frankfurt/M. WM 1976,118.

sungsträger, weiter. Es kommt daher mit der zwischengeschalteten Bank das gleiche auf Geschäftsbesorgung gerichtete Dienstverhältnis zustande wie zwischen dem auftraggebenden Kontoinhaber und der Absendebank. Die zwischengeschalteten Zahlungsverkehrsmittler sind nicht Erfüllungsgehilfen (§ 278 BGB) der erstbeauftragten Bank; denn deren Verpflichtung erschöpft sich in der Weiterleitung des Überweisungsträgers. Dasselbe gilt für das Verhältnis weiterer Zahlungsmittler untereinander, und zwar unabhängig davon, ob sie bereits in Kontoverbindung stehen oder ob es sich um einen Einzelüberweisungsauftrag handelt. Alle beteiligten Zahlungsmittler handeln jeweils im eigenen Namen.

b) Keine Vertragsbeziehungen zwischen nichtbenachbarten Kettengliedern

Unmittelbare, die Kette sozusagen überspringende Vertragsbeziehungen bestehen nicht.[59)]

Von diesem Grundsatz wollen Canaris[60)] und Hefermehl[61)] eine wesentliche Ausnahme machen in Bezug auf die Landeszentralbanken. Die Landeszentralbanken nähmen nur die Stellung von "Übermittlungsboten" ein, so daß unmittelbare Vertragsbeziehungen zwischen den Girobanken vor und hinter den Landeszentralbanken entstünden. Die Funktion der Landeszentralbanken als Zentralgirobank beschränke sich auf einen "Zahlungsausgleich". Hefermehl beruft sich auf zwei Entscheidungen des Bundesgerichtshofes, in denen trotz Einschaltung einer Landeszentralbank direkte Rechtsbeziehungen zwischen Auftraggeber und Empfangsbank angenommen wurden. BGHZ 27,241 befaßt sich aber nur mit einer Nebenpflicht (Verschwiegenheit) zugunsten des Auftraggebers. Nach Ansicht des Bundesgerichtshofes ergab sich diese aus

59) BGH NJW 1974,39; Möschel JuS 1972,298; Nebelung NJW 1958,44 ff.

60) Canaris Anh.C nach § 357 HGB Anm.193.

61) Schlegelberger-Hefermehl Anh. § 365 HGB Rdz.36 unter Berufung auf BGHZ 27,241 sowie auf BGH WM 1962,460.

einer an die Empfangsbank gerichteten Mitteilung des Absenders. In diesem Rahmen hat der Bundesgerichtshof die Landeszentralbank als Boten bezüglich der Weiterleitung des Überweisungsträgers angesehen. Daraus darf nicht abgeleitet werden, die Funktion der Landeszentralbanken im außerbetrieblichen Zahlungsverkehr beschränke sich allgemein auf eine Botenstellung. Ähnliches gilt für die in WM 1962,460 mitgeteilte Entscheidung, die sich ebenfalls mit der Bedeutung eines an die Empfangsbank gerichteten Vermerks in der Spalte Verwendungszweck beschäftigt. Vertragliche Beziehungen zwischen nicht benachbarten Kettengliedern können nicht allein dadurch zustande kommen, daß der Auftraggeber an die Empfangsbank gerichtete Vermerke auf die Überweisungsträger setzt.[62] Gleichwohl können solche Vermerke für die Empfangsbank beachtlich sein, weil sie automatisch zum Inhalt der Überweisung werden, welche die Empfangsbank von der ihr vorgeschalteten Bank erhält, mit der sie girovertraglich verbunden ist. Praktisch führt die Unabhängigkeit der verschiedenen Giroverträge im Schadensersatzrecht zu der Schwierigkeit, daß der zahlende Kunde der erstbeauftragten Bank zwar einen Schaden, unter Umständen aber keinen Anspruch gegen die Empfangsbank hat, die weisungswidrig handelte. Das mag auch dazu geführt haben, daß die Rechtsprechung[63] gelegentlich ein direktes Weisungsrecht und demzufolge einen unmittelbaren Anspruch gegen die Empfangsbank angenommen hat, ohne freilich näher darauf einzugehen. In Wahrheit kann der Überweisungsauftraggeber in diesen Fällen nur aus abgetretenem Recht vorgehen, es sei denn, man entschließt sich zur Annahme vertraglicher Schutzpflichten zugunsten des Überweisungsauftraggebers als Drittem. Der Abtretungsanspruch ist in Ziff.9/I S.3 der Allgemeinen Geschäftsbedingungen enthalten

62) vgl. Nebelung NJW 1958,44; a.A. Schoele S.197 ff mit Erwägungen, die heute aus tatsächlichen Gründen überholt sind.

63) z.B. RGZ 105,34; BGH WM 1957,1055.

und kann sich gegenüber nichtbenachbarten Kettengliedern aus den Grundsätzen der Schadensdrittliquidation[64] ergeben.

3. Der Inhalt der Kontokorrentabrede

Nach Ziff.2/2 der Allgemeinen Geschäftsbedingungen werden Girokonten als Kontokorrentkonten geführt. Die Kontokorrentabrede ist von dem zugrundeliegenden Girovertrag (Geschäftsvertrag) zu unterscheiden. Sie bezweckt, die Vielheit der auf beiden Seiten angesetzten Soll- und Habenposten durch die periodische Feststellung einer einzigen Saldoforderung zu ersetzen. Ihr Sinn ist die Erleichterung des Geschäftsverkehrs, nicht etwa die Gewährung von Kredit.[65]

Das Bankenkontokorrent fällt unter § 355 HGB. Um der Bedeutung der Kontokorrentabrede im Girovertragsrecht gerecht zu werden, erscheint es notwendig, ihren Inhalt im wesentlichen zu umschreiben; denn die Kontokorrentabrede enthält Vereinbarungen über Bestand und Veränderungen des jeweiligen Guthabens. Dabei ist für die Zwecke dieser Arbeit der Theorienstreit um den Einfluß der Kontokorrentverrechnung auf die einzelnen Forderungen und Leistungen weniger von Interesse.[66] Es genügt, den schuldrechtlichen Inhalt der Kontokorrentabrede zu beschreiben. Sie beinhaltet zunächst, die beiderseitigen Ansprüche und Leistungen aus

---

64) RG JW 1925,1303; BGHZ 27,241; s. auch Trost-Schütz zu Ziff.9 AGB Anm.3,4; Helbig S.10; kritisch Canaris Anh. C nach § 357 HGB Anm.196.

65) Canaris § 355 HGB Anm.2; Baumbach-Duden § 357 HGB Anm. 1-3; Pikart WM 1970,866; BGH WM 1963,24.

66) s. dazu statt aller Canaris § 355 HGB Anm.67 f. Die verschiedenen Auffassungen können praktisch Bedeutung gewinnen, wenn es zu dem letzten kontokorrentrechtlichen Vollzugsakt nicht kommt.

der Geschäftsverbindung "in Rechnung zu stellen" zum Zwecke eines Tilgungsausgleichs. Dieser Teil der Abrede - ein antizipierter Verfügungsvertrag - (§ 339 Abs.1 S.2 BGB) -[67] bewirkt, daß die dem Kontokorrent zugehörigen Forderungen weder abgetreten, deshalb auch nicht gepfändet (§ 1247 Abs.2 BGB), noch sogleich getilgt oder eingeklagt werden können. Die Forderungen werden nur zur Verrechnung gestellt (unstreitig).[68]

Im Anschluß an jüngere Entscheidungen des Bundesgerichtshofes ist es allgemeine Meinung geworden[69], daß das Bankenkontokorrent kein Staffelkontokorrent ist[70] (vgl. Ziff.10 AGB der Sparkassen), mithin nicht nach jeder Buchung, sondern erst nach Abschluß einer Rechnungsperiode verrechnet wird. Der in den Tagesauszügen mitgeteilte Saldo ist reiner Postensaldo, der erstellt wird, um die Kontenübersicht zu gewährleisten und Überziehungen zu verhüten. Aus dem Girovertrag ergibt sich, daß mangels besonderer Bankzusage (Kreditrichtlinie) immer nur über den jeweiligen Habensaldo verfügt werden darf. Außerdem erleichtert die tägliche Saldoziehung die erst am Ende einer Rechnungsperiode übliche Zins- und Gebührenabrechnung.

Die Verrechnung erfolgt durch eine der Vertragsparteien in "regelmäßigen Zeitabschnitten", im Bankenkontokorrent gewöhnlich vierteljährlich (Ziff.14/ Satz 1 AGB). Im Ausgangspunkt besteht Einigkeit darüber, daß die Verrechnung rechtsgeschäftliche Natur hat und auf einem Verrechnungsvertrag beruht, der beim Bankenkontokorrent wiederum schon

---

67) vgl. Canaris § 355 HGB Anm.9.

68) BGH WM 1972,283(287); DB 1972,918(919); WM 1970,184 (186); WM 1961,1046; Schlegelberger-Hefermehl § 355 Anm.1; Baumbach-Duden §§ 355-357 Anm.3A.

69) Beitzke, Festschrift für J.v.Gierke S.1 ff; ders. DB 1972,421ff,469ff; Blaurock, NJW 1971,2206ff; Schönle § 7 II; Canaris § 355 HGB Anm.63a; Baumbach-Duden §§ 355-357 Anm.3b; Hefermehl, Festschrift für Lehmann S.553 ff.

70) vgl. Hefermehl, Festschrift für Lehmann S.547(554).

bei Eröffnung des Kontos geschlossen wird. Die eigentliche Verrechnung tritt infolgedessen durch die einseitig vorgenommene Saldoziehung automatisch ein. Man sieht den Verrechnungsvertrag als einen Aufrechnungsvertrag besonderer Art an.[71] Die Besonderheit besteht darin, daß er nach § 355 HGB nicht nur Ansprüche sondern auch Leistungen, z.B. eine Zahlung,zum Gegenstand hat. Canaris[72] bezeichnet den Vertrag neutral als einen Verrechnungsvertrag.

Zum Inhalt der Kontokorrentabrede gehört weiter, daß die Parteien die in das Kontokorrent eingestellten Leistungen und Ansprüche periodisch anerkennen, und zwar durch erneuten Vertrag. In der Mitteilung des errechneten Periodensaldos sieht man den Antrag auf Abschluß eines Anerkennungsvertrages, der stillschweigend geschlossen wird. Der Empfänger des Rechnungsauszuges hat also Gelegenheit und ist gehalten, die Verrechnung auf ihre Richtigkeit hin zu prüfen, und verpflichtet, die ordnungsgemäße Verrechnung anzuerkennen. (Ziff.15/1 AGB, Reklamationspflicht)

4. Skontrierungsvertrag[73]

Für das Girovertragsverhältnis einer Geschäftsbank mit ihren Kunden ist kennzeichnend, daß jeder Vorgang auf dem Kundenkonto einzeln gebucht wird. Von diesem Prinzip, das im Interesse besserer Nachprüfbarkeit und Kontrolle eingehalten wird, besteht eine Ausnahme im Girovertragsverhältnis der Geschäftsbanken mit der Landeszentralbank als Abrechnungsstelle. Diese Ausnahme beruht auf der Skontrierungsabrede, deren Inhalt durch die "Geschäftsbestimmungen

---

71) vgl. Canaris § 355 HGB Anm.27; Palandt-Heinrichs § 387 Anm.2 (Aufrechnungsvertrag); Sörgel-Schmidt, vor § 387 Anm.2.

72) Canaris § 355 HGB Anm.27.

73) dazu Kümpel WM 1976, aaO. S.12.

der Abrechnungsstelle"[74)] bestimmt ist. Sie wird von der einzelnen Geschäftsbank mit der Landeszentralbank getroffen und ergänzt und modifiziert den zwischen ihnen abgeschlossenen Girovertrag.

Dies wird in der Literatur nicht immer deutlich zum Ausdruck gebracht, sondern vielfach dadurch verschleiert, daß der Skontrierungsvertrag kurz als Aufrechnungsvertrag gekennzeichnet wird mit der Erläuterung, es gehe um eine "vertragliche Verrechnung von Forderungen unter mehr als zwei Personen aufgrund einer allseitigen Vereinbarung"[75)]. Der Bundesgerichtshof formuliert noch weitergehend, mit Hilfe der Abrechnungsstelle würden die angeschlossenen Kreditinstitute zu einer Vereinigung zusammengeschlossen, die die Aufgabe habe, einen Zahlungsausgleich zwischen den Teilnehmern herbeizuführen. Die Gesamtheit der Teilnehmer bilde einen Skontro-Verband.[76)]

So könnte man den Eindruck haben, als bestünde der Skontrierungsvertrag zwischen den Teilnehmern des Abrechnungsverkehrs und als seien diese gesellschaftsartig zusammengeschlossen.

Schon die Art des Zustandekommens zeigt aber, daß vertragliche Beziehungen nur zwischen den einzelnen Teilnehmern am Abrechnungsverkehr und der Abrechnungsstelle entstehen. Der Skontrierungsvertrag kommt dadurch zustande, daß ein von den Landeszentralbanken gemäß Ziff.3 der Geschäftsbestimmungen zugelassenes Kreditinstitut bei der Abrechnungsstelle Abrechnungspapiere einreicht (Ziff.8,9 der Geschäftsbestimmungen).

Das Angebot nimmt die Abrechnungsstelle konkludent durch Bearbeitung an.

---

74) abgedruckt im Kommentar von Beck, Bundesbankgesetz S.576 Muster 366-367.

75) vgl. Palandt-Heinrichs § 387 Anm.2.

76) BGH WM 1972,1379.

Der Inhalt des Skontrierungsvertrages ist zwar knapp, aber treffend in den Geschäftsbestimmungen umschrieben. Die Abrechnungsstelle hat gemäß Ziff.1 die "Aufgabe, den Zahlungsausgleich zwischen den Teilnehmern zu erleichtern". Bestünde die Skontrierungsabrede nicht, so müßte auf den Girokonten der Geschäftsbanken bei der Landeszentralbank jeder Einzelvorgang durch entsprechende Gutschrift oder Abschrift gebucht werden, um einen Zahlungsausgleich zwischen den einzelnen Absendebanken und Empfangsbanken herbeizuführen. Um diesen Zahlungsausgleich angesichts der bei den Landeszentralbanken zusammenfließenden Massen an Papieren zu erleichtern, bestimmt Ziff.2 der Geschäftsbestimmungen:

"Die Abrechnungsstelle rechnet die Beträge, die der Empfänger für die auf ihn eingelieferten Abrechnungspapiere (s. Ziff.8 der Geschäftsbestimmungen) schuldet, gegen die Beträge auf, die er für von ihm eingelieferte Abrechnungspapiere zu fordern hat."

Daraus kann zunächst entnommen werden, daß es die Abrechnungsstelle ist, die "aufrechnet" und nicht die beteiligten Geschäftsbanken selbst. Deshalb sind auch die oben genannten Formulierungen des Bundesgerichtshofes nicht genau. Nicht die "Vereinigung", sondern die Abrechnungsstelle hat die Aufgabe, zu verrechnen und den Zahlungsausgleich herbeizuführen. Entscheidend kommt es nunmehr auf die Frage an, welche Ansprüche die Abrechnungsstelle verrechnet.

Fragt man, wem der Empfänger von Abrechnungspapieren etwas schuldet und von wem er für eingelieferte Abrechnungspapiere etwas zu fordern hat, so muß man sowohl an die Bankkunden als auch an die vermittelnden Banken und an die Abrechnungsstelle der Landeszentralbank selbst denken. Betrachtet man zunächst den hinläufigen Überweisungsverkehr an dem einfachen Modell von drei Banken (Absenderbank/Abrechnungsstelle/Empfängerbank), in dem in beide Richtungen Überweisungsaufträge laufen, so wird allein die Abrechnungsstelle als Vermittlerin mit Eingang der Überweisungsträger bei ihr verpflichtet. Sie hat der empfangenden Bank entsprechende Gutschriften kraft des Girovertrages (§ 667 BGB) zu erteilen. Zugleich ist sie berechtigt, die Konten der einliefernden Banken zu belasten (§ 670 BGB). Direkte Rechtsbeziehungen zwischen den beteiligten Geschäftsbanken bestehen nicht. Die "Aufrechnungen" durch die Abrechnungsstelle haben deshalb, was Überweisungsaufträge betrifft, ausschließlich Ansprüche der Abrechnungsstelle gegen die einzelnen teilnehmenden Geschäftsbanken (Aufwendungsersatzansprüche, § 667 BGB) und umgekehrt Ansprüche beider Banken gegen die Abrechnungsstelle auf Herausgabe des Erlangten zum Gegenstand. Es sind gegenseitige und, da sie wiederum kraft Girovertrages durch Kontobuchungen zu erfüllen sind, auch gleichartige Ansprüche. Die Verrechnung seitens der Abrechnungsstelle ist eine schlichte Addition und Aufrechnung der Summen (§ 387 BGB) so wie in Ziff.2 der Geschäftsbestimmungen zutreffend bezeichnet.

Im rückläufigen Überweisungsverkehr gilt im Prinzip nichts anderes. Zwar entsteht hier nicht der Anspruch auf Gutschrift aus § 667 BGB, weil die Gutschrift der Empfangsbank vorab erteilt wird. Hier wird stattdessen eine Leistung verrechnet. Der Scheck begründet vor seiner Annahme durch die bezogene Bank keine die Kette der Zahlungsmittler überspringenden Rechtsbeziehungen. Die vorlegende Bank kann allein kraft des Girovertrages in Verbindung mit der Skontrierungsabrede die vorläufige Gutschrift der Landeszentralbank verlangen. Diese ist dann ihrerseits berechtigt, vorläufige Deckung auf dem von ihr geführten Girokonto der bezogenen Bank zu suchen.

Auch im rückläufigen Überweisungsverkehr verrechnet die Abrechnungsstelle also nur eigene Positionen (Leistungen) mit solchen der einzelnen Geschäftsbanken.

Eine Besonderheit im rückläufigen Überweisungsverkehr besteht allerdings darin, daß die Verrechnung der Ansprüche nicht nur vor Fälligkeit, sondern vor ihrer eigentlichen Entstehung erfolgt, nämlich zeitlich vor den entsprechenden Gegenbuchungen. Wie dargelegt, entsteht der Anspruch auf Gutschrift (§ 667 BGB) erst mit der Abschrift auf dem Konto des Absenders und der Aufwendungsersatzanspruch erst mit der Gutschrift zugunsten des Empfängers. Das steht jedoch der Annahme einer Aufrechnung nicht entgegen. Es handelt sich um künftige Forderungen, die aber bereits genau bestimmt sind. Freilich ist es eine auf Vertrag beruhende Verrechnung, ihrem Wesen nach jedoch schlichte Aufrechnung. Der Vertrag ähnelt in vieler Weise dem Verrechnungsvertrag[77] des Kontokorrents.

Das Ergebnis entspricht der h.M.[78], die die Skontrierung als Aufrechnungsvertrag begreift. Die h.M. leugnet aber die Gegenseitigkeit der Forderungen. Zur Begründung beruft sie sich vor allem auf Ziff.1 der Geschäftsbestimmungen der Abrechnungsstelle, wo es heißt: "die Ausgleichung im Abrechnungsverfahren gilt als Erfüllung im Sinne des bürgerlichen Rechts". Daraus bezieht die h.M. offenbar die Vorstellung, als würden die Beteiligten untereinander eine Vielzahl von Ansprüchen durch Verrechnung tilgen. Diese Vorstellung ist aber mit dem Girovertragsrecht unvereinbar. Die Klausel hat vielmehr nur Bedeutung für das Verhältnis der Abrechnungsteilnehmer zur Abrechnungsstelle. Im Verhältnis zur Abrechnungsstelle sind infolge der Verrechnung gegenseitige Ansprüche erloschen, obwohl sie nicht, wie an sich nach Girovertragsrecht vorgesehen, durch Buchungen auf Girokonten zu erfüllen sind. Darin ist der Sinn der Erfüllungsklausel zu sehen.

---

77) s. Baumbach-Duden §§ 355-357 Anm.1; Canaris Anh.C nach § 357 Anm.159 m.w.N.; ders. in WM 1976,994.

78) Schönle § 31 IV; Canaris aaO.; Schlegelberger-Hefermehl Anh. § 365 Rdz.8; Sörgel-Schmidt Vorbem. zu § 387 Rdz.4; Erman-Westermann vor § 387 Anm.2a; Teschemacher ZHR 67,401 f.

II. Ausführungsgeschäfte

1. Der Überweisungsauftrag

Er ist eine Weisung nach § 665 BGB, durch die der Kontoinhaber die Dienstleistungspflicht der Bank einseitig festlegt und für den Einzelfall konkretisiert.[79)] Die Weisung wird von der Bank, wie der Bundesgerichtshof[80)] zutreffend formuliert, entgegengenommen, im Gegensatz zur Anweisung (§ 784 BGB) nicht angenommen.

Dogmatisch stellt der Überweisungsauftrag eine rechtsgeschäftsähnliche Handlung dar, eine ausfüllende Gestaltungserklärung, auf welche die Vorschriften über Willenserklärungen Anwendung finden:[81)] Sie ist einseitig empfangsbedürftig (§ 130 BGB) und kann nach allgemeinen Regeln (§§ 104 ff BGB) nichtig, unwirksam und auch anfechtbar (§§ 116 ff BGB) sein. Letzteres wurde von Schoele[82)] im wesentlichen mit der Begründung bestritten, ein Anfechtungsrecht sei praktisch mit der Abwicklung des Zahlungsverkehrs unvereinbar und den Banken nicht zuzumuten. Ein entsprechender Verzichtswille der Bankkunden kann aber wohl kaum unterstellt werden. Praktisch ist allerdings die Anfechtung, namentlich die Irrtumsanfechtung, von nur geringer Bedeutung.[83)]

---

79) RGZ 54,329; BGHZ 10,319; BGH WM 1972,308; Schönle § 31,II 1; Möschel JuS 1972,298; Canaris Anh.C nach § 357 HGB Anm.160.

80) BGHZ 10,319.

81) Bötticher Festschrift für Dölle 1963, S.51; Schönle § 32 II 3a; Canaris Anh.C nach § 357 HGB Anm.161,185.

82) Schoele,Bank 1937/38 S.521 ff.

83) vgl. Schönle § 32 II 3d.

2. Der Widerruf des Überweisungsauftrages

Der Überweisende kann einen Überweisungsauftrag grundsätzlich widerrufen. Der Widerruf wird heute allgemein[84] als eine Gegenweisung betrachtet, an welche die Bank ebenso gebunden ist wie ursprünglich an den Überweisungsauftrag. Rechtsgrundlage des Widerrufsrechtes ist die Weisungsbefugnis des § 66f BGB. Das bedeutet, daß der Widerruf die Rechtsnatur des Überweisungsauftrages teilt.

Der Widerruf eines Überweisungsauftrages wirft zahlreiche Rechtsfragen auf, die hier nicht vollständig zu erörtern sind. Es wird auf die umfangreiche Spezialliteratur[85] verwiesen. Jedoch ist im Rahmen dieser Arbeit folgendes wichtig:

Der maßgebliche Zeitpunkt, bis zu dem ein Widerruf noch möglich ist, ist der Augenblick der Gutschrift auf dem Konto des Empfängers. Spätestens dann ist der Auftrag ausgeführt, so daß die Gegenweisung, den erteilten Auftrag nicht auszuführen, dann auf etwas Unmögliches gerichtet ist (§ 306 BGB).[86]

Erfolgt die Gutschrift auf einem Konto pro diverse, so bleibt der Widerruf solange möglich, bis dem Begünstigten ein unentziehbarer Rechtsanspruch entstanden ist.[87]

Der Anspruch des Überweisungsbegünstigten auf Gutschrift (§ 667 BGB) steht dem Widerruf nicht entgegen. Die wohl überwiegende Meinung geht davon aus, dieser Anspruch stün-

84) h.L. Meyer-Cording S.91; Kienscherf S.45; Schlegelberger-Hefermehl Anh. § 365 Rdz.23; Helbig S.95; Schönle § 32 II 2; Canaris Anh.C nach § 357 HGB Anm.171; Möschel JuS 1972,298; BGHZ 4,244; E.Ulmer AcP 126,168 (§ 790 BGB analog).

85) s. Kienscherf aaO.; Helbig aaO.; Meyer-Cording aaO.; Schütz AcP 160(1961),17 ff; Canaris Anh.C nach § 357 HGB Anm.171-178.

86) so zu Recht Canaris Anh.C nach § 357 HGB Anm.172; Möschel JuS 1972,298; Schlegelberger-Hefermehl aaO. Rdz.23 m.w.N.; BGH WM 1976,904.

87) BGHZ 6,121(124); BGH WM 1971,110; Schönle § 32 II,2; Meyer-Cording S.54; Canaris aaO. Anm.172,173.

da unter der auflösenden Bedingung eines Widerrufs. Canaris nimmt an, der Anspruch auf Gutschrift habe keine eigene Rechtsgrundlage, sondern sei nur ein "Reflex der Überweisung". Nach der hier vertretenen Auffassung entfällt der Anspruch aus § 667 BGB mit dem Widerruf automatisch, da die Belastungsbuchung auf dem Konto des Auftraggebers rückgängig zu machen ist. Denn der Anspruch auf Aufwendungsersatz (§ 670 BGB), den die Belastungsbuchung festhält, kann nicht mehr entstehen.[88] Bei einer außerbetrieblichen Überweisung kann der Auftraggeber nur der Absendebank, nicht der Empfangsbank oder einem zwischengeschalteten Zahlungsmittler einen Widerruf erteilen.[89] Nur mit der Absendebank ist er girovertraglich verbunden. Jedoch kann er seine Bank anweisen, sie möge ihrerseits den Widerruf weiterleiten und versuchen, die Gutschrift auf dem Konto des Empfängers zu verhindern.

Zweckmäßig ist freilich, daß der Überweisungsauftraggeber oder dessen Bank eine Mitteilung des erfolgten Widerrufs der Empfangsbank und auch dem Empfänger zukommen läßt. Die Empfangsbank wird dadurch zwar nicht gebunden, jedoch ist die Mitteilung im Hinblick auf Schadensersatzansprüche nicht sinnlos. Sie können sich aus § 286 BGB, nach den Grundsätzen einer Schadensdrittliquidation zugunsten der erstbeauftragten Bank und aus den Regeln über den Vertrag mit Schutzwirkung zugunsten Dritter ergeben.[90]

3. Die Lastschriftweisung

Einigkeit besteht darüber, daß die Lastschrift eine Weisung im Sinne des BGB ist, die der Zahlungsempfänger gegenüber

---

88) s.o. S.33,34.

89) zuletzt LG Freiburg, WM 1976,192.

90) vgl. Helbig S.110; BGHZ 4,244; Schoele BankA 1937/38 S.521; a. Canaris Anh.C nach § 357 HGB Anm.178.

der Empfangsbank in eigenem Namen ausübt.[91] Dagegen ist umstritten, wie und ob das Weisungsrecht des Schuldners auf den Zahlungsempfänger übergeht.

Man hat überlegt, ob eine Abtretung (§ 398 BGB) vorliegt.[92] Der Gedanke wird aber allgemein verworfen, weil der Kontoinhaber dann sein Weisungsrecht gänzlich verlieren würde. Damit wäre ihm auch die Möglichkeit genommen, Gegenweisungen (Widerspruch) nach unberechtigten Lastschriften zu erteilen.

Schönle[93] will § 317 BGB anwenden. Es geht jedoch nicht allein um eine Leistungsbestimmung, sondern um die Berechtigung der Schuldnerbank zur Leistung für Rechnung des Schuldners.

Schmidt[94] sieht in der Lastschriftermächtigung eine Empfangsermächtigung zugunsten des Gläubigers und eine Zahlungsermächtigung zugunsten der Schuldnerbank (§§ 182ff BGB). Canaris[95] arbeitet mit einer dem Empfänger erteilten Ausübungsermächtigung gem. § 185 BGB.

Hadding[96] nimmt an, die Abbuchung vom Konto des Schuldners geschehe zunächst ohne dessen Legitimation. Widerspreche der Schuldner hingegen der Kontoabschrift nicht, so liege eine nachträgliche, konkludent erteilte Genehmigung (§ 185 Abs.2 Satz 1 BGB) vor.

Der überwiegenden Meinung, die die Lastschriftermächtigung mit den §§ 182ff BGB erklärt, ist im Prinzip zu folgen. Jedoch muß zwischen den beiden verschiedenen Formen des Lastschriftverfahrens (Einzugsermächtigung und Abbuchungsauftrag) unterschieden werden.

---

91) R.Schmidt AcP 166,14ff; Bittrof, Bankbetrieb 1962,13; Block ZKW 1963,537; Schönle § 31 II 1 aE; Franke, Betrieb 1973,1055; Canaris aaO. Anm.188.

92) Canaris aaO.

93) Schönle aaO.

94) R.Schmidt aaO.

95) Canaris aaO.

96) Hadding, Festschrift für Bärmann S.390.

a) Die Einzugsermächtigung ist rechtlich eine Ausübungsermächtigung (§ 185 BGB), die der Zahlungspflichtige dem Zahlungsempfänger gegenüber erteilt.[97] Der Einzugsermächtigte übt mit Vorlage des Lastschriftzettels in eigenem Namen die Weisungsbefugnis des zahlungspflichtigen Kontoinhabers aus. Ich schließe mich insoweit der Auffassung von Canaris an. Entscheidend ist, daß anders der Übergang der Weisungsbefugnis nicht zu erklären ist und andererseits die Abbuchungsermächtigung zugleich dazu führt, daß die Bank dem Zahlungspflichtigen getätigte Zahlungen in Rechnung stellen darf.

Die Ansicht von Hadding, die Belastungsbuchung erfolge zunächst unberechtigt, überzeugt nicht. Die Beteiligten vereinbaren schon bei der Eröffnung des Girokontos, daß der Inhaber über sein Guthaben mittels Lastschriftermächtigung gleichermaßen verfügen kann wie mittels Schecks Überweisungsauftrages. Die Ansicht von Hadding führt auch zu praktischen Schwierigkeiten. Ab wann soll die nachträgliche Genehmigung konkludent erteilt sein? Das ist umso schwieriger zu bestimmen, als ein Widerspruch des Schuldners gegen die Belastungsbuchung auch noch nach Ablauf der in III/2 des Abkommens über den Lastschriftverkehr geregelten Frist von sechs Wochen zulässig sein kann, wie Hadding selbst auch ausführt.

Der Annahme einer zugleich ausgesprochenen Zahlungsermächtigung zugunsten der bezogenen Bank bedarf es dazu nicht; denn die Rechtslage ist in Bezug auf die Belastungsbuchung so anzusehen, als habe der Zahlungspflichtige selbst die Weisung erteilt. Jedoch ist die bezogene Bank dem Zahlungsempfänger gegenüber zur Einlösung der Lastschrift, d.h. zur Belastung des Schuldnerkontos nicht verpflichtet.[98]

---

97) ebenso OLG Düsseldorf, WM 1976,935.

98) ebenso Hadding, Festschrift für Bärmann S.289.

Dem Empfänger gegenüber hat sich dagegen bei der Kettenlastschrift die Bank des Empfängers als erste Inkassostelle verpflichtet, die Lastschrift anzunehmen und weiterzuleiten (Ziff.1 der Mustervereinbarung zwischen der ersten Inkassostelle und dem Zahlungsempfänger[99]).

Die bezogene Bank wiederum ist nach dem "Abkommen über den Lastschriftverkehr"[100] den übrigen beteiligten Kreditinstituten verpflichtet. Wesentlich ist, daß die Ausübungsermächtigung in zwei Richtungen beschränkt ist. Sie berechtigt den Ermächtigten nur, Zahlung an sich selbst aus bestimmtem Grunde und nur in bestimmter Höhe zu verlangen. Wichtiger ist noch, daß der Zahlungspflichtige berechtigt bleibt, jeder unberechtigten Abbuchung, die nicht von der dem Gläubiger erteilten Ermächtigung gedeckt ist, zu widersprechen. Er kann nicht nur die Ermächtigung als solche widerrufen, was nur mit Wirkung ex nunc geschehen kann; er kann jeder unberechtigten Abbuchung widersprechen und von seiner Bank Wiedergutschrift verlangen (vgl. Ziff.III,1 des Abkommens über den Lastschriftverkehr). Die Bank storniert die Belastungsbuchung, ohne zu prüfen, ob der Widerruf im Verhältnis zum Empfänger zu Recht erfolgt ist. Denn in Ziff.9 der "Vereinbarung zwischen der ersten Inkassostelle und dem Zahlungsempfänger" ist vorgesehen, daß sich der Empfänger mit jeder Rückbelastung nicht eingelöster Lastschriften einverstanden erklärt. Dadurch ist, von Insolvenzlagen abgesehen, der Rückgriff der Schuldnerbank gesichert.[101]

Diese Unsicherheit für den Empfänger im Lastschriftverfahren auf Einzugsermächtigung ist eine Besonderheit; sie ist im Interesse des Zahlungspflichtigen erklärlich und notwendig.[102]

---

99) abgedruckt bei Trost-Schütz S.388 Muster 305.

100) abgedruckt bei Trost-Schütz S.386 Muster 304.

101) dazu näher Pleyer-Holschbach, DB 1972,761ff; OLG Düsseldorf WM 1976,935 (s. dort zur Anwendung von § 826 BGB bei Mißbrauch des Widerrufsrechts).

102) vgl. Franke, DB 1973,1255.

Er muß Gelegenheit haben zu prüfen, ob der Zahlungsempfänger von der ihm erteilten Ermächtigung richtig oder übermäßig Gebrauch gemacht hat. Das kann der Zahlungspflichtige erst, wenn die Lastschrift über den Überweisungsweg bis zu ihm hingelangt ist. Dann ist die Belastungsbuchung bereits erfolgt, unter Umständen aber von der Ermächtigung nicht gedeckt. Das Bedürfnis des Zahlungspflichtigen, widersprechen zu können, zeigt sich deutlich, wenn jeweils unterschiedliche Beträge abzubuchen sind. Für solche Fälle ist die Einzugsermächtigung gedacht.

b) Der Abbuchungsauftrag (Ziff.I/1a des Abkommens über den Lastschriftverkehr)

Im Abbuchungsverfahren ist dagegen die Stellung des Zahlungsempfängers gesicherter. Der Abbuchungsauftrag wird der Absendebank gegenüber erklärt. Er ist ein im voraus[103] erteilter Generalauftrag - Weisung im Sinne des § 665 BGB - des Kontoinhabers an seine Bank, eine unbestimmte Vielzahl von Zahlungen für seine Rechnung auszuführen nach Maßgabe von Einzelanweisungen eines namentlich bezeichneten Dritten (Zahlungsempfängers).[104] Der Abbuchungsauftrag ist notwendig verbunden mit einer gleichzeitig dem Empfänger erteilten Ausübungsermächtigung in Bezug auf das Weisungsrecht (§ 185 BGB analog). Das Abbuchungsverfahren ähnelt somit der Einzugsermächtigung, unterscheidet sich von ihr jedoch dadurch, daß die Bank dem Kontoinhaber gegenüber unter den allgemeinen girovertraglichen Voraussetzungen (Deckung) verpflichtet ist kraft Auftrages. Das hat Bedeutung für den Widerruf seitens des Kontoinhabers.

Ziff.III/1-2 des Abkommens über den Lastschriftverkehr geht davon aus, daß der Zahlungspflichtige Kontoinhaber nur bei der Einzugsermächtigung (vorst. aa) der Belastungs-

103) Hadding, Festschrift für Bärmann S.382.

104) vgl. BGH WM 1972,283(287).

buchung widersprechen kann und ihm dazu eine Frist von sechs Wochen eingeräumt ist. Im Abbuchungsverfahren kann der Zahlungspflichtige wie beim Scheck-Inkasso nach Einlösung nicht mehr widersprechen. Er kann nur den Abbuchungsauftrag als solchen widerrufen, was nur mit ex-nunc-Wirkung geschieht. Für den Scheck ergibt sich das aus Art.29,32 des Scheckgesetzes. Für das Abbuchungsverfahren könnte sich der Ausschluß des Widerrufs aus einer analogen Anwendung des § 790 BGB ergeben. Der Analogie bedarf es jedoch nicht. Der Widerruf ist ausgeschlossen, weil der Abbuchungsauftrag nicht nur eine Ermächtigung, sondern in erster Linie Zahlungsauftrag ist; wie beim Einzelüberweisungsauftrag kann nach dessen Erledigung der Widerruf nicht mehr möglich sein (§ 306 BGB).[105)]

4. Die Gutschrift

Rechtsprechung und Schrifttum haben sich, was das Recht der Überweisung angeht, am meisten mit der Rechtsnatur der Gutschrift befaßt. Sie ist noch immer streitig. Einigkeit besteht nur darüber, daß der Empfänger einer Gutschrift mit ihr eine sofort fällige Forderung (Sichtforderung) erwirbt, die auf Zahlung gerichtet ist und ihren Entstehungsgrund im Girovertrag findet.

a) Die Lehre von Godins

Diese auf älteres Schrifttum[106)] zurückgehende Lehre, dargestellt in der zweiten Auflage des RGR-Kommentars zum HGB, verdient Beachtung, auch wenn sie in der dritten Auflage

---

105) vgl. E.Ulmer AcP 126,168 für den Überweisungsauftrag.

106) Brodmann ZHR 48,121(132); Schoele S.97; Schütz AcP 160,23.

dieses Kommentars von Canaris[107] aufgegeben wurde.

Von Godin sieht die gutschreibende Bank nur als Empfangsbeauftragte des Zahlungsempfängers an und nicht als Zahlungsmittler. Als Empfangsbeauftragte müsse die Empfängerbank alle für Rechnung des Empfängers eingehenden Beträge herausgeben (§ 667 BGB). Die Kontogutschrift, so meint von Godin, stelle nur ein kaufmännisches Internum dar, das im Kontokorrentverhältnis nur referierende, jedoch keine konstitutive Wirkung habe. Eine darüber hinausgehende Verpflichtung zu einer abstrakten Leistung sei Vertragsfiktion, welche die Kreditinstitute überstrapaziere. Habe beispielsweise die Empfängerbank von einer insolventen Zwischenbank nur buchmäßige, aber nicht wertmäßige Deckung erlangt, so könne sie nicht zu einer wertmäßigen Herausgabe an den Empfänger verpflichtet sein. Die Gutschrift sei in einem solchen Fall sachlich falsch und ggfs. auf die Konkursquote zu berichtigen. Eine abstrakte Verpflichtung entstehe erst mit der periodischen Saldoziehung nach den Regeln des Kontokorrentvertrages. Aus ihm ergebe sich zu Genüge die jederzeitige Verfügbarkeit des Guthabens.

Diese Lehre ist abzulehnen, weil sie die im Interesse der Verkehrsfähigkeit von Buchgeld[108] erforderliche Beständigkeit der Buchungen auf Zahlungsverkehrskonten nicht gewährleistet. Eine Gutschrift wäre anstelle von Bargeld nicht annehmbar, wenn der Empfänger mit dem Einwand mangelnder Deckung im Verhältnis seiner Bank zu der ihr vorgeschalteten Bank rechnen müßte. Der Empfänger hat in dieses Verhältnis überhaupt keinen Einblick. Er kennt es nicht einmal. Diesen Mangel nimmt von Godin allerdings bewußt in Kauf. Es sei eben nicht richtig, aus dem bargeldlosen Zahlungsverkehr juristisch Barzahlungsverkehr machen zu wollen.

Sein Standpunkt ist aber auch in sich nicht konsequent.[109] Ist die Empfangsbank Empfangsbeauftragte, dann müßte konse-

---

107) Canaris Anh.C nach § 357 HGB, Anm.205.

108) Canaris aaO. Anm.203.

109) vgl. zur Kritik Koller BB 1972,690.

quenterweise Tilgung der Valutaschuld schon mit dem Empfang seitens der Bank eintreten, was jedoch einer allgemein anerkannten Verkehrssitte widersprechen würde. Seine Lehre steht auch mit der Bankpraxis nicht im Einklang. In allen Fällen des Eilavis erteilten die Banken ohne Eingangsvorbehalt Gutschriften, obwohl sie noch nichts erlangt haben, was herauszugeben wäre.

b) Die heute herrschende Meinung

Das Reichsgericht[110)] begnügte sich zunächst damit festzustellen, die Gutschrift habe nach dem Parteiwillen rechtsbegründenden Charakter in der Weise, daß der Zahlungsempfänger um soviel mehr und der Überweisungsauftraggeber um soviel weniger zu beanspruchen habe, als auf den Konten vermerkt. In RGZ 134,74 wird dann konkreter der Begriff des Schuldversprechens erwähnt. Der Bundesgerichtshof hat sich diesen Standpunkt nach anfänglichem Zögern[111)] zu eigen gemacht. Seit BGHZ 6,124 ist gefestigte Rechtsprechung geworden, daß der Empfänger mit der Gutschrift einen unentziehbaren Anspruch erwirbt, dem ein abstraktes Schuldversprechen (§ 780 BGB) zugrunde liegt.[112)]

Die Begründung ist im wesentlichen, der Gläubiger könne nur dann mit einer Buchgeldzahlung einverstanden sein, wenn er nicht wesentlich schlechter gestellt sei als bei einer Barzahlung. Insbesondere müsse sicher sein, daß ihm keine Einwände aus den der Überweisung zugrundeliegenden Kausalverhältnissen entgegengesetzt werden können. Das gewährleiste allein eine abstrakte Forderung.[113)] Die Recht-

---

110) RGZ 54,311.

111) BGH NJW 1951,437 (§ 328 BGB).

112) vgl. BGH WM 1955,1473(1476); BGHZ 6,167(171); BGH BB 1960,343; WM 1970,751(752); NJW 1974,187 und 623.

113) BGHZ 6,124.

sprechung steht im Einklang mit der herrschenden Literaturmeinung[114]. Sie geht von der Funktion der Banküberweisung aus, die Barzahlung ersetzen soll. Sie verlange einen absoluten Einwendungsausschluß aus Kausalbeziehungen und sei damit auf Abstraktion angelegt. Die bargeldlose Zahlung diene in der Regel Erfüllungszwecken. Die Überweisung dürfe deshalb nicht zu einem Schwebezustand führen, sondern müsse in der Gutschrift als ihrem Zielpunkt einen endgültigen Abschluß finden.[115]

Ergänzend wird das Prinzip des Vertrauensschutzes herangezogen und darauf hingewiesen, daß der Empfänger einer bargeldlosen Zahlung im Vertrauen auf die Gutschrift Sicherheiten aufgebe oder die rechtzeitige Beitreibung seiner Forderung gegen den Überweisenden versäume.[116]

Auch wird mit einer Art Sphärentheorie argumentiert. Die Bank habe für solche Umstände, welche die Rechtsbeständigkeit der Buchung betreffen, das Risiko zu tragen, weil diese in ihren Verantwortungsbereich fielen.[117]

c) Die abstrakte Natur des Anspruchs aus der Gutschrift (Stellungnahme)

Der Ausgangspunkt der herrschenden Lehre entspricht der Tatsache, daß die Banken im Zahlungsverkehr im eigenen Namen und mit wirtschaftlichem Eigeninteresse tätig sind. Als Zahlungsverkehrsvermittlern kommt ihnen im Rahmen der Geschäftsbedingungen[118] eine Garantenstellung zu. Die Parteien des Girovertrages gehen davon aus, daß Buchgeld jederzeit auszahlbar ist in Bargeld. Die Rechtsposition des

---

114) Hefermehl, Festschrift für Ph.Möhring S.387ff; Canaris Anh.C nach § 357 HGB Anm.207 m.w.N.

115) Meyer-Cording S.54; E.Ulmer AcP 126,S.130(156).

116) Koller BB 1972,687; Schlegelberger-Hefermehl Anh. § 365 HGB Rdz.48.

117) Koller aaO.

118) s. zu Ziff.4 Abs.3 AGB unten S.106ff.

Buchgeldinhabers muß mit derjenigen des Eigentümers von Bargeld vergleichbar sein. Da aber mangels Körperlichkeit des Buchgeldes das von Natur abstrakte Eigentum kein anwendbares Rechtsinstitut ist, kann die Gutschrift nur eine einrede- und einwendungsfreie Forderung verkörpern, deren Erfüllung bedingungslos verlangt werden kann. Die gutschreibende Bank soll im Prinzip nicht berechtigt sein, die Auszahlung mit Gründen zu verweigern, die nicht von dem Kontoinhaber anerkannt sind. Die Unsicherheiten, die dem Anspruch auf Gutschrift (§ 667 BGB) anhaften, sollen nach dem Zweck des Girovertrages mit der Gutschrift beseitigt sein. Es entspricht nicht allein dem Interesse des Buchgeldempfängers, sondern ebenso dem Interesse der Banken, mit der Gutschrift möglichst bargeldgleiche Sicherheiten zu schaffen. Darauf beruht die spezifisch girovertragliche Befugnis der Banken, das für ihre Kunden eingezahlte Bargeld in Form einer schlichten Gutschrift für sie bereithalten zu dürfen.(Ziff.12 AGB) Der Empfänger soll allein kraft der Gutschrift berechtigt sein, notfalls Barauszahlung zu verlangen. Eine solche Erklärung, die sich in der Zusage erschöpft, einem anderen etwas zuzuwenden, ist nach dem BGB ein Leistungsversprechen im Sinne des § 780 BGB.

Möschel[119)] hält die Annahme eines abstrakten Schuldversprechens für überflüssig. Ihm muß darin zugestimmt werden, daß der erwünschte Ausschluß von Einwendungen aus dem Valuta- und Deckungsverhältnis auch ohne die Annahme eines abstrakten Schuldversprechens sichergestellt werden kann. Geht man stattdessen mit Möschel von "einer kausalen Forderung aus Girovertrag" aus, so sind Einwendungen aus dem Verhältnis der Bank zum Überweisungsauftraggeber (Deckungsverhältnis bei der Hausüberweisung) wie auch Einwendungen aus dessen Verhältnis zum Empfänger (Valutaverhältnis) per se ausgeschlossen; es sind Einwendungen ex jure tertii.

---

119) Möschel JuS 1972,300.

Bei einer Kettenüberweisung ist die Empfangsbank überdies mit dem Überweisungsauftraggeber überhaupt nicht vertraglich verbunden. Den Ausführungen von Möschel kann deshalb nur entgegengehalten werden, daß sie eine nähere Bestimmung des Anspruches aus der Gutschrift nicht enthalten und die Rechtsnatur der Gutschrift nicht erklären. Die Anwendung der Darlehens- oder Verwahrungsvorschriften lehnt Möschel selbst ab.

Seine Vorstellungen scheinen an die Lehre Küblers[120)] angelehnt zu sein. Kübler kommt in seiner den abstrakten Verträgen gewidmeten Habilitationsschrift zu dem Ergebnis, daß die Gutschrift Garantie bewirke.[121)] Mit der Gutschrift befinde sich der Begünstigte in der Lage dessen, dem die Bank vertraglich Zahlung zugesichert habe. Es gelte die dispositive Regel des Einwendungsausschusses kraft Handelsbrauches. Deshalb spricht Kübler von einer stereotypisierten Garantie. Helbig[122)] und Canaris[123)] haben dem entgegengehalten, daß der Typus eines Garantievertrages (§ 305) auf die Gutschrift nicht zutreffe. Die Bank wolle nicht für fremde Leistungspflicht notfalls einstehen, sondern vielmehr ihrer eigenen Verpflichtung den Kunden gegenüber als Einleger nachkommen.

Die Kritik ist berechtigt, und doch trifft sie die Arbeit von Kübler nicht. Kübler versucht eine Systemänderung, indem er den abstrakten und kondizierbaren Vertrag schlechthin aus dem Zivilrecht streichen will. Für die Zwecke dieser Arbeit ist ein näheres Eingehen auf diese Lehre nicht erforderlich und erschöpfend auch nicht möglich. Korrekturen fehlgeschlagener Buchgeldzahlungen erfolgen nach beiden Auffassungen über Bereicherungsrecht, im einen Fall einredeweise über § 821 BGB, nach herrschender Auffassung zusätzlich über § 812 BGB.

---

120) Kübler, Feststellung und Garantie S.90ff, 189ff(204).

121) Kübler aaO., S.204.

122) Helbig S.39.

123) Canaris Anh.C nach § 357 HGB Anm.208.

Die Kritik[124] soll deshalb auf einen Hinweis beschränkt bleiben. Die abstrakten Verträge des BGB sind nicht so lebensfremd, wie Kübler meint. Gerade nämlich der bargeldlose Zahlungsverkehr ist ein Beispiel dafür, daß die Beteiligten durchaus ein entsprechendes Rechtsgefühl und -bewußtsein entwickeln können. Die wirtschaftliche Abstraktion, die der Verkehr den Buchungen auf Zahlungsverkehrskonten beilegt, indem er automatisch vollzogene Buchungszeichen als Geld akzeptiert, ist entscheidend höher als die juristische Abstraktion, die doch nur bedeutet, daß unabhängig von einem materiellen Schuldgrund zu leisten ist. Die abstrakten Versprechensverträge zu streichen, heißt die Zivilrechtsdogmatik um eine Kategorie ärmer zu machen, von der ihr offensichtlich eine weitere fehlt; denn Buchgeld als substratlose Rechen- und Werteinheit ist zivilrechtlich kaum zu fassen.

d) Die Konstruktion des Abschlußtatbestandes

Mit der Konstruktion des Abschlußtatbestandes hängt zusammen, wann der Anspruch aus der Gutschrift entsteht. Die Konstruktionsfrage ist weiter wichtig für die Endgültigkeit und Rechtsbeständigkeit erteilter Gutschriften.

Man ist sich heute darüber einig[125], daß der Anspruch aus der Gutschrift - abgesehen von Buchungen auf C.p.d.-Konten[126] - mit Erteilung der Gutschrift entsteht und nicht erst später, wenn sie dem Kontoinhaber mitgeteilt ist. Dieses Ergebnis erzielt die heute herrschende Mei-

124) eingehend Brecher AcP 168, S.36; Fikentscher § 94 Anm.6; Pawlowski JZ 1968,401f; Marburger S.96f.

125) Canaris Anh.C nach § 357 HGB Anm.209 m.N.; RGZ 141,287(289); BGH WM 1955,1473(1476); NJW 1974,39; Koller BB 1972,687(691).

126) dazu Nebelung NJW 1959,1068 und BGHZ 27,291(248).

nung[127] durch die Annahme, die Gutschrift selbst sei nur ein Realakt. Der Vertrag, der das abstrakte Schuldversprechen (§ 780 BGB) beinhalte, ist nach ihr der Girovertrag. Schon bei der Kontoeröffnung verspreche die Bank formlos wirksam (§ 782 BGB), alle dem Kundenkonto gutgeschriebenen Beträge abstrakt schulden zu wollen. Die Gutschrift selbst qualifiziert sie als eine Handlung, die das aufschiebend bedingt abgegebene Schuldversprechen ohne weitere Willenserklärung dem Inhalt und der Höhe nach konkretisiert.

Eine von Koller[128] entwickelte und von Canaris[129] übernommene Ansicht sieht dagegen in der Gutschrift eine ausfüllende Gestaltungserklärung (§§ 315, 317 BGB), "eine Variante geschäftlichen Handelns", für die im wesentlichen die Vorschriften über Willenserklärungen anzuwenden seien. Auf den Zugang der Erklärung (§ 130 Abs.1 Satz 1 BGB) habe der Bankkunde von vornherein verzichtet (§ 151 BGB).

Der von Koller vertretenen Auffassung schließe ich mich an. Der Gutschrift ist nach dem Girovertrag der Sinn beigelegt, eine Rechtsfolge in Geltung zu setzen. Der Anspruch aus der Gutschrift wird bei der Kontoeröffnung nur dem Grunde nach für die Zukunft festgelegt, und der Anspruch entsteht erst mit der Gutschrift. Ein solcher Akt ist rechtsgeschäftlicher Natur und ist Willenserklärung, nicht nur Willensbestätigung, da er auf Kundgabe gerichtet ist. Die Rechtsordnung bezeichnet als Realakte nur solche Handlungen, die auf einen tatsächlichen Erfolg gerichtet sind.[130]

---

127) Meyer-Cording S.42f m.Nachweisen auf S.43 Fußn.9; Bettermann ZHR 111,143f; Kiehnscherf S.39f.; Wunschel NJW 1958,1764; Nebelung NJW 1959,1068; Schönle § 31 IV 2; BGH WM 1971,110(111); Helbig S.68(75); Schlegelberger-Hefermehl Anh. nach § 365 Anm.45; BGHZ 6,121; 26,167(171).

128) Koller aaO.(692); zustimmend Liesecke WM 1975,229.

129) Canaris Anh.C nach § 357 HGB Anm.207.

130) vgl. Flume, Allgemeiner Teil, § 5 Ziff.6 und § 4 Ziff.7; Soergel-Schmidt vor § 116 Rdz.14-17; Palandt-Heinrichs vor § 104.

An der Gegenmeinung stört, daß sie gerade dem Vorgang, dem die zentrale Funktion der Zahlung zukommt, rechtsgeschäftliche Bedeutung abspricht. Die Deutung der Gutschrift als eine Bedingung (§ 158 ff BGB) erscheint überhaupt fragwürdig. Es könnte allenfalls eine Willensbedingung sein. Jedoch steht dem entgegen, daß deren Abgabe ja nicht im Belieben der Bank steht. Sie ist zur Gutschrift verpflichtet, sofern nur Deckung eingegangen ist. Die ältere Literatur hat die Gutschrift überwiegend den Regeln über Willenserklärungen unterworfen, indem sie davon ausging, jede einzelne Buchung führe zu einem gesonderten Schuldversprechensvertrag (Individualvertragslehre). Diese Lehre ist zwar abzulehnen.[131] Jedoch ist die moderne Lehre, nach der der Girovertrag einheitlich den Entstehungstatbestand für die abstrakte Schuld aller gutgeschriebenen Beträge enthält, kein Grund, die Gutschrift aus dem System der Rechtsgeschäftslehre herauszunehmen. Insbesondere verfängt nicht der Einwand von Meyer-Cording, der Bankbuchhalter, der die Gutschrift vornehme, habe keine Vertretungsmacht. Die heute durchweg automatisch vollzogenen Buchungen sind wie Erklärungen des Bankiers selbst zu behandeln. Das ist dem Girovertrag zu entnehmen.

Es wird nicht verkannt, daß die Gutschrift in ihrem Bestand nach der hier befürworteten Auffassung in die Abhängigkeit von Willensmängeln gerät. Der dadurch eröffneten Gefährdung des Giroverkehrs hinsichtlich der Endgültigkeit der Gutschriften steht aber der Vorteil gegenüber, mit

131) Sie ist umständlich und bereitet Konstruktionsschwierigkeiten, die nie befriedigend gelöst wurden. Rospatt in Bank A 1933(325f) sah in der Gutschrift eine Offerte der Bank an den Kontoinhaber, die dieser generell schon vorab bei Eröffnung des Kontos angenommen habe. RGZ 34,76 hält eine umgekehrte Konstruktion für richtig. Andere stellen auf die Anzeige der Gutschrift ab (s. Bettermann ZHR 111,143 m.N.). Auch wurde mit § 181 BGB gearbeitet (s. Meyer-Cording S.45; Schütz AcP 160,17).

Hilfe der gesetzlichen Vorschriften über die Willenserklärungen auch in problematischen Sonderfällen Lösungen auffinden zu können. Die von Koller entwickelte Auffassung dürfte sich angesichts der von ihr ausgehenden Elastizität auch dann bewähren, wenn etwa im Hinblick auf den zunehmenden Einsatz von Datenverarbeitungsanlagen zukünftig eine ausführlichere Regelung des Überweisungsverkehrs in den Allgemeinen Geschäftsbedingungen erforderlich werden sollte.[132)]

Damit ist zugleich der Entstehungszeitpunkt des Anspruches aus der Gutschrift festgelegt. Es kommt auf die Erstellung der Gutschrift an. Weder ist Zugang der Erklärung noch Kenntnis des Kontoinhabers von der erfolgten Buchung zu fordern. Die h.M.[133)] spricht der Übersendung der Kontoauszüge zu Recht nur deklaratorische Bedeutung zu.

Canaris[134)] macht demgegenüber die an sich zutreffende Einschränkung, im Hinblick auf das für jedes Rechtsgeschäft unerläßliche Merkmal der Endgültigkeit der Willensbildung setze der Anspruch aus der Gutschrift noch die Entäußerung der Erklärung seitens der Bank voraus. Jedoch dürfte dieser Voraussetzung Genüge getan sein, wenn man auf den für den Empfänger bestimmten Tagesauszug abstellt und nicht auf das für den internen Bankbetrieb geführte Kontoblatt. Der Tagesauszug wird in aller Regel automatisch und gleichzeitig mit der für den Bankbetrieb bestimmten Buchung erstellt und sodann bei dessen Kontoblatt verwahrt oder zur Absendung bereitgestellt. Man wird damit zunächst der Kritik von Godins gerecht, die Buchung selbst sei nur ein Internum des Bankgeschäfts. Zugleich ist dem Bedürfnis des Zahlungsverkehrs auf Klarheit und Typizität

---

132) vgl. Hefermehl, Festschrift für Ph.Möhring S.381ff, dessen Auffassungen für Überweisungen durch Datenverarbeitung ohne eine entsprechende Regelung in den AGB nicht durchsetzbar sein dürfte.

133) statt aller Koller aaO., m.w.N.; a.A. Hefermehl aaO., für Überweisungen durch Datenverarbeitung.

134) Canaris Anh.C nach § 357 HGB Anm.209.

Rechnung getragen. Im Prozeß auftretende Beweisnöte werden nie ganz zu vermeiden sein. Sie sind in einer Geschäftsbeziehung, die im gegenseitigen Vertrauen (vgl. Einleitung AGB) auf Praktikabilität und Vereinfachung ausgerichtet ist, zwangsläufig.

3. Die Belastungsbuchung

Um die Rechtsnatur der Belastungsbuchung zu bestimmen, hat man sich zunächst klarzumachen, daß sie eine völlig andere Bestimmung hat als die Gutschrift. Die Gutschrift verkörpert Buchgeld und ist deshalb abstrakter Natur. Die Abschrift beinhaltet dagegen eine Leistung oder Forderung der Bank gegenüber dem Kontoinhaber. Der Abstraktionsgrund der Gutschrift besteht hier nicht.

Wenn gleichwohl vertreten wird, auch die Abschrift habe konstitutive Bedeutung[135], so ist damit ihre Wirkung auf das Guthaben des Kontoinhabers gemeint. Ein Teil der Literatur nimmt an, mit der Abschrift mindere sich das Guthaben unmittelbar.

Teils wird angenommen, die Rechtswirkung der Belastungsbuchung sei die Tilgung der Rückzahlungsforderung des Bankkunden. Die Tilgung sei durch die Gutschrift auf dem Empfängerkonto aufschiebend bedingt.[136] Auch wird aus einer Analogie zu § 787 Abs.1 BGB hergeleitet, das Guthaben erlösche mit der Kontobelastung automatisch.[137]

Die herrschende Lehre[138] nimmt an, daß zwischen dem Aufwendungsersatzanspruch der Bank (§ 670 BGB) und dem Guthaben eine Verrechnung stattfinde und zwar nach Maßgabe

---

135) s. RGZ 54,329(332); Schoele, Recht der Überweisung S.25.

136) Schönle § 31 II 2; Helbig S.48, wohl auch Möschel, JuS 1972,300.

137) Schlegelberger-Hefermehl Anh. § 365 Rdz.30; Kiehnscherfer § 32/33 (Forderungsumbildung).

138) BGH NJW 1951,598(599); Meyer-Cording S.36(37); Canaris Anh. C nach § 357 HGB Anm.167 m.N.

des Kontokorrentvertrages. Bis zur Verrechnung stehen sich nach herrschender Lehre die Ansprüche ungetilgt gegenüber. Die h.L. ist allein vereinbar mit der Rechtstatsache, daß nach Ziff.2/2 AGB Girokonten als Kontokorrentkonten geführt werden. Das Kontokorrent bedeutet Verrechnung, die aber gegenstandslos wäre, wenn stets nur eine der Parteien eine Forderung gegen die andere hätte. Selbst die Lehre vom Staffelkontokorrent verträgt sich nicht mit dem Gedanken einer unmittelbaren Tilgung, da auch sie auf dem Grundgedanken einer Verrechnung und nicht auf Erfüllung beruht. Der h.L., die in der Abschrift nur die deklaratorische Wiedergabe eines Anspruchs (Aufwendungsersatz § 670 BGB, Zinsen § 668 AGB, Provisionen § 612 BGB) oder einer Leistung sieht, ist also zuzustimmen. Für sie stellt sich die Frage der Vorläufigkeit der Vorabbuchung[139] im Grunde nicht; denn die Abschrift ist gegenstandslos und zu löschen, wenn der wiedergegebene Anspruch nicht entstanden ist, sei es, daß die Überweisung nicht durchführbar war oder widerrufen wurde.

6. Die Feststellung und Anerkennung des Saldos

Indem die Bank ihremKunden periodisch den Rechnungsabschluß übersendet, macht sie das Angebot eines Anerkenntnisvertrages. Der Bankkunde kann dieses Angebot formlos annehmen, da das Schuldanerkenntnis im Rahmen einer Abrechnung erfolgt (§ 782 BGB).[140]

Die h.L.[141] sieht darin ein abstraktes Schuldanerkenntnis im Sinne von § 780 BGB und mißt ihm Novationswirkung bei. Nach ihr hat das Anerkenntnis mithin eine doppelte

139) dazu oben S.32.

140) BGHZ 49,29; BGH WM 1973,1014.

141) BGHZ 51,346(348); BGH WM 61,726(727); WM 1972,283 (285); Schlegelberger-Hefermehl § 335 HGB Rdz.34.

Bedeutung: Die durch die Verrechnung entstandene kausale Saldoforderung wird positiv auf eine neue Rechtsgrundlage gestellt. Zugleich soll es negativ bewirken, daß alle bisher nicht in das Konto eingestellterForderungen erlöschen.

Die abstrakte Natur des Schuldanerkenntnisses ist umstritten.[142)] Was zunächst die positive Wirkung betrifft, so ist jedoch an der konstitutiven Bedeutung des Schuldanerkenntnisses festzuhalten.[143)] Die Abstraktion der Saldoforderung bedeutet, daß sachliche Unrichtigkeiten in der Saldofeststellung nur noch über §§ 812, 821 BGB oder im Wege der Anfechtung (§§ 119 ff BGB), sofern die Voraussetzungen ausnahmsweise vorliegen, geltend gemacht werden können. Ziff.15 AGB schließt einen Bereicherungsanspruch nicht aus. Waren in der Abrechnung streitige Forderungen enthalten, kann die Kondiktion wegen § 814 BGB ausgeschlossen sein.[144)] In jedem Fall tritt eine Beweislastumkehr ein.

Die h.L. dient dem Abstraktionsbedürfnis des Zahlungsverkehrs. Sie löst die in das Kontokorrent eingestellten kausalen Ansprüche, die der Bank zustehen, aus ihrer Einwendungsabhängigkeit heraus und führt in periodischen Abständen zu einer Abklärung der Geschäftsverbindung. Das entspricht der auf Vereinfachung und Klarheit beruhenden Funktionsweise des bargeldlosen Zahlungsverkehrs. Die Abstraktion ist auch im Interesse pfändender Gläubiger erwünscht. Auch das gehört zur Verkehrsfähigkeit des Buchgeldes.

Ob dagegen negativ dem Anerkenntnis Novationswirkung zukommt, erscheint fraglich. Es würde den Untergang aller in

---

142) Baumbach-Duden §§ 355-357 HGB Anm.3 D.

143) Schönle § 7 II, im Anschluß an Kübler aaO.

144) Blaurock NJW 72,2108; kritisch Canaris § 355 HGB Anm. 92,102 m.N.

das Kontokorrent aufgenommenen und nicht aufgenommenen kausalen Ansprüche bedeuten. Ein entsprechender Parteiwille ist im allgemeinen schwer feststellbar.[145] Die Rechtsprechung[146] hat vom Boden der Novationstheorie aus die oben genannte Konsequenz gezogen. Sie verweist denjenigen, der eine Saldofeststellung mit der Begründung angreift, zu seinem Nachteil sei ein Posten vergessen worden, auf Bereicherungsrecht mit den in §§ 814, 818 Abs.3 BGB gezogenen Grenzen. Die Gegenmeinung[147], die Novation leugnet und das negative Anerkenntnis nur für deklaratorisch hält, läßt dagegen eine nachträgliche Geltendmachung ausgelassener Ansprüche zu. Das deklaratorische Anerkenntnis ist weder kondiktionsbedürftig noch kondiktionsfähig. Es hat lediglich Bedeutung für die Beweislast.

---

145) gegen die Novationstheorie Canaris aaO. Anm.88; Hefermehl, Festschrift für Lehmann (1956) S.547ff.

146) vgl. BGH WM 1958,1157 u. WM 1961,726 (gleiche Sache); einschränkend aber in Bezug auf die Verjährung BGHZ 51,346.

147) s. Blaurock aaO. und Canaris § 355 HGB Anm.103.

2. KAPITEL: ERFÜLLUNG MIT BUCHGELD

I. Buchgeld als Erfüllungssurrogat

1. Problematik und Meinungsstand

Eine Giroüberweisung ist zum Zwecke der Erfüllung einer Geldschuld nach h.A. nur zulässig, wenn der Gläubiger einverstanden ist. Zahlung mit Buchgeld ist nach ihr nicht Erfüllung (§ 362 BGB), sondern nur Leistung an Erfüllungs Statt (§ 364 Abs.1 BGB)[1]. Jedoch ist die h.A. großzügig bei der Prüfung, ob die in § 364 Abs.1 BGB vorausgesetzte Zustimmung des Gläubigers vorliegt. Es genügt, daß der Gläubiger seine Kontonummer mitteilt, indem er Briefbögen, Rechnungen u.a. mit entsprechendem Aufdruck benutzt.[2] Die widerspruchslose Entgegennahme von bargeldlosen Zahlungen wird zugleich als Einverständnis mit dieser Zahlungsform für die Zukunft gewertet.[3]

Viele wollen überhaupt schon in der Eröffnung eines Girokontos ein Generaleinverständnis mit bargeldloser Zahlung sehen.[4]

Nachdem durch solch großzügige Handhabung die Barzahlung nur mehr ein Prinzip, die Ausnahme davon aber praktisch die Regel geworden ist, wird zunehmend angenommen, der Schuldner sei wahlweise befugt, entweder mit Bargeld oder mit Buchgeld zu zahlen. Buchgeld sei wie Bargeld Geld im Rechtssinne[5]. Der Geldgläubiger, der eine Überweisung nicht an-

---

1) Liesecke WM 1975,214; Möschel JuS 1972,298; BGB-RGRK § 362 Anm.12 m.W.; Baumbach-Duden Anh.I zu § 406 Anm.27; RGZ 133,253; BGH NJW 53,897; Meyer-Cording S.127; Canaris Anh.C nach § 357 HGB Anm.237; Palandt-Heinrichs § 362 Anm.3.

2) BGH NJW 1952,897 mit weiteren Beispielen.

3) BGH WM 1955,1473(1476).

4) v.Caemmerer JZ 1953,447; Erman-Westermann § 362 Anm.2; Schlegelberger-Hefermehl § 357 HGB Anh.55; dagegen Canaris aaO. Anm.239 m.W.

5) zuletzt Thywissen in BB 1971,1349f m.N.; Duden, Gestaltwandel des Geldes S.8; Fögen S.13; Helbig S.86.

nehme, komme in Annahmeverzug (§ 295 BGB).[6] Das entspreche den Wertungen des Verkehrs.[7]

Beide Auffassungen können beachtliche Gründe für sich ins Feld führen. Die h.A. macht in erster Linie geltend, daß Buchgeld nicht die gleiche Verkehrsfähigkeit entwickeln könne wie Bargeld. Das bedinge die notwendige Einschaltung von Banken in den Zahlungsvorgang. Namentlich wird auf die Gefahr von Bankinsolvenzen hingewiesen. Buchgeld sei nur eben eine Forderung, die dem Gläubiger nicht immer die gleiche wirtschaftliche Dispositionsmacht vermittle wie das verkörperte Sachgeld. Man betont, daß die Buchgeldforderung leichter zu pfänden ist als Bargeld und seine Verwendungsmöglichkeit überdies durch mögliche Kontokorrentverrechnung seitens der Bank eingeschränkt ist. Weiter beruft sich die h.A. darauf, daß das BGB Geld als vertretbare Sachen behandelt (§ 607, 935 Abs.2 BGB) und die währungsrechtlichen Bestimmungen (§§ 14 Abs.1 S.3 Bundesbank-G, 2 Münz-G) den gesetzlichen Annahmezwang auf Noten und Münzen in beschränkter Zahl beschränkt.

Demgegenüber argumentiert die abweichende Meinung, der währungsrechtliche Annahmezwang wolle nur den Gebrauch und die Anerkennung des staatlichen Geldes sichern und gewährleiste lediglich, daß Tilgung in staatlicher Währung erfolgen könne. Aus dem Bundesbankgesetz, das dem öffentlichen Recht angehört, könne nicht abgeleitet werden, der Geldschuldner müsse mangels einer Zustimmung des Gläubigers mit Buchgeldzahlung Bargeld leisten.[8] Im Gegenteil sei die Buchgeldzahlung zivilrechtlich inzwischen Gewohnheitsrecht[9] geworden. Über die Gefahr von Bankinsolvenzen habe sich der Verkehr hinweggesetzt.

---

6) Helbig S.89.

7) Larenz, Schuldrecht Allgemeiner Teil, § 12 Ia.

8) vgl. Simitis AcP 159,449ff; Schütz AcP 160,75; Isele AcP 129.165; zuletzt Hefermehl, Festschrift für Ph. Möhring S.389.

9) Thywissen aaO.

2. Stellungnahme

Der Streit um die Zulässigkeit der Banküberweisung wird unter der ungenauen Fragestellung geführt, ob Buchgeld Geld im Rechtssinne ist. Ausgangspunkt muß vielmehr die Frage nach dem Inhalt einer Geldschuld sein (§ 362 Abs.1 BGB).[10]

Der Inhalt eines Schuldverhältnisses ergibt sich nach § 241 BGB aus den Vereinbarungen der Parteien. Es ist notfalls durch Auslegung (§§ 133,157 BGB) zu ermitteln. Dabei ist zu beachten: Geld wird begehrt wegen der Vermögensmacht, die es vermittelt. Es ist nicht der Besitz an Geldzeichen (Sachschuldlehre), sondern die Verfügungsmöglichkeit über den abstrakten, allseitig austauschbaren Vermögenswert des Geldes (Wertschuldlehre), worauf es dem Gläubiger einer Geldforderung ankommt.[11]

Diese Funktion kann das Buchgeld als Verkehrsgeld ebenso erfüllen wie das Währungs- oder Zwangsgeld (Geld im Rechtssinn).

Von diesem Ausgangspunkt löst sich ein Großteil der Fälle praktisch von allein, weil die bargeldlose Zahlung wegen ihrer unübersehbaren Vereinfachung von beiden Teilen häufig gewünscht ist. Die prinzipielle Frage taucht erst auf, wenn der Empfänger einer Überweisung die Buchgeldzahlung zurückweist und Barzahlung verlangt. Die dann auf-

---

10) vgl. Helfferich S.75 ff.

11) Die Motive zum BGB lassen erkennen, daß der damalige Gesetzgeber als Geld im Rechtssinn nur das staatliche Geld (Zwangsgeld) angesehen hat. S.Mugdan,Motive zu §§ 215,216 (G 244,245) S.7-8: "Die Geldschuld, die Verbindlichkeit, eine Geldsumme zu bezahlen, erfordert wegen ihrer Eigentümlichkeit besondere Vorschriften. Zu solchen ist jedoch auf dem Boden des durch die Reichsmünzgesetzgebung eingeführten Währungssystems nur in sehr beschränktem Maße Raum und Bedürfnis".- "Desgleichen ist ein Bedürfnis,über die Zahlung mit Papiergeld und Banknoten besondere Vorschriften aufzunehmen, nicht vorhanden, indem die reichsgesetzlichen Vorschriften genügen".

tretende Problematik wird deutlich, wenn über das Vermögen der Empfangsbank zwischenzeitlich der Konkurs eröffnet wurde. Bankinsolvenzen sind nicht so selten, wie Simitis (aaO.) unterstellt. Die Gutschrift als Buchgeld ist dann bis auf die Konkursquote entwertet.

Angesichts dieser und anderer anerkannter Gefahren einer Buchgeldzahlung - Konkursrisiko, Pfändungsrisiko, Verrechnungsrisiko, Einwendungsrisiko - darf der überweisende Schuldner nicht ohne weiteres bargeldlos zahlen. Allein die tatsächliche Möglichkeit zu überweisen, weil der Gläubiger ein Girokonto unterhält, befreit den Schuldner von seinem Erfüllungsrisiko nicht.[12] Solange der Gläubiger dem Schuldner seine Bankverbindung nicht ausdrücklich mitgeteilt hat, ist es Sache des Schuldners, eine entsprechende Absprache herbeizuführen. Das gehört zu seiner Erfüllungspflicht, der er nach Maßgabe des § 242 BGB nachzukommen hat.[13] Andererseits darf der Empfänger einerÜberweisung diese nicht willkürlich zurückweisen und Folgerungen aus einer nicht abgesprochenen Buchgeldzahlung wegen Nichterfüllung (Schadensersatz, Vertragsstrafen, Rücktritt, Kündigung) herleiten. Allein die währungsrechtlichen Bestimmungen geben dazu keine Grundlage. Immerhin lautet die Buchgeldforderung auf Deutsche Mark und nicht auf eine andere von Banken geschaffene Währungseinheit. Verschiedene Fälle sind denkbar, in denen der Gläubiger die bargeldlose Zahlung als solche nicht wirksam ausschließen kann. Unter Umständen ist er verpflichtet, anläßlich einer Zahlung ein Girokonto zu eröffnen.[14] Man denke nur an die Zahlung einer Millionenschuld oder an Geldleistungen im Fernverkehr. Das Aktiengesetz gestattet in § 49 a Abs.2 und ebenso die Abgabenordnung in § 122 die bargeldlose Zahlung ausdrücklich. Immer bleibt es jedoch

---

12) ebenso Canaris Anh.C nach § 357 HGB Anm.328; Esser-Schmidt, Schuldrecht Bd.1, Teilbd.1, § 17 V.

13) umgekehrt aber v.Caemmerer JZ 1953,446; Duden, Gestaltwandel des Geldes S.8.

14) vgl. aber Canaris aaO. Anm.237.

Sache des Schuldners, sich zuvor beim Gläubiger durch Rücksprache abzusichern, solange dieser kein bestimmtes Konto angegeben hat.

II. Zeitpunkt des Erfüllungseintritts und die Gefahrverteilung

Liegen die im vorigen Abschnitt genannten Voraussetzungen für eine bargeldlose Zahlung vor, dann sind, was die Wirkungen im einzelnen angeht, die Regeln des BGB über Geldschulden entsprechend anzuwenden. Dabei ist vor allem an den Eintritt der Erfüllungswirkung (§ 362 Abs.1 BGB) und an die Verteilung der Gefahren (§§ 270 Abs.1 und 4, 269 BGB) zu denken.

1. Der Erfüllungszeitpunkt

Es kann als ganz h.M.[15] bezeichnet werden, daß der maßgebliche Zeitpunkt für den Eintritt der Erfüllungswirkung die Erteilung der Gutschrift auf dem Konto des Empfängers ist. Gutschriften im Lastschrift- und Scheckverkehr, die mit dem E.v.-Zusatz[16] erteilt werden, haben die Wirkung erst, wenn der Gegenwert bei der kontoführenden Bank eingegangen ist. Für den mehrgliedrigen Überweisungsverkehr könnte man überlegen, ob Erfüllung nicht bereits mit der der Empfangsbank erteilten Gutschrift eintritt. Das wird zu Recht abgelehnt, weil der Empfänger erst dann Geld erhalten hat, wenn ihm der Betrag bedingungsfrei gutgeschrieben wurde. Vorher hat er nur einen Anspruch, dem die geldgleiche Abstraktion fehlt.[17]

---

15) Canaris Anh.C nach § 357 HGB Anm.241 m.N.

16) Ziff.46 AGBSP.

17) BGHZ 6,121(123).

2. Die Verlustgefahr

Nach § 270 Abs.1 BGB hat der Schuldner Geld im Zweifel auf seine Gefahr und Kosten von seinem Wohnsitz aus zu übermitteln. Das Prinzip, daß der Schuldner die Gefahr der Übermittlung zu tragen hat, bedeutet, daß er von seiner Verbindlichkeit nicht befreit wird, solange die Zahlung nicht gelungen, d.h. Erfüllung nicht eingetreten ist. Im bargeldlosen Zahlungsverkehr ist § 270 Abs.1 BGB analog anzuwenden.[18] Das Abhandenkommen von Schecks oder Überweisungsträgern geht daher zu Lasten des Auftraggebers, und zwar auch dann, wenn der Verlust im Geschäftsbetrieb der Bank des Gläubigers vorgekommen ist. Fällt eine der am Zahlungsvorgang beteiligten Banken in Konkurs und kommt es infolgedessen nicht zu einer Gutschrift für den Empfänger, dann kann im Valutaverhältnis Erfüllung nicht eintreten. Insoweit trägt der Schuldner das Konkursrisiko in Bezug auf die zwischengeschalteten Zahlungsverkehrsmittler. Dies ist gerechtfertigt, weil der überwiesene Betrag erst mit der Gutschrift seitens der Empfangsbank in das Empfängervermögen übergeht und bis zum Zeitpunkt der Gutschrift der Überweisungsauftrag widerrufen werden kann. Erteilt die kontoführende Bank dem Empfänger noch nach Konkurseröffnung eine Gutschrift, so erwirbt der Empfänger zwar Buchgeld im Nominalbetrag seiner Schuld. Die Gutschrift begründet aber nur eine Masseforderung nach § 59 KO und ist deshalb von Anfang an entwertet. Nach Auffassung von Canaris[19] liegt nur ein mißlungener Erfüllungsversuch vor. Das erscheint jedoch übertrieben. Der Gläubiger hat den Schuldner bei zulässiger Überweisung auf diese seine Bank verwiesen. Das Konkursrisiko seiner Hausbank hat er selbst zu tragen. Daß

---

18) Palandt-Heinrichs § 270 Anm.1 und 2.

19) Canaris Anh.C nach § 357 HGB, Anm.244;
a.A. Hefermehl, Festschrift für Ph.Möhring S.394.

die Schadensverteilung unter Umständen vom pflichtgemäßen Ermessen des Konkursverwalters abhängt, ist demgegenüber kein überzeugender Einwand.

3. Verzögerungsgefahr

Von der Verlustgefahr ist die Verzögerungsgefahr zu unterscheiden. Diese trägt bei Geldschulden grundsätzlich der Gläubiger. Nach §§ 270 Abs.4, 269 BGB sind Geldschulden Schickschulden.

a) Meinungsstand

Hinsichtlich der Rechtzeitigkeit der Zahlung kommt es nur darauf an, wann der Schuldner die letzte für den Eintritt des Erfolges erforderliche Leistungshandlung vorgenommen hat. Praktische Bedeutung hat das beispielsweise für die Frage, ob eine nach Erteilung des Überweisungsauftrages eingetretene Verzögerung Verzug zur Folge hat, eine Vertragsstrafe oder einen Skontoverlust bedeutet, oder ob beispielsweise eine Versicherungsprämie (§ 39 Abs.2 VVG) rechtzeitig bezahlt ist.

Einigkeit besteht heute[20] darüber, daß § 270 Abs.4 BGB auch im bargeldlosen Zahlungsverkehr anzuwenden ist. Hinsichtlich dessen, was der Schuldner am Leistungsort innerhalb der Zahlungsfrist getan haben muß, gehen jedoch die Meinungen bezüglich einer Überweisung stark auseinander. Die entscheidende Leistungshandlung wird teils schon in der Absendung des Überweisungsauftrages[21] an das Kreditinstitut, teils erst im Eingang des Überweisungsauf-

---

20) BGH WM 1971,110,111; Canaris, Anh.C nach § 357 HGB Anm. 243; Liesecke, WM 1975,300; zum Scheck s. BGH NJW 1969, 875; BFH Betr.1969,240; Palandt-Heinrichs § 270 Anm.2b.

21) Enneccerus-Lehmann, Schuldrecht S.103; Erman-Sirp § 270 BGB Anm.2.

trages[22] gesehen. Viele verlangen jedoch die Abbuchung vom Konto des Schuldners.[23]

Die Literatur macht diese Streitfrage überwiegend davon abhängig, ob das beauftragte Kreditinstitut in Bezug auf die Übermittlung Erfüllungsgehilfin (§ 278 BGB) des Geldschuldners ist. Mit dieser Begründung lastet Schoele[24] dem überweisenden Schuldner alle von der Absendebank verschuldeten Verzögerungen bei der Geldübermittlung an. Ebenso stellt aus diesem Grunde Canaris (aaO.) auf die Absendung des Überweisungsauftrages an die Empfangsbank ab und differenziert sodann zwischen Haus- und Kettenüberweisungen. Nur bei der Hausüberweisung könne die Abschrift auf dem Schuldnerkonto genügen. Bezüglich einer Überweisung hat der Bundesgerichtshof ausgesprochen[25], daß eine Prämienschuld spätestens in dem Zeitpunkt gezahlt ist, in dem der Überweisungsbetrag auf dem Konto des Schuldners abgebucht worden ist. In einer anderen Entscheidung[26], die einen Eilfall betraf, hat er den Geldschuldner für verpflichtet gehalten, seine Bank zu einem Verzicht auf einen Widerruf gegenüber einer nachfolgenden Bank zu veranlassen. Zuletzt hat das OLG Celle[27] erkannt, der Überweisungsauftrag müsse so rechtzeitig erteilt sein, daß er fristgerecht ausgeführt werden könne. Auf die Abbuchung komme es nicht an.

---

22) BGB-RGRK § 270 Anm.10; Soergel-Schmidt § 270 Rdz.3; Palandt-Heinrichs § 270 Anm.2d; Prölls VVG § 35 Anm.6b.

23) Larenz, Schuldrecht I § 14 IV e; Schönle § 32 I; Esser-Schmidt, Schuldrecht Bd.1, § 17 Ziff.4.

24) Schoele, Recht der Überweisung S.285.

25) BGH NJW 1964,499, aber auch NJW 1971,380.

26) BGH NNW 1959,1176.

27) OLG Celle MDR 1969,1007.

b) Stellungnahme

Die richtige Lösung ist aus dem Sinn des § 270 Abs.4 BGB zu entwickeln. Der Gesetzgeber wollte einerseits der Verkehrsanschauung Rechnung tragen, nach welcher Geldschulden regelmäßig Bringschulden sind. Der Geldgläubiger ist erst dann zufrieden, wenn er das Geld in Händen hat. Das dürfte auch noch heute gelten. Andererseits begünstigt das Gesetz den Schuldner insofern, als dieser sich zum Zwecke der Erfüllung auf solche Handlungen beschränken darf, die er am Leistungsort vornehmen kann.[28)]

§ 270 Abs.4 BGB ist jedoch nur eine Auslegungsvorschrift. So lassen sich wegen der Besonderheiten des bargeldlosen Zahlungsverkehrs zwar die Ansichten rechtfertigen, nach denen der Schuldner wenigstens Verzögerungen im Verantwortungsbereich seiner Bank zu tragen hat. Die gesetzliche Regelung schließt auch nicht zwingend aus, die Bank in Bezug auf die Übermittlung als Erfüllungsgehilfin anzusehen. Schließlich wird das Geld am Bestimmungsort geschuldet. Die gesetzliche Regelung würde dadurch aber in ihr Gegenteil verkehrt. Im Ergebnis müßte dann der Überweisende jeden Verzugsschaden tragen, sofern er nur auf Fahrlässigkeit an irgendeiner Stelle der Überweisungskette beruht. Der Unterschied zur Barzahlung ist unübersehbar. Läßt der Schuldner Bargeld übermitteln, so ist die Übermittlungsperson Bote, nicht Erfüllungsgehilfe. Hier haftet der Schuldner nur für Auswahlverschulden (§ 831 BGB analog). Die richtige Lösung sollte der Regelung im Barzahlungsverkehr entsprechen. Gestattet man die Buchgeldzahlung allgemein nur im Einverständnis mit dem Gläubiger, dann sind seine Belange hinreichend gewahrt.

Richtig ist deshalb, mit der neueren Rechtsprechung[29)] darauf abzustellen, wann die Leistung aus der uneinge-

---

28) zum Ganzen s. Larenz, Schuldrecht I S.150ff ("rechtshistorisches Versehen"); Fikentscher, Schuldrecht § 35 III 3.

29) BGH NJW 1971,380.

schränkten Verfügungsgewalt des Schuldners herausgelangt ist. Das ist noch nicht der Fall mit Eingang des Überweisungsauftrages bei seiner Bank. Dadurch wird die Verfügungsmöglichkeit über das Guthaben in keiner Weise berührt. Der Eingang des Überweisungsauftrages bei der Bank ist auch entgegen der Ansicht des OLG Celle (aaO.) nicht mit der Übergabe eines Schecks zu vergleichen. Immerhin ist die bezogene Bank bei rechtzeitiger Vorlage berechtigt, den Scheck einzulösen und das Konto des Ausstellers zu belasten, ohne an einen Widerruf gebunden zu sein. Entscheidend ist der Zeitpunkt der Belastungsbuchung, weil mit ihr der Betrag aus dem Vermögen und der Verfügungsmacht des Schuldners ausgeschieden ist. Die Erteilung eines Überweisungsauftrages allein kann nicht ausreichend sein; denn zumindest muß feststehen, daß der Schuldner im fraglichen Zeitpunkt bei der beauftragten Bank ein Guthaben unterhält oder über eine Kreditrichtlinie verfügen kann. Dies alles ist dargelegt, sobald der Schuldner eine entsprechende Belastungsbuchung nachweisen kann. Alle darüber hinausgehenden Forderungen an den Schuldner (Gutschrift, Widerrufsverzicht) sind angesichts des § 270 Abs.4 BGB unberechtigt, wobei zu beachten ist, daß es auf die Verzögerungsgefahr solange nicht ankommt, wie der Überweisungserfolg noch nicht eingetreten ist.

Auf einen Widerrufsverzicht, der ganz unüblich ist, kann es schon deshalb nicht ankommen, weil die Ausführung des Überweisungsauftrages nach dem Girovertrag von einem Widerrufsverzicht unabhängig ist und der Überweisungsauftrag bei Vorliegen der genannten Voraussetzungen ausgeführt werden muß. Ein Widerrufsverzicht gehört mithin nicht zu den notwendigen Leistungshandlungen des Schuldners.

Zudem kann ein rechtzeitiger Widerruf auch nur bewirken, daß die mit der Belastungsbuchung eingetretene Minderung der Liquidität des Schuldners durch nachträgliche Wiedergutschrift wieder rückgängig gemacht wird. Mit der Kontoabschrift des überwiesenen Betrages ist dieser vollständig aus dem Vermögen des Überweisenden ausgeschieden.

ZWEITER HAUPTTEIL

DIE RÜCKABWICKLUNG IRRTÜMLICHER ODER SONST FEHLERHAFTER ÜBERWEISUNGEN

1. KAPITEL: PROBLEMATIK UND LÖSUNGSWEGE

I. Einführung in die Problematik

1. Sachverhalte

Bargeldlose Zahlungen können aus verschiedensten Gründen einer nachträglichen Berichtigung bedürfen. Es sind zunächst dieselben Mängel, die auch im Barzahlungsverkehr vorkommen. Der Schuldner zahlt auf eine nur vermeintlich bestehende Schuld, oder er zahlt zuviel oder an den falschen Empfänger. Die Beteiligung von Zahlungsmittlern im bargeldlosen Zahlungsverkehr eröffnet weitere Fehlerquellen. Trotz aller Sorgfalt können den Beteiligten schon bei der Kontoeröffnung Mängel unterlaufen, sei es, daß die Bank den Girovertrag mit einem Vertreter ohne Vertretungsmacht (§ 177 BGB) abschließt oder mit einer nicht geschäftsfähigen (§§ 104,105 BGB) oder nur beschränkt geschäftsfähigen Person (§ 106 BGB). Auf der gleichen Ebene liegt es, wenn ein Girovertrag angefochten wird (§§ 110ff BGB). In solchen Fällen taucht die Frage auf, ob der Vertragsmangel Folgerungen für schon erfolgte Buchgeldzahlungen hat. In diesen Zusammenhang gehören auch Überweisungen, für die die überweisende Bank auf dem Konto ihres Auftraggebers keine Deckung vorfindet. Ähnliche Fragen tauchen auf, wenn der Girovertrag des Empfängers mangelhaft ist. Hier entsteht eine besondere Problematik, weil der Girovertrag der Entstehungsgrund für den Anspruch des Empfängers aus der Gutschrift ist (§ 780 BGB).

Überweisungsmängel treten vor allem aber später bei der Ausführung der einzelnen Zahlungen auf. Die Rechtsprechung hat sich immer wieder mit Fällen zu befassen gehabt, in denen die Bank andere Beträge oder auf andere Konten gebucht hat als im Überweisungsauftrag angegeben.

Schwierig ist die Behandlung von rechtlich fehlerhaften, angefochtenen und widerrufenen Überweisungsaufträgen. Allen nicht fehlerlosen Überweisungen ist gemeinsam, daß die ihnen beigelegte Zahlungsfunktion gefährdet ist. Vorrangig geht es um den Bestandsschutz einmal erteilter Gutschriften. Die Fragen treten im rückläufigen Überweisungsverkehr gleichermaßen auf und verdienen dort grundsätzlich eine gleiche Behandlung.[1]

2. Die Problematik

Mit der Beurteilung der Gutschriften auf Zahlungsverkehrskonten als abstrakte Schuldversprechen (§ 780 BGB) ist der Weg für die Rückabwicklung mangelhafter Girozahlungen in gewisser Weise vorbestimmt. Die Abstraktion der Gutschrift bedeutet, daß die gutschreibende Bank dem Anspruch aus der Gutschrift keine Einwendungen aus dem Deckungsverhältnis zu ihrem Auftraggeber entgegensetzen kann. So besteht Einigkeit darüber, daß die gutschreibende Bank die Auszahlung nicht mit der Begründung verweigern kann, sie habe wider Erwarten von dem überweisenden Absender keine Deckung erhalten. Solche Fälle kommen vor, sei es, daß der Auftraggeber sein Konto überzogen oder die überweisende Bank eine Pfändung des Auftraggeberkontos (§ 289 Abs.1 S.1 ZPO) übersehen hat. Das Gesetz läßt dagegen die Kondiktion (§ 812 Abs.2 BGB) eines abstrakten

1) Im Lastschriftverfahren und auch bei der Einziehung von Schecks entsteht die Rückabwicklungsproblematik wegen der Stornierungsbefugnis der ersten Inkassostelle (s. dazu oben S. 51) freilich nicht in dem Umfang wie bei der Überweisung, die dieser Arbeit als Modell zugrundeliegt.

Schuldversprechens grundsätzlich zu. Wäre in dem genannten Beispiel eine Kondiktion der Bank gegen den Empfänger der Gutschrift zulässig, so würde praktisch der vertraglich vereinbarte Schutz des Empfängers über das Bereicherungsrecht unterlaufen. Das Beispiel zeigt, daß die bereicherungsrechtliche Rückabwicklung mit dem Inhalt der Giroverträge, insbesondere dem Sinn und Zweck der Gutschrift, abzustimmen ist.

Umgekehrt steht fest, daß die Bank Rückgriff beim Empfänger nehmen kann, wenn sie ihm versehentlich einen Betrag (z.B. Gehalt) doppelt gutgeschrieben hat, der ihm nur einmal zusteht.[2)]

Die Abgrenzung derartiger Fälle von Mängeln eines Überweisungsvorganges, die dem Empfänger nicht entgegengehalten werden können, ist das Hauptproblem, das sich einer systematischen Erörterung rückabzuwickelnder Banküberweisungen stellt. Praktisch wird es besonders in solchen Fällen, in denen der Empfänger einer wie immer gearteten irrtümlichen Überweisung den erlangten Betrag freiwillig nicht wieder herausgibt, weil er ihn auf eine tatsächlich bestehende oder vermeintliche Forderung gegen den angegebenen Absender für sich beansprucht. Solche Fälle sind keineswegs selten oder immer "zufällig".[3)] Bei bestimmten Mängeln des Überweisungsauftrages sind sie eher typisch. Ist der Überweisungsauftrag etwa wegen fehlender Verfügungsbefugnis des Überweisenden (z.B. § 6 KO) fehlerhaft, so wird er doch oft zugunsten eines wirklichen Gläubigers des Konkursschuldners erteilt sein. Ähnlich liegt es bei Überweisungsaufträgen eines Geschäftsunfähigen oder beschränkt Geschäftsfähigen. Es geht um die Frage des Vertrauensschutzes des Buchgeldempfängers. Diese Frage tritt häufig auch dann auf, wenn eine Überweisung trotz eines rechtzeitigen

---

2) s.Canaris, Anh.C nach § 357 HGB Anm.222 m.w.N.

3) vgl. v.Caemmerer JZ 1962,385(387).

Widerrufs noch ausgeführt wurde. Der Widerruf eines Überweisungsauftrages erfolgt nicht selten deshalb, weil über die zu erfüllende Forderung im Valutaverhältnis zwischen Absender und Empfänger keine Klarheit besteht und der Überweisende sie im letzten Moment nicht mehr anerkennt. Hier gilt es, das Vertrauen des Empfängers in die Endgültigkeit einmal erteilter Gutschriften zu schützen und diesen Schutz sachgerecht zu begrenzen.

Zufällig ist die Problematik dagegen, wenn die Überweisung durch einen Schreibfehler oder ein anderes Versehen eines Beteiligten fehlerhaft geworden ist. In solchen Fällen können Absender und Empfänger tatsächlich rein zufällig in Verbindung gebracht sein. Aber auch in solchen Fällen ist auf die Frage des Vertrauensschutzes einzugehen. Der Kontoinhaber will sich auf die Echtheit einmal erteilter Gutschriften wie auf Bargeld verlassen. Es geht allgemein um seine Liquidität, die er seinen Kontoauszügen zuverlässig entnehmen möchte.

3. Die maßgeblichen Interessen

Die soeben skizzierten Fallgestaltungen zeigen schon, welche Interessen der Beteiligten auf dem Spiele stehen.

Der Empfänger von Buchgeld ist in erster Linie an einem möglichst umfassenden Bestandsschutz von Gutschriften interessiert. Dieses Interesse teilt er in gewissem Sinne mit dem Absender; denn nach dem Willen beider soll die Gutschrift wie Bargeld meistens Erfüllungszwecken dienen. Das kann sie nur, wenn die einmal erteilte Gutschrift endgültig ist.

Der Absender einer Girozahlung will mit der Rückabwicklung von Buchungen, die er nicht angewiesen hat, nichts zu tun haben. Abschriften auf seinem Konto akzeptiert er nur, wenn er zuvor entsprechende Weisung erteilt hat oder wenn sie durch den Girovertrag gedeckt sind (Zinsen, Provisionen).[4] Die zahlungsverkehrsmittelnden Banken sind darauf angewiesen, von Vertragsstreitigkeiten ihrer Kunden untereinander, für die sie nur den Zahlungsverkehr erledigen, verschont zu bleiben. Das gilt insbesondere für die zwischengeschalteten Zahlungsmittler, die nur verrechnen aufgrund eingereichter Papiere. Mit dem Absender der Zahlung haben sie ebensowenig Berührung wie mit dem Empfänger. Die Parteiinteressen stimmen in wichtigen Punkten überein. Insoweit kann man mit Möschel[5] ein öffentliches Interesse am reibungslosen Funktionieren des bargeldlosen Zahlungsverkehrs feststellen. Dieses Interesse gipfelt darin, daß jeder der Beteiligten "von Störungen in Drittbeziehungen möglichst unbehelligt"[6] bleiben will.

Allgemein ist mit der Bestimmung des Kondiktionsschuldners die Frage des Insolvenzrisikos verbunden. Von der Bestimmung der Kondiktionsparteien hängt auch die Bedeutung bestehender Einwendungen und Einreden ab. Aus der Sicht des Kondiktionsgläubigers stellt sich umgekehrt die Frage, ob er seine Forderung einklagen muß oder ob er die Klagelast durch Aufrechnung, Stornierung etc. von sich abwälzen kann.

4. Meinungsstand und Ausgangspunkte

Canaris[7] geht einleitend davon aus, man sei sich heute im Ausgangspunkt darüber einig, daß die Lösung aus der Unterscheidung von Mängeln des Deckungs- oder des Valutaverhältnisses einerseits und Mängeln des Überweisungsauftrages andererseits zu entwickeln sei. Bei Fehlen eines wirksamen Überweisungsauftrages könne die Bank die Gutschrift stornieren bzw. beim Empfänger kondizieren. Das sei jedenfalls der Grundsatz.

---

4) Ziff.14(2), 22 AGB.

5) Möschel aaO.

6) BGH NJW 1974,39(40) im Anschluß an Möschel.

7) Canaris BB 1972,774; ders. in Anh.C nach § 357 HGB Anm.216.

In der Rechtsprechung wurde vielfach davon ausgegangen, die Gutschrift auf dem Konto des Empfängers sei grundsätzlich rückgängig zu machen, wenn ein entsprechender Auftrag des Überweisenden an die überweisende Bank fehle.[8] So hat das OLG München[9] vor nicht langer Zeit zu einer Entscheidung den Leitsatz gebildet: "Dem Kontoinhaber erwächst aus einer Gutschrift nur dann ein Anspruch gegen die Bank, wenn die Gutschrift dem Überweisungsauftrag entspricht". Das Gericht beruft sich auf Schoele[10], der ausgeführt hat, durch nicht auftragsgemäße "(Fehl-)Buchungen" werde kein Recht des Kontoinhabers begründet. Der Leitsatz einer Entscheidung des Landgerichts Bielefeld[11] lautet: "Der Bank steht ein Rückforderungsanspruch aus ungerechtfertigter Bereicherung zu, wenn durch ein Versehen eine Überweisung ohne Auftrag des Bankkunden an einen Dritten erfolgt ist".

Auch in der älteren Rechtsprechung[12] gibt es verschiedene Entscheidungen, die bei auftraglosen Überweisungen generell einen Bereicherungsanspruch der Bank gegen den Empfänger zulassen. Ähnlich hat kürzlich auch das OLG Düsseldorf entschieden.[13] Der Bundesgerichtshof[14] hat die Frage jedoch ausdrücklich offengelassen. Ausgangspunkt der Recht-

---

8) zuletzt OLG Düsseldorf, WM 1975,875.

9) OLG München, WM 1971,1264.

10) Schoele Bank A 1937,38; ders. in "Recht der Überweisung", S.521,52.

11) LG Bielefeld WM 1971,1072.

12) z.B. RG JW 1932,735(738); RGZ 86,343(346); OLG Hamburg Seuff.Arch.46 Nr.143; OLG Dresden Seuff.Arch.77 Nr. 182; OLG Kiel Seuff.Arch.76 Nr.88: "Die Klägerin hatte ohne Auftrag gehandelt, so daß ihre Überweisung weder für noch gegen M -Auftraggeber- wirken konnte. Auf Kosten des M hat demnach die Beklagte die DM 2.000,-- nicht erhalten."

13) WM 1975,875.

14) BGHZ 50,225; 61,289(292); NJW 1976,1448,1449.

sprechung des Bundesgerichtshofes ist, daß sich der Bereicherungsausgleich grundsätzlich innerhalb der jeweiligen Leistungsverhältnisse zu vollziehen habe, daß aber von diesem Grundsatz, je nach den Besonderheiten des Einzelfalls, Ausnahmen zuzulassen seien.

Auffallend ist, wie sehr die Begründungen voneinander abweichen. Was zunächst die Entscheidung des OLG München (aaO.) angeht, so ist festzustellen, daß sie auf einer Haupt- und zwei Hilfsbegründungen beruht. Das OLG hat ausgeführt, nach dem Inhalt des Girovertrages erwachse dem Kontoinhaber kein Recht aus einer irrtümlich erteilten Gutschrift; jedenfalls greife aber das in den Allgemeinen Geschäftsbedingungen verankerte Stornorecht ein. Die Bank sei deshalb der Anfechtung und Geltendmachung von Bereicherungsansprüchen enthoben. Die ältere Rechtsprechung stellt einheitlich darauf ab, daß bei Fehlen einer wirksamen Anweisung eine rechtsverbindliche Erklärung des angegebenen Absenders, welche die Bank ermächtige, für dessen Rechnung eine Zahlung zu leisten, nicht vorliege. Der Empfänger sei deshalb bei fehlendem Valutaverhältnis auf Kosten der Bank bereichert.

V. Caemmerer[15] schreibt, "Geschäftsgrundlage der Zahlung" durch die Bank sei auch dem Begünstigten gegenüber, daß überhaupt eine Anweisung vorliege. Die Bank könne die Gutschrift stornieren bzw. kondizieren, wenn ein Überweisungsauftrag versehentlich doppelt ausgeführt wurde oder wenn mehr überwiesen wurde als dem Auftrag des Kunden entsprach. Diese Rechte stünden der Bank auch dann zu, wenn der Begünstigte zufällig noch weitere Forderungen gegen den Auftraggeber habe, auf die er die Zahlungen anrechnen zu können glaube. Ebenso könne die Bank selbst von dem Begünstigten kondizieren, wenn sie aufgrund eines gefälschten Überweisungsauftrages oder gefälschten Schecks gelei-

---

15) v.Caemmerer JZ 1962,385; zuvor schon Graumann S.33; ebenso Wilburg S.114.

stets habe oder wenn der Überweisungsauftrag von einem geisteskranken Kunden herrühre. Anders entscheidet v. Caemmerer dagegen, wenn der Überweisungsauftrag rechtzeitig widerrufen oder angefochten wurde. V. Caemmerer bezieht sich auf Ulmer[16], der aber für den Scheck anders entscheidet als für den Überweisungsauftrag. Beim gefälschten oder sonst rechtsunwirksamen Scheck sei der Schecknehmer anders als beim Überweisungsauftrag das erste Opfer der Täuschung geworden und sei deshalb weniger schutzwürdig als bei einer Überweisung. Im Überweisungsverkehr dagegen könne die Bank Mängel der Weisung nicht auf den Empfänger abwälzen.

Hefermehl[17] meint, bei fehlendem Auftrag stelle die Gutschrift oder die Auszahlung an den Empfänger eine Leistung an diesen dar und deshalb habe die Bank die Rückforderung an den Empfänger.

Nach Larenz[18] ist bei einer nur vermeintlich gegebenen Anweisung der Empfänger nicht durch eine Leistung, sondern in sonstiger Weise auf Kosten der Bank bereichert. Larenz fügt hinzu, eine andere Beurteilung sei auch dann nicht angebracht, wenn der Überweisungsauftraggeber den für seine Rechnung von der Bank überwiesenen Betrag dem Empfänger schulde und dieser daher annehmen mußte, der angegebene Auftraggeber habe ihm geleistet.

Ähnlich differenziert Helbig[19]. Lorenz[20] hält es für entscheidend, daß die Bank keine T i l g u n g s b e s t i m m u n g auf irgendeine Valutaschuld setze. Er erklärt "die Existenz einer erteilten Weisung" zur Voraussetzung dafür, daß die abstrakte Zuwendung einem der Kausalverhältnisse zugeordnet werden könne. Meyer-Cording[21]

16) E.Ulmer AcP 126,164ff.

17) Schlegelberger-Hefermehl Anh. § 365 Rdz. 49,50.

18) Larenz, Schuldrecht II § 68 III 2 (anders aber in der Vorauflage)

19) Helbig S.141.

20) Lorenz JuS 1968,447; JZ 1968,52; AcP 1968,302ff.

21) Meyer-Cording S.51.

betrachtet den Überweisungsauftrag als Rechtsgrund für die Zahlung.

Gegen einen Durchgriff der überweisenden Bank auf den Überweisungsbegünstigten hat sich namentlich Möschel[22] und im Anschluß an ihn Medicus[23] ausgesprochen. Möschel geht von dem durch die neuere Bereicherungslehre betonten Satz aus, daß bei einer Vermögensbewegung, an der mehr als drei Personen beteiligt sind, stets in dem jeweils mangelhaften Kausalverhältnis rückabzuwickeln ist. Mängel des Überweisungsauftrages behandelt er als Mängel des Deckungsverhältnisses. Eine Kondiktion der Bank gegen den Empfänger läßt Möschel nur zu bei Buchungsversehen (Doppel-, Zuvielüberweisungen, falscher Empfänger) und in Fälschungssachverhalten. Für andere Mängel kommt er zu dem Ergebnis, daß die von der neueren Bereicherungslehre vorgenommene Interessenbewertung im Überweisungsdreieck zu sachgerechten Ergebnissen führt.

Kunisch[24] versagt in seiner den bereicherungsrechtlichen Dreiecksverhältnissen allgemein gewidmeten Arbeit der zahlungsvermittelnden Bank jeglichen Anspruch gegen den Empfänger. In allen Fällen scheide eine Leistungskondiktion der angewiesenen Bank aus, weil sie keine "Leistung", sondern nur eine unmittelbare, tatsächliche Zuwendung an dem Empfänger vollbringe. Eine Eingriffskondiktion sei wegen ihrer Subsidiarität nicht gegeben. Eine Ausnahme von diesen Grundsätzen sei nur gerechtfertigt, wenn im Valutaverhältnis eine Schenkung vorliege.

Zu erwähnen ist schließlich ein Aufsatz von Schwark[25]. Er prüft zunächst die Lage der Leistungsbeziehungen und erkennt in der Hausüberweisung einen Dreierring. Kunde und Bank seien die Leistenden, Kunde und Dritter seien Empfän-

---

22) Möschel JuS 1972,300.

23) Medicus § 29 II.

24) Kunisch S.50(55).

25) Schwark WM 1970,1334 zur Entscheidung des LG Bielefeld aaO.

ger. In diesem Dreierring könne nur der überweisende Kunde Bereicherungsgläubiger des Empfängers werden, da nur der Kunde an diesen geleistet habe. Voraussetzung für eine Leistung im Valutaverhältnis sei aber die Existenz eines wirksamen Überweisungsauftrages. Bei fehlendem Überweisungsauftrag stehe der Bank stets ein eigener Rückforderungsanspruch gegen den Dritten zu (Eingriffskondiktion).

Für die Abgrenzung solcher Mängel von anderen Mängeln des Deckungs- und Valutaverhältnisses, die die Bank nicht zur Rückforderung vom Empfänger berechtigen, stellt er auf den rechtlichen Charakter der Gutschrift und der Belastungsbuchung ab. Ausgangspunkt seiner weiteren Überlegung wird, daß sie als Ausführungsakte abstrakte Vorgänge seien, die von dem zugrundeliegenden Deckungs- und Valutaverhältnis unabhängig sind. Er kommt für die mehrgliedrige Überweisung zu dem Ergebnis, daß bei Vorliegen eines wirksamen Überweisungsauftrages, auch wenn er widerrufen oder angefochten wurde, die Durchgriffskondiktion der Bank gegen den Empfänger stets auszuschließen sei. Das Funktionieren des bargeldlosen Zahlungsverkehrs verlange eine restriktive Anwendung der Bereicherungsdogmatik.

Ziemlich kategorisch entscheidet König[26]. Bei gültigem Deckungs- und Valutaverhältnis und bei einem nichtigen Überweisungsauftrag entstehe der Bank lediglich ein Bereicherungsanspruch gegen den Auftraggeber. Den Grund sieht er darin, daß der Überweisungsauftrag nicht die Causa für die Gutschrift sei.

---

26) König S.23.

II. Lösungsweg

1. Lösungswege

Die Autoren der älteren Literatur sind im Prinzip so vorgegangen, daß sie einleitend auf dem Boden der älteren Bereicherungslehre vier Voraussetzungen für Bereicherungsansprüche (Bereicherung des Anspruchsgegners, Entreicherung des Anspruchsstellers, Unmittelbarkeit der Vermögensverschiebung und deren Rechtsgrundlosigkeit) postuliert und dann geprüft haben, in welchen Überweisungsfällen diese Voraussetzungen gegeben sind. Teils wurde gegliedert nach Anspruchstellern (Ansprüche des Überweisenden, Ansprüche der Bank, Ansprüche des Empfängers), teils aber auch nach Mängeln (Mängel im Valutaverhältnis, im Deckungsverhältnis und Doppelmängel). Einige unterteilen nach Fehlersphären.

Die neuere Literatur ist dadurch gekennzeichnet, daß man typische Fehlüberweisungen nach Fallgruppen ordnet[27] und prüft, zwischen welchen Beteiligten eine Leistung im Sinne der neueren Bereicherungslehre vorliegt. Mit der Bestimmung von Leistungsverhältnissen hat man zugleich Gläubiger und Schuldner von Bereicherungsansprüchen festgelegt. Zugleich wird angenommen, daß daneben Ansprüche wegen Bereicherung in sonstiger Weise generell ausgeschlossen sind. Ausnahmen von diesem Grundsatz werden mit unterschiedlichen Begründungen zugelassen, wenn die gefundenen Ergebnisse nicht interessengerecht erscheinen.[28] Dagegen hält Canaris[29] die herrschende Lehre von der Leistungskondiktion für ungeeignet, die im Dreiecksverhältnis zwischen Überweisendem, der beauftragten Bank und dem Überweisungsempfänger entstehende Problematik zu bewältigen. Nach seiner Ansicht müßte die

---

27) z.B. Möschel aaO.

28) vgl. Köndgen S.69ff.

29) Canaris Anh.C nach § 357 HGB Anm.212; eingehend in Festschrift für Larenz S.80ff und in BB 1972,774(775).

Lehre von der Leistungskondiktion eigentlich dazu führen, daß die Bank in allen Fällen fehlender Deckung beim Empfänger kondizieren könnte; denn im Verhältnis der gutschreibenden Bank zum Empfänger (Gutschriftsverhältnis) seien die Tatbestandsvoraussetzungen einer Leistung gegeben, da der Empfänger einen Anspruch auf die Gutschrift habe. Damit könne die Bank dem Empfänger auf dem Umweg über das Bereicherungsrecht auch solche Mängel entgegensetzen, vor denen die Abstraktion des Schuldversprechens ihn gerade schützen solle. Bei solchen Mängeln müsse der durch die Abstraktion erzielte Einwendungsausschluß von der rechtsgeschäftlichen Ebene auf den Bereicherungsanspruch ausgedehnt werden, soweit das Abstraktionsprinzip und Gerechtigkeitsvorstellungen hinsichtlich der Verteilung des Insolvenzrisikos dies verlangen.

2. Eigenes Vorgehen

Ausgangspunkt aller Überlegungen ist, daß schematische Lösungen nicht möglich sind. Dies gilt nicht nur für das Verhältnis der verschiedenen Arten von Anweisungsleistungen im weiteren Sinn, sondern auch innerhalb einer Art für die zahlreichen denkbaren Mängel. Das bedingt einen Aufbau nach Fehlergruppen. Dabei können nur typische Mängel, mit denen sich die Rechtsprechung zu befassen hatte, nicht alle denkbaren Mängel und Mängelkombinationen erfaßt werden.

Die Arbeit geht immer von einem Überweisungsvorgang mit nur drei Beteiligten, der Hausüberweisung, aus. Die Rückabwicklung fehlerhafter Kettenüberweisungen darf im Prinzip keinen anderen Grundsätzen unterliegen. Die Länge des Überweisungsweges hängt von Zufälligkeiten ab; sie darf auf die Kondiktionsfestigkeit der Gutschriften auf Zahlungsverkehrskonten keinen Einfluß haben. Die für die Hausüberweisung gefundenen Ergebnisse und Begründungen können dogmatischen Rang nur beanspruchen, wenn sie sich auf die mehrgliedrige Überweisung übertragen lassen. Besonderheiten ergeben sich allerdings bezüglich der Rückabwicklungstechnik, weil mehrere Kreditinstitute beteiligt sind. Insoweit wird an den entsprechenden Stellen auf die mehrgliedrige Überweisung eingegangen. Im übrigen wird die Kettenüberweisung vergleichend herangezogen, um die Richtigkeit der gefundenen Lösungen zu prüfen.

Gegenstand der Rückabwicklung ist die Gutschrift auf dem Konto des Empfängers. Es entspricht der zentralen Bedeutung von Gutschriften im bargeldlosen Zahlungsverkehr, bei der Prüfung von rückabzuwickelnden Zahlungen an deren Rechtsnatur und wirtschaftliche Bedeutung anzuknüpfen. Das haben Schwark[30)] für einen Teilbereich und Canaris[31)] generell getan. Jedoch gilt es, für die Rückabwicklung Regeln zu gewinnen, die aus der Dogmatik des Girovertragsrechtes und des Bereicherungsrechtes zu entwickeln sind. Dabei sind folgende Differenzierungen notwendig:

Zunächst wird geprüft, ob die Gutschrift angesichts des jeweiligen Mangels im Überweisungsvorgang überhaupt ein abstraktes Schuldversprechen (§ 780 BGB) begründet hat, kurz, ob die Gutschrift endgültig w i r k s a m ist. Nur unter dieser Voraussetzung hat der Empfänger eine Rechtsposition erlangt, die ihm nach den Vorstellungen des Gesetzes nur über das Bereicherungsrecht wieder entzogen werden kann.

Allgemein wird man behaupten können, daß die Stellung des Empfängers bei wirksamer Gutschrift stärker ist als bei einer forderungslosen Gutschrift, sofern es solche überhaupt gibt.

Die Wirksamkeitsprüfung hat sich namentlich mit der in Ziff.4 Abs.3 AGB vereinbarten S t o r n o k l a u s e l zu befassen. Hier enthält der Girovertrag selbst eine Rückabwicklungsregel, deren Inhalt denkbar unklar ist.

---

30) WM 1970,1334.

31) Canaris, Festschrift für Larenz S.799 ff.

Die Stornoklausel ist auszulegen und die von den Parteien selbst getroffenen Interessenbewertungen für bestimmte Mängelsachverhalte zu ermitteln. Diese dürfen auf der Bereicherungsebene nicht unterlaufen werden; vielmehr können sie in solchen Fällen, die von der Stornoklausel direkt nicht erfaßt sind, als Leitlinie gelten, weil sie den Parteiwillen widerspiegeln.

Die Prüfung von Bereicherungsansprüchen wird auf dem Boden der neueren Bereicherungslehre vorgenommen, jedoch nicht ohne einzelne Rückblicke auf die ältere Bereicherungslehre. Das erscheint angezeigt, nachdem Canaris die Eignung der neueren Bereicherungslehre, die aufgeworfene Problematik zu lösen, bestritten hat. Es kommt hinzu, daß sich das ältere Schrifttum vergleichsweise intensiver mit fehlerhaften Buchgeldzahlungen beschäftigt hat als das Schrifttum der letzten Jahre.

Die Sachverhaltsgruppen werden danach gebildet, in welcher Phase des Gesamtgeschehens die Mängel entstanden sind. Wie bei der Erfüllung eines jeden schuldrechtlichen Geschäftes durch dingliche Übertragungsakte wird zwischen Mängeln in Kausalverhältnissen und Ausführungsmängeln unterschieden. Damit wird an den Aufbau des ersten Hauptteils angeknüpft. Die Gegenüberstellung von Mängeln in Kausalverhältnissen und Ausführungsmängeln soll den Abstraktionsgrundsatz betonen. Sie trägt zugleich der Tatsache Rechnung, daß die Behandlung der Ausführungsmängel am meisten umstritten ist. Der gewählte Aufbau dient dem Versuch, zunächst die grundsätzlichen Wertungen aus den vertraglichen Beziehungen zu erarbeiten und die bereicherungsrechtliche Lösung für Ausführungsmängel aus den gewonnenen Grundsätzen zu entwickeln. Ohne Berücksichtigung anderer Ausgleichsansprüche, vor allem aus Geschäftsführung ohne Auftrag, müßte die Arbeit unvollständig erscheinen.

Die Kombination mehrerer Mängel wird erst im letzten Kapitel erörtert. Die Problematik des Doppelmangels ist heute beinahe ausgetragen. Dagegen sind Überweisungsmängel bei wirksamer Valutaschuld wegen der hier auftretenden Erfüllungsproblematik wohl am meisten kontrovers.

2. KAPITEL: DIE ABSTRAKTION DER GUTSCHRIFT UND IHRE GRENZEN

Der Anspruch des Empfängers aus der Gutschrift ist abstrakt, weil die gutschreibende Bank ihm keine Einwendungen entgegensetzen kann, die darauf hinauslaufen, ein Anspruch auf die Gutschrift habe nicht bestanden. Jedoch bleibt das mit der Gutschrift entstandene Schuldversprechen (§ 780 BGB) in seiner Entstehung abhängig vom Bestand des Girovertrages zwischen der gutschreibenden Bank und dem Empfänger. Außerdem unterliegt das Schuldversprechen, da es auf Willenserklärungen beruht, der Irrtumsanfechtung. Es muß festgestellt werden, welche rechtlichen Auswirkungen die verschiedenen Mängel auf die Gutschrift haben; denn die Rückabwicklung verläuft verschieden, je nachdem, ob eine Gutschrift wirksam, anfechtbar oder ohne jeden Einfluß auf die Höhe des Guthabens des Empfängers ist. Forderungslose Gutschriften könnte die Bank kraft ihrer Kontoführungsmacht jederzeit streichen und müßte dies sogar in Erfüllung ihrer Sorgfaltspflichten unverzüglich tun. Solche Gutschriften begründen nur ein irritierendes *Scheinguthaben* und verletzen die im Geldverkehr gebotene Eindeutigkeit. Die Prüfung soll zunächst unabhängig vom Inhalt der Stornoklausel erfolgen.

I. Die Wirksamkeit des Schuldversprechens bei fehlerhaftem Girovertrag

1. Abschlußmängel im Girovertrag des Überweisenden

Die Frage, ob Abschlußmängel im Girovertrag des Überweisenden Einfluß auf die Wirksamkeit von Gutschriften zugunsten eines Dritten haben, wird im Schrifttum kaum gestellt. Sie hat denn auch keine nennenswerte praktische Bedeutung, weil Abschlußmängel regelmäßig geheilt sein werden, sobald ein wirksamer Überweisungsauftrag erteilt ist. Betrachtet man gleichwohl Abschlußmängel des Girovertrages und Mängel des Überweisungsauftrages getrennt, so gewinnt man einen klaren Einblick in das Vertragsgefüge zwischen den an einer Überweisung beteiligten Personen. Ein Abschlußmangel im Girovertrag des Überweisenden kann keinen Einfluß auf die wirksame Entstehung des abstrakten Anspruches aus einer Gutschrift auf dem Konto des Empfängers haben. Das Schuldversprechen beruht auf der Abrede im Girovertrag des Empfängers. Die Selbständigkeit der Giroverträge ist der rechtskonstruktive Grund für die Abstraktion der Gutschrift vom Dienstverhältnis der Bank zu ihrem Auftraggeber.[1)] Die Abstraktion ist weitergehend als die zwischen einem Verpflichtungs- und Erfüllungsgeschäft. Dort ist die Anwendung von § 139 BGB denkbar[2)], hier ist sie von vornherein ausgeschlossen; denn die Gutschrift als Erfüllungsakt gehört einem anderen Rechtskreis an.

2. Abschlußmängel im Girovertrag des Empfängers

Nach h.L.[3)] hat eine Gutschrift auf einem Zahlungsverkehrskonto keine forderungsbegründende Wirkung, wenn der Girovertrag zwischen der Bank und dem Überweisungsempfänger unwirksam oder nichtig ist. Sie stellt darauf ab, daß die forderungsbegründende Abrede Bestandteil des Giroverges ist und mit diesem nicht wirksam zustandegekommen sei.

Diese Auffassung führt zu wenig interessengerechten Ergebnissen. Anstelle des abstrakten Anspruches aus der Gut-

---

1) vgl. Möschel JuS 1972,297(299), der deshalb die Konstruktion eines abstrakten Schuldversprechens für überflüssig hält. Dazu oben S. 57.

2) vgl. Palandt-Heinrichs, Überbl. vor § 104 Anm.3 c.

3) BGH WM 1957,1575(1577); 1960,767; 1962,260(269); Schlegelberger-Hefermehl Anh. § 365 aaO. Rdz.46; Kübler S.204.

schrift könnte der Kontoinhaber nur einen Bereicherungsanspruch gegen seine Bank erwerben. Wesentlich ist, daß bei einer Hausüberweisung die Abstraktion vom Deckungsverhältnis ausbleibt und die Gutschrift ihren typischen Zweck, nämlich im Valutaverhältnis Erfüllung zu bewirken, nicht haben kann.

Diese weitreichenden Folgen erscheinen erträglich und auch unvermeidbar bei Nichtigkeit des Girovertrages, sofern die Nichtigkeit auch die das Schuldversprechen begründende Abrede erfaßt (z.B. §§ 104,105 BGB). Bei anderen Mängeln des Girovertrages ist es dagegen möglich, die das Schuldversprechen begründende Abrede aufrecht zu erhalten. Der Schuldversprechensabrede kommt im Verhältnis zu dem übrigen Inhalt des Girovertrages der Charakter eines Erfüllungsaktes zu. Dem begünstigten Girovertragspartner bringt diese Abrede für sich gesehen lediglich einen rechtlichen Vorteil (§ 107 BGB). Eine Anfechtung des Girovertrages durch den Kontoinhaber wird sich auf die Schuldversprechensabrede selten erstrecken. Zwar geht es nicht an, diese als ein so selbständiges Rechtsgeschäft anzusehen, daß § 139 BGB auf sie im Verhältnis zum Girovertrag nicht anzuwenden wäre.[4] Jedoch kann die das Schuldversprechen begründende Abrede entgegen der Vermutung des § 139 BGB regelmäßig aufrecht erhalten bleiben. Die Bestimmung dient der Verwirklichung des Parteiwillens, und dieser geht dahin, mit der Gutschrift eine Rechtsposition zu schaffen, die bargeldgleiche Sicherheit bietet. Dadurch erreicht die Abstraktion der Gutschrift einen Grad, der mit jeder rechtsgeschäftlichen Abhängigkeit von Mängeln des Girovertrages im Grunde unverträglich ist.

---

4) vgl. Canaris Anh.C nach § 357 HGB Anm.215,233.

II. Die Wirksamkeit des Schuldversprechens bei fehlerhaftem Überweisungsauftrag

1. Die verschiedenen Standpunkte

Nach einer verbreiteten Auffassung[5] kann die Bank bei Fehlen eines w i r k s a m e n Überweisungsauftrages die Gutschrift einseitig rückgängig machen (stornieren) bzw. kondizieren. Die Voraussetzungen im einzelnen sind streitig, namentlich die Frage, wie und ob das Vertrauen des Empfängers in die Wirksamkeit der Gutschrift zu schützen ist.

Die von den einzelnen Autoren und auch von der Rechtsprechung angeführten Begründungen zeigen, daß schon über den Grundsatz wenig Klarheit besteht. Teils geht man nämlich davon aus, daß Gutschriften aufgrund unwirksamer Überweisungsaufträge nichtig[6] seien und kein abstraktes Schuldversprechen begründen würden. Teils wird aber nur von der Kondizierbarkeit solcher Gutschriften gesprochen.[7] Die Frage der Wirksamkeit genießt freilich logische Priorität vor der Frage der Kondizierbarkeit.

2. Die Nichtigkeitslehre Schoele's und ihr Eingang in die Rechtsprechung

Schoele hat die Auffassung vertreten[8], daß eine Gutschrift nur dann das Guthaben des Kontoinhabers verändere, wenn sie einem wirksamen Überweisungsauftrag entspreche. Eine Gutschrift sei ohne jedwede rechtliche Bedeutung,

5) s. Canaris BB 72,776 Fußnote 26.

6) vgl. Schoele, Recht der Überweisung, S.79; ferner die Formulierung von Canaris in BB 1972,774 (776 unter II).

7) z.B. Lorenz JuS 1968,441(447).

8) Schoele aaO. S.79; ders. in BankA 1937/38,521(522).

wenn ein entsprechender Überweisungsauftrag überhaupt fehle oder aus welchen Gründen auch immer unwirksam sei und somit dem Empfänger nicht zugerechnet werden könne. Diese Lehre hat Eingang in die Rechtsprechung gefunden.[9] Das OLG München hat mehrfach ausgeführt[10], daß Gutschriften, zu denen die Bank nicht durch einen wirksamen Überweisungsauftrag ermächtigt sei, dem Begünstigten keine Forderung verschaffe. Derartige Buchungen könne die Bank - unabhängig von dem in den Allgemeinen Geschäftsbedingungen vereinbarten Stornorecht - im Wege der Kontoblattberichtigung frei rückgängig machen. Derselbe Gedanke klingt auch bei der von v.Caemmerer[11] angesprochenen Geschäftsgrundlagenproblematik durch.

Vielfach wird die Frage offen gelassen. Canaris[12] spricht sie im Zusammenhang mit der Stornoklausel (Ziff.4/3 AGB) an, die nach seiner Ansicht nur "deklaratorische Bedeutung" hat. Er meint, es sei zweifelhaft, ob das Stornorecht sich auf die Nichtigkeit des Überweisungsauftrages erstrecke, oder ob es auf dessen Fehlen im engeren Sinne beschränkt sei. Die Frage nach der Wirksamkeit von Gutschriften darf indes nicht offen bleiben. Die Rechtstellung des Empfängers ist nach der Nichtigkeitslehre erheblich schwächer als nach der grundsätzlich anderen Lösung, nach der bei unwirksamem Überweisungsauftrag der Ausgleich über das Bereicherungsrecht erfolgt. Die Unterschiede zeigen sich, wenn es um den Vertrauensschutz des Empfängers geht, der tatsächlich eine entsprechende Forderung gegen den im Überweisungsträger angegebenen Absender hat. Nach der Nichtig-

---

9) deutlich BGH in BB 1974,1454(1455).

10) OLG München NJW 1950,188; bes. klar in WM 1971,264.

11) JZ 1962,385.

12) Canaris Anh.C nach § 357 HGB Anm.216,217; ders. in BB 1972,774(777).

keitslehre geht der (gutgläubige) Empfänger stets leer aus. Einen etwaigen Vertrauensschaden könnte er nicht einmal über § 122 BGB ersetzt verlangen, weil ein mit den §§ 118, 119 oder 120 BGB auch nur vergleichbarer Fall nicht vorliegt. Die Nichtigkeitslehre läßt auch im Einzelfall keine Abwägung von Risiken zu, sondern begünstigt einseitig die gutschreibende Bank unabhängig davon, ob sie den Mangel kannte oder doch hätte kennen müssen. Demgegenüber ist eine bereicherungsrechtliche Lösung elastischer. Es sei hier nur auf die durch § 818 Abs.3 BGB gezogene Opfergrenze hingewiesen.

3. Die rechtsgeschäftliche Unabhängigkeit der Gutschrift vom Überweisungsauftrag

Die Nichtigkeitslehre ist schon allein deswegen abzulehnen, weil sie das Risiko der Rechtswirksamkeit von Überweisungsaufträgen, die in einem Vertragsverhältnis erteilt wurden, an dem der Empfänger nicht beteiligt ist, vollständig auf diesen abwälzt. Sie bedeutet eine empfindliche Einschränkung der Verkehrsfähigkeit des Buchgeldes und ist unvereinbar mit den Wertungen des Abstraktionsprinzipes im bargeldlosen Zahlungsverkehr.

a) Die Abstraktion vom Deckungsverhältnis

Einigkeit[13] gesteht heute darüber, daß eine einmal erteilte Gutschrift unabhängig davon wirksam entsteht, ob die Bank tatsächlich einen entsprechenden Gegenwert für die Gutschrift von ihrem Auftraggeber erlangt hat. Mit dem Einwand fehlender Deckung wird die Bank nie gehört. Mit der Gutschrift ist an die Stelle des girovertraglichen

---

13) Schlegelberger-Hefermehl Anh. § 365 Rdz.48; Meyer-Cording S.48; von Caemmerer JZ 1962,387; Schwark WM 1970,335; Möschel aaO.; Canaris Anh.C nach § 357 HGB Anm.211.

Herausgabeanspruchs aus §§ 675, 667 BGB ein Anspruch aus § 780 BGB getreten, der unabhängig davon wirksam ist, ob ein Anspruch auf die Gutschrift tatsächlich bestand.

Hat man diesen Schritt der Abstraktion getan und anerkannt, daß grundsätzlich Einwendungen aus dem Deckungsverhältnis präkludiert sind, dann ist es widersprüchlich anzunehmen, daß ein wirksamer Überweisungsauftrag Entstehungsvoraussetzung für das Schuldversprechen zugunsten des Empfängers sei.[14] Der Überweisungsauftrag ist entgegen der Ansicht von Canaris ein konstitutiver Bestandteil des Deckungsverhältnisses[15]. Das Deckungsverhältnis darf nicht verwechselt werden mit dem Guthaben, aus dem sich die Bank Befriedigung verschaffen darf, sofern sie einen entsprechenden Anspruch gegen den Überweisenden erworben hat. Der nach Maßgabe des Überweisungsauftrages entstandene Anspruch aus § 670 BGB macht das Deckungsverhältnis aus. Das wird anschaulich, wenn man an Überweisungen aus einem debitorischen Konto denkt. Hier erlangt die Bank nichts anderes als einen Anspruch gegen den Überweisenden. Er entsteht, wenn nur die Bank von ihrem Auftraggeber wirksam beauftragt war. Es liegt zwar ein tatsächlicher Deckungsmangel, aber kein Mangel des Deckungsverhältnisses im Rechtssinn vor. Dagegen ist die Unwirksamkeit des Überweisungsauftrages immer ein Mangel des Deckungsverhältnisses.

Das OLG München, das sich zur Begründung seiner Auffassung auf Schoele beruft, übersieht, daß Schoele die

14) so aber Canaris Anh.C nach § 357 HGB Anm.216,217, wenn er schreibt, in diesem Falle dürfe die Bank eine dem Empfänger erteilte Gutschrift stornieren,und der Stornierungsbuchung nur "deklaratorische Bedeutung" beimißt.

15) s. dazu v. Godin, Großk. HGB 2.Auflage § 365 Anh.I Anm.26 mit einer wenig verständlichen Einschränkung; deutlich aber Graumann S.54; wohl auch v. Caemmerer in JZ 1962,385(389); vgl. auch unten S.135.

dem zugrundeliegenden Rechtsverhältnis abstrakt ist. Schoele lehnte ähnlich wie von Godin jede Art von Garantiehaftung der Bank ab. Vom Standpunkt Schoeles aus, daß Gutschriften als Buchungen nur Realakte sind, denen kraft des Girovertrages nur die Bedeutung einer eigenartigen "Forderungsverschiebung" zukommt, mag die Nichtigkeitslehre zu begreifen sein. Mit dem heute überwiegend und auch vom OLG München geteilten Standpunkt, daß Gutschriften abstrakte Schuldversprechen wiedergeben, ist die Nichtigkeitslehre unvereinbar.

b) Unanwendbarkeit der Geschäftsgrundlagenlehre

Die Nichtigkeit von Gutschriften, denen kein wirksamer Überweisungsauftrag zugrundeliegt, kann auch nicht mit Hilfe der Lehre von der Geschäftsgrundlage begründet werden. Der Überweisungsauftrag wird im Anschluß an Ulmer[16] des öfteren[17] als "Geschäftsgrundlage" der Überweisung bezeichnet. Nach den Vorstellungen aller Beteiligten sei jede Überweisung von einem entsprechenden Auftrag abhängig (subjektive Geschäftsgrundlage). Welche Rechtsfolge freilich bei Fehlen der Geschäftsgrundlage eintreten soll, ist unklar geblieben. Ulmer verwendet den Gedanken der Geschäftsgrundlage für eine Schadensverteilung. Den Schaden habe derjenige zu tragen, in dessen Sphäre der Fehler vorgekommen sei.

Die Lehre von der Geschäftsgrundlage sagt jedoch über die Wirksamkeit einer Gutschrift und zu der Frage von Ausgleichsansprüchen bei irrtümlich erteilten aber wirksamen Gutschriften wenig aus. Sie ist, zurückgehend auf die clausula-rebus-sic-stantibus aus § 242 BGB, entwickelt zur Lösung von Grenzfällen. Es geht um solche Fälle, in denen ausnahmsweise die Durchführung eines Vertrages unzumutbar erscheint, weil sie sinn-, zweck- oder gegenstands-

---

16) E.Ulmer AcP 126,164ff.

17) v.Caemmerer aaO.; Kübler S.205f; Schwark WM 1972,1336

los geworden ist.[18] Die Frage nach dem Bestandsschutz von Gutschriften tritt jedoch erst nach Durchführung des Vertrages auf und betrifft ganz überwiegend Fehler, welche der gutschreibenden Bank unterlaufen sind. Solche Fehler soll sie nach den Wertungen, die zur Annahme eines abstrakten Schuldversprechens führten, grundsätzlich selbst tragen. Sie scheiden nach dem Risikoprinzip von vornherein als Geschäftsgrundlage aus.

Denn Geschäftsgrundlage ist nie, was nach dem Inhalt des Vertrages in den Risikobereich einer Partei fällt. Die Anwendung von Gedanken aus der Geschäftsgrundlagenlehre ist auch deshalb nicht sinnvoll, weil diese Lehre Einzelfallgerechtigkeit anstrebt. Hier geht es jedoch darum, den Bedürfnissen des Massenverkehrs entsprechend grundsätzliche Lösungen zu finden. Im mehrgliedrigen Überweisungsverkehr hilft das Geschäftsgrundlagendenken ohnehin nicht weiter; denn es ist undenkbar, daß im Verhältnis der Empfangsbank zum Empfänger ein Überweisungsauftrag des Absenders zur Absendebank Geschäftsgrundlage sein soll.[19]

c) Folgerungen aus der Konstruktion des Abschlußtatbestandes

Die Problematik steht in engem Zusammenhang damit, ob die Erteilung der Gutschrift ein schlichter Realakt oder ob sie rechtsgeschäftlicher Natur ist. Mit dem hier vertretenen Standpunkt[20], daß die Bank eine konkretisierende Gestaltungserklärung abgibt, wenn sie dem Überweisungsbegünstigten Gutschrift erteilt, ist die Nichtigkeitslehre unverträglich. Eine Abhängigkeit der Gestaltungswirkung der Gutschrift von der Rechtswirksamkeit eines Überweisungsauftrages ist schon konstruktiv kaum möglich. Die

18) vgl. Larenz AT § 21 II; Esser-Schmidt, Schuldrecht Bd.1 Teilb.1 § 24.

19) Canaris Anh.C nach § 357 HGB Anm.218.

20) s.o. S. 59ff.

Annahme einer entsprechend vereinbarten Bedingung ist unzulässig, da Gestaltungserklärungen bedingungsfeindlich sind.[21] Auch der Sache nach würde es sich nicht um eine Bedingung im Rechtssinn handeln, da die Wirksamkeit des Überweisungsauftrages entweder gegeben ist oder nicht, also kein zukünftiges, ungewisses Ereignis ist. Es käme allenfalls die Vorstellung in Betracht, die Parteien des Girovertrages hätten in dem Rahmenvertrag über die Begründung abstrakter Schuldversprechen stillschweigend einen Geltungsvorbehalt vereinbart. Das stünde jedoch gleichermaßen mit der Annahme eines bedingungsfeindlichen Gestaltungsrechtes in Widerspruch. Kennzeichnend für ausfüllende Gestaltungsrechte ist gerade, daß die Rechtslage ausschließlich und endgültig davon bestimmt sein soll, ob und wie es ausgeübt wird.[22] Der Geltungsvorbehalt würde ausschließlich solche Umstände betreffen, die die Bank vor Ausübung ihrer Gestaltungsbefugnis prüfen soll. Die Bank ist nicht nur gehalten, vor Erteilung der Gutschrift den Kontostand und gegebenenfalls die Kreditwürdigkeit ihres Auftraggebers zu prüfen. Sie ist gleichermaßen gehalten, auch die Rechtsgültigkeit der ihr erteilten Weisungen zu prüfen. Gerade weil der Überweisungsverkehr und die Struktur des Girovertrages eine Entscheidung der Bank voraussetzt - nämlich die, ob ein Auftrag auszuführen ist oder nicht - ist es gerechtfertigt, die Gutschriftserklärung als einen gestaltenden Rechtsakt zu begreifen. Dem widerspricht es, die Endgültigkeit der Gestaltung nicht von der Entscheidung des Berechtigten abhängig zu machen, sondern sie in der Abhängigkeit von tatsächlichen Umständen zu belassen.

---

21) s. Palandt-Heinrichs Einf. v. § 158 Anm.6.

22) vgl. Soergel-Schmidt § 315 Rdz.77; OLG Hamburg MDR 1956,292; Hadding, Festschrift für Bärmann S.376(387).

d) Die Verkehrsfähigkeit des Buchgeldes

Eine rechtsgeschäftliche Abhängigkeit des Anspruchs aus der Gutschrift von Mängeln des Überweisungsauftrages würde - das ist der entscheidende Grund - die Verkehrsfähigkeit des Buchgeldes unerträglich beeinträchtigen. Die bargeldlose Zahlung soll die Übereignung von Sachgeld durch Einräumung von Buchgeld ersetzen. Ihre Zahlungsfunktion kann die Überweisung nur erfüllen, wenn der Empfänger von Buchgeld nicht wesentlich größeren Risiken ausgesetzt ist als der Empfänger von Sachgeld. An einer so gestalteten Risikoverteilung sind alle Beteiligten interessiert.

Der Empfänger von Buchgeld ist gegenüber dem Empfänger von Sachgeld schon insofern benachteiligt, als er das Risiko einer Insolvenz seiner Bank trägt. Dieses Risiko dürfte größer zu bewerten sein als das vergleichbare Risiko des Barzahlungsverkehrs, gefälschte Noten oder Münzen zu bekommen. Bleibt seine Stellung zudem noch abhängig von Mängeln des Überweisungsauftrages, dann ist diese erheblich schlechter als nach einer Übereignung von Sachgeld. Erhält der Gläubiger eines geschäftsunfähig gewordenen Schuldners Sachgeld, dann ist zwar die Übereignung (§ 929 BGB) unwirksam. Der Gläubiger ist aber durch § 986 BGB, nach h.M. durch die Möglichkeit aufzurechnen, geschützt.[23] Er braucht ihm übergebenes Bargeld nicht wieder herauszugeben und ist damit vom Insolvenzrisiko seines Schuldners befreit. Dieses Risiko müßte er im bargeldlosen Zahlungsverkehr weiterhin tragen, wenn der Mangel des Überweisungsauftrages den Anspruch aus der Gutschrift ergreifen würde. Das gleiche würde gelten, wenn ein Vertreter ohne Vertretungsmacht aus der Kasse des Schuldners zahlt. Im Barzahlungsverkehr ist der Empfänger über § 935 Abs.2 BGB selbst dann geschützt, wenn er gestohlenes Geld erhält, sofern er nur gutgläubig ist. Im vergleichbaren Fall eines

23) vgl. Möschel JuS 1972,297(302); Westermann, Sachenrecht § 30 V 3.

gefälschten Überweisungsauftrages ging er dagegen leer aus.

Die Parallele zum Barzahlungsverkehr verlangt, daß die Bank mit der Gutschrift das Insolvenzrisiko des Schuldners übernimmt. Der Empfänger muß sich auf den Standpunkt stellen können, daß die Wirksamkeit des Überweisungsauftrages ein Vertragsrisiko der beauftragten Bank geworden ist. Das ist auch insofern interessengerecht, als sämtliche Mängel des Überweisungsauftrages für den Empfänger regelmäßig nicht erkennbare Interna des Deckungsverhältnisses bleiben.

Die Höhe seines wirklichen Guthabens bliebe sonst für den Empfänger dauernd in der Schwebe.

Die Parallele zum Barzahlungsverkehr läßt den Empfänger sogar dann schutzwürdig erscheinen, wenn er ausnahmsweise den Mangel des Deckungsverhältnisses kennt. Sieht man einmal von Fällen des § 826 BGB ab, so erscheint er trotz Kenntnis von der Geschäftsunfähigkeit des Überweisungsauftraggebers oder von dessen fehlender Vertretungsmacht ebenso schutzwürdig wie in dem Fall, daß er die Insolvenz seines Schuldners kennt oder weiß, daß dessen Konto keine Deckung aufweist. Nimmt der Empfänger in solchen Fällen die ihm erteilte Gutschrift in Anspruch, so handelt er seiner Bank gegenüber nicht treuwidrig, sondern vertragsgemäß. Die Bank hat versprochen, das jeweils von ihr ausgewiesene Guthaben zu schulden (Sichtguthaben). Über den jeweiligen Habensaldo oder bis zu einer eingeräumten Kreditrichtlinie soll der Inhaber des Zahlungsverkehrskontos einschränkungslos verfügen können. Das macht die Verkehrsfähigkeit des Buchgeldes aus, die keine Ausnahme vom Grundsatz der abstrakten Wirksamkeit der Gutschrift in Bezug auf Mängel des Überweisungsauftrages kennt.

III. Die Wirksamkeit des abstrakten Schuldversprechens bei widerrufenen oder angefochtenen Überweisungsaufträgen

1. Die rechtsgeschäftliche Unabhängigkeit der Empfängergutschrift von einem Widerruf des Überweisungsauftrages

Äußerst umstritten und unklar ist dagegen der Einfluß eines rechtzeitigen Widerrufs auf Entstehung und Bestand einer dem Empfänger versehentlich erteilten Gutschrift. Gewöhnlich wird nur die Kondiktionsfestigkeit der Gutschrift erörtert.[24] Das Entstehen des Schuldversprechens wird stillschweigend vorausgesetzt. Einige wollen dagegen die Stornoklausel anwenden.[25] Meyer-Cording[26] schreibt, die mit der Gutschrift eingetretene Wertverschiebung könne nicht ohne weiteres wieder rückgängig gemacht werden. Richtig ist, daß eine rechtsgeschäftliche Abhängigkeit der Gutschrift von dem Widerruf des Überweisungsauftrages nicht besteht. Jede Form dieser Abhängigkeit wäre wiederum mit der abstrakten Natur der Gutschrift unvereinbar. Der Anspruch aus der Gutschrift soll, anders als der Anspruch auf Gutschrift, unabhängig davon Bestand haben, ob der zahlende Schuldner widerruft oder nicht. Die Abstraktion wurde gerade deshalb vereinbart, um dem Buchgeldempfänger eine vom Willen des Überweisenden unabhängige Position zu gewähren. Ebensowenig wie die Unwirksamkeit oder die Nichtigkeit des Überweisungsauftrages der wirksamen Entstehung des Schuldversprechens entgegensteht - von § 821 BGB vorerst einmal abgesehen - kann ein Widerruf des

---

24) Canaris Anh.C nach § 357 HGB Anm.174,224; v.Caemmerer aaO.; Kiehnscherf S.111f; Schlegelberger-Hefermehl Anm.50 aE.; Schönle § 32 II d; Möschel aaO.(301).

25) Helbig S.130.

26) Meyer-Cording S.49.

Überweisungsauftrages Entstehung und Bestand des Schuldversprechens berühren. Der Widerruf des Überweisungsauftrages kann rechtsgeschäftliche Bedeutung in dem anderen Rechtskreis des Empfängers nicht haben, selbst dann nicht, wenn der Empfänger den Widerruf kennt. Es wäre auch widersprüchlich, die Abstraktion der Gutschrift vom Überweisungsauftrag durchzuhalten, wenn letzterer von vornherein rechtsfehlerhaft ist, dagegen eine Ausnahme vom Grundsatz zuzulassen, wenn der Überweisende seine Bank zunächst wirksam beauftragt hat, diesen Auftrag dann aber - aus welchen Gründen auch immer - widerruft.

2. Die Bedeutungslosigkeit einer Anfechtung für die Wirksamkeit der Empfängergutschrift

Es ist heute unbestritten, daß die Anfechtung des Überweisungsauftrages durch den Überweisenden die Wirksamkeit der Gutschrift nicht berührt.[27] Das folgt in erster Linie wiederum daraus, daß der Überweisungsauftrag in einem anderen Rechtsverhältnis als die Gutschrift erteilt wird. Girovertragspartner des Überweisenden ist nur dessen Bank. An diesem Rechtsverhältnis ist der Empfänger der Gutschrift unbeteiligt. Die ältere Literatur hat sich mit diesem Fragenkreis eingehend beschäftigt.[28] Es wurde immer wieder auch in der Rechtsprechung[29] die Ansicht vertreten, die Anfechtung des Überweisungsauftrages erfasse auch die Empfängergutschrift. Die Nichtigkeit der Gutschrift sei aufgrund der wirtschaftlichen und rechtlichen Zusammengehörigkeit beider Rechtsvorgänge gemäß § 139 BGB anzunehmen.

27) vgl. Möschel aaO.(301); Canaris Anh.C nach § 357 HGB Anm.224, der nur Bereicherungsansprüche prüft und damit die Wirksamkeit der Gutschrift stillschweigend voraussetzt; ferner Helbig S.119f; Kiehnscherf S.101ff.

28) zusammengestellt bei Kiehnscherf S.111; s.a. Graumann S.33.

29) häufig besprochen die Entscheidung des OLG Karlsruhe JW 1938,662; z.B. von Koch in ZHR 105 S.262ff.

Das OLG Karlsruhe hat ausgeführt, die enge Zusammengehörigkeit des Überweisungsauftrages und seines Vollzuges rechtfertige die Auffassung, daß der Girokunde nicht nur den Überweisungsauftrag, sondern zugleich auch den von der Bank als seiner Vertreterin vorgenommenen Erfüllungsakt, die Gutschrift, angefochten habe. Sieht man einmal von der ohnehin falschen Prämisse ab, die Bank sei Vertreterin des Überweisenden, so ist die Argumentation vor allem deshalb falsch,weil der Irrtum des Überweisenden sich auf das Erfüllungsgeschäft der Gutschrift nicht erstreckt. Außerdem beinhaltet die Gutschrift eine Erklärung der Bank, die der Überweisende als Dritter nicht anfechten kann.

IV. Die Bedeutung der Stornoklausel

Das bisherige Ergebnis könnte eine Einschränkung erfahren durch die in Ziff.4 Abs.3 Satz 1 AGB vereinbarte Stornoklausel. Für den Fall, daß einer Gutschrift ein entsprechender Überweisungsauftrag nicht zugrundeliegt, enthält der Girovertrag eine einschränkende Bestimmung:

> "Gutschriften, die infolge eines Irrtums, eines Schreibfehlers oder aus anderen Gründen vorgenommen werden, ohne daß ein entsprechender Überweisungsauftrag vorliegt, darf die Bank durch einfache Buchung rückgängig machen (stornieren)".

Die Fassung der Stornoklausel in Ziff.1 Abs.3 der AGB der Sparkassen weicht insofern ab, als dort zum Ausdruck gebracht ist, daß eine Stornierungsbuchung auch noch nach einem Rechnungsabschluß zulässig ist.

Die Stornoklausel regelt eine Befugnis der gutschreibenden Bank. Sie gilt im Hausüberweisungsverkehr gleichermaßen wie im mehrgliedrigen Überweisungsverkehr, wenn die Empfangsbank die Gutschrift anders erteilt, als auf dem ihr zugeleiteten Überweisungsträger angegeben.

1. Meinungsstand

Bedeutung und Inhalt der Stornoklausel sind ungeklärt. Sicher ist nur, daß die Klausel eine Befugnis der gutschreibenden Bank gegenüber dem Gutschriftsempfänger ausspricht. Bei einer Hausüberweisung darf die gutschreibende Bank stornieren, wenn kein "entsprechender Auftrag" des Überweisenden, bei der überbetrieblichen Überweisung, wenn kein entsprechender Auftrag des vorgängigen Kreditinstitutes vorliegt.

Streitig ist, ob die Stornierungsbuchung das Guthaben des Kontoinhabers verändert oder ob sie nur buchhalterische Bedeutung hat und das ausgewiesene Guthaben mit dem wirklichen Guthaben in Übereinstimmung bringt. Im Schrifttum wird überwiegend angenommen, das Stornorecht habe nur deklaratorische Bedeutung; die Stornierungsbuchung stelle lediglich klar, daß dem Kunden von Anfang an kein wirksamer Anspruch aus der Gutschrift zugestanden habe. Das treffe zu bei "Irrtumsfällen und sonstigen Buchungsversehen"[30]. Häufig ist allgemein von nur irrtümlichen Gutschriften die Rede. Diese Auffassung geht zurück auf Hachenburg[31]. Er hat die Meinung vertreten, die Bank könne alle irrtümlich erteilten Gutschriften stornieren. Zur Begründung hat er ausgeführt, daß die Gutschriften nur als Reflex der materiellen Vermögensverschiebung aufgefaßt werden könnten. Die Verschmögensverschiebung setze jedoch einen entsprechenden Auftrag voraus.

Eine ähnliche Auffassung vertritt Meyer-Cording[32] unter Berufung auf Schoele, wenn er schreibt, daß der Parteiwille

30) vgl. Canaris Anh.C nach § 357 HGB Anm.217; Schlegelberger-Hefermehl Anh. § 365 Rdz.49; Schönle § 37 III; Helbig S.130; Schaudwet S.49f; Trost-Schütz S.12; Liesecke WM 1975,240.

31) in Düringer-Hachenburg Anh.II zu § 361 Anm.13; ähnlich aber schon Rospatt BankA 33,499(501) und Koch, BankA 33,166; auch OLG Hamburg BankA 1930,50.

32) S.99,100 m.w.N. zur älteren Literatur.

nur solchen Buchungen eine verpflichtende Wirkung zumesse, die dem erteilten Giroauftrag entspräche und nicht irrtümlich anders lauteten. Er hebt - anders als Schoele - hervor, daß jedoch nur Buchungsversehen eine Stornierung rechtfertigen würden.

In Abweichung davon heißt es bei Trost-Schütz[33], die Stornierung enthalte, soweit zulässig, einen Widerruf. Durch die Stornoklausel erhalte die Bank die Befugnis, "ein in der Gutschrift etwa enthaltenes Schuldversprechen einseitig zu widerrufen". Wann der Widerspruch wirksam sei, sei in der Klausel offengelassen und nur von Fall zu Fall zu entscheiden.

Möschel[34] schreibt, bei bestehendem Bereicherungsanspruch der Bank gegen den Empfänger solle das Stornorecht die Rückabwicklung erleichtern. Aus der Entstehungsgeschichte der Stornoklausel leitet er ab, ihr Zweck ginge dahin, bei "bestehenden Ansprüchen des Kreditinstitutes gegen den Empfänger eine einfache Rückabwicklungsmethode zu besitzen". Von seinem Standpunkt aus, daß die Gutschriftsansprüche aus dem Girovertrag erwachsen, aufschiebend bedingt durch den konkretisierenden Buchungsakt, kommt er zu dem Ergebnis, daß in den von der Klausel erfaßten Fällen kraft Vereinbarung in den AGB die Bedingungsverwirklichung nicht eintrete. Möschel legt die Stornoklausel eng aus. Er beschränkt das Stornierungsrecht auf die Fälle, daß die Bank doppelt, zuviel oder auf falschem Konto bucht ("drei klassische Fälle des Stornos"). Möschel nimmt Gutschriften aufgrund eines gefälschten Überweisungsauftrages hinzu. Bei versehentlichen Gutschriften aufgrund eines widerrufenen Überweisungsauftrages lehnt er die Stornierungsbefugnis ausdrücklich ab. Dagegen räumt Helbig[35] der Bank nach

33) S.12 Anm.4 zu Ziff.4; ähnlich Baumbach-Duden Anh.I § 406 Anm.26; gegen Storno bei Motivirrtum Kolbenschlag WM 1970,174.

34) aaO. (304).

35) S.130.

übersehenem Widerruf das Stornorecht ein. Das ergebe sich aus der Rechtsnatur der Gutschrift als Realakt.

Die Rechtsprechung nimmt einen nur schwer durchsichtigen Standpunkt ein. Das OLG München[36] hat von seinem Standpunkt aus, daß ein Anspruch aus der Gutschrift nur bei Vorliegen eines entsprechenden und wirksamen Überweisungsauftrages entstehe, ausgeführt, selbst wenn eine solche Buchung ein Guthaben für den Kontoinhaber begründe, dürfe die Bank nach der Stornoklausel rückbuchen, sofern die Buchung infolge eines Irrtums vorgenommen worden sei. Der BGH[37] hat sich nur wenig zum Stornorecht geäußert, immerhin aber ausgeführt, es greife nur bei Buchungsversehen ein und nicht, wenn die Gutschrift "bewußt" erteilt worden sei.

Dieser Überblick läßt deutlich erkennen, daß für die Zulässigkeit einer Rückbuchung, die unabhängig vom Willen des Kontoinhabers erfolgt, zwei verschiedene Denkansätze verwandt werden. Einerseits leitet man aus dem Girovertrag die Nichtigkeit bestimmter Buchungen ab; sie wird entweder aus der eigentlichen Giroabrede entwickelt (vor allem Schoele aaO. und ihm folgend das OLG München aaO.) oder erst aus der Stornoklausel (z.B. Canaris aaO.). Andererseits sieht man Rückbuchungen von vornherein als Anfechtungstatbestände an und behandelt die Klausel als eine Befreiung von den gesetzlichen Voraussetzungen des Anfechtungsrechtes. Beide Verständnisansätze werden häufig nebeneinander oder inkonsequent vermischt verwandt. Die praktischen Konsequenzen könnte man zunächst für wenig bedeutsam halten, weil auch die Anfechtungslösung über § 142 BGB zur Nichtigkeit der Gutschriftsforderung führt. Jedoch ist der Anwendungsbereich der Stornoklausel verschieden, je nachdem, ob man der Nichtigkeits- oder der Anfechtungslösung den Vorzug gibt. Die Anfechtungslösung bedeutet eine Beschränkung des Stornorechts auf Irrtumsfälle.

---

36) OLG München NJW 1950,180; WM 1971,264; s. dazu schon oben S.96, 98f.

37) BGH WM 1972,283(285); ferner in BB 1974,1454; BGHZ 63,87.

Die Nichtigkeitslösung erlaubt dagegen eine darüber hinausgehende Auslegung der Stornoklausel, wie sie etwa Helbig (aaO.) für richtig hält. Nur die Nichtigkeitslösung läßt es zu, die Stornoklausel auf alle Fälle von nicht wirksamen Überweisungsaufträgen zu erstrecken. In sich unschlüssig ist die Auffassung von Möschel, die Stornierungsbuchung sei zulässig bei einem bestehenden Bereicherungsanspruch der Bank gegen den Empfänger. Der Bereicherungsanspruch ist primär auf Befreiung der Bank von ihrer Verbindlichkeit aus der Gutschrift gerichtet. Er kann nur durch Abschluß eines Erlaßvertrages erfüllt werden. Dieser ist ohne Mitwirkung des Kontoinhabers aber nicht denkbar. Man könnte zwar auf die Konstruktion zurückgreifen, der Empfänger habe für den Fall, daß ein solcher Bereicherungsanspruch besteht, schon vorab und generell ein entsprechendes Einverständnis erklärt. Vorstellungen darüber haben die Parteien aber nicht. Der Gutschriftsempfänger wäre zudem empfindlich benachteiligt, weil ihm die Berufung auf § 818 Abs.3 BGB abgeschnitten wäre. Bei nachträglichem Wegfall der Bereicherung würde der Empfänger die praktisch sehr unangenehme Klagelast haben, obwohl das Gesetz den Bereicherungsgläubiger von vornherein auf die noch verbleibende Bereicherung verweist. Der Vertrauensschutz des Empfängers, den Möschel sonst gerade betont, wäre merklich eingeschränkt.

2. Die Beschränkung des Stornorechts auf Anfechtungstatbestände

Bei der Auslegung der Stornoklausel ist davon auszugehen, daß sie eine Einschränkung des Abstraktionsgedankens bedeutet. Sie ist allein deshalb eng auszulegen. Dem entspricht der Satz, daß allgemeine Geschäftsbedingungen immer einschränkend zu interpretieren sind. Unklarheiten im Wortlaut gehen zu Lasten dessen, der sie aufgestellt hat.

Was den Wortlaut angeht, so ist hervorzuheben, daß nicht ein wirksamer Überweisungsauftrag, sondern nur ein e n t s p r e c h e n d e r Überweisungsauftrag vorausgesetzt ist. Daraus könnte man schließen, daß die Klausel nur solche Gutschriften erfaßt, für die ein gleichlautender Überweisungsauftrag, sei er nun rechtswirksam oder nicht, überhaupt nicht erteilt wurde. Damit wären die von Möschel genannten Fälle erfaßt, daß die Bank zuviel (statt 100,-- DM 1.000,-- DM) oder falsch für einen anderen als den angegebenen Empfänger[38] gutschreibt. Auch die Doppelüberweisung wäre von der Stornoklausel gedeckt. Im letzten Fall liegt nur für e i n e Gutschrift ein entsprechender Auftrag vor. Man müßte den wohl seltenen Fall eines Mißverständnisses der Bank über die Existenz eines Überweisungsauftrages hinzunehmen. Dagegen könnte die Stornoklausel, wenn man nur auf die äußere Übereinstimmung der Gutschrift mit einem Überweisungsauftrag abstellt, auf Fälschungssachverhalte nicht angewandt werden.

Die historische Auslegung der Stornoklausel ist wenig ergiebig. Die Klausel wurde in den 20er Jahren[39] angesichts des Streits um die Rechtsnatur der Gutschrift geschaffen. Die Klausel sollte den Banken eine vertraglich gesicherte, von Fristen und von einer Zustimmung des Kontoinhabers unabhängige, vereinfachte Rückabwicklungsmethode zur Verfügung stellen. Das läßt darauf schließen, daß die Stornoklausel nur bei bestehenden Ansprüchen eingreift, aber keine Ansprüche neu begründen soll. In den Streit um die Rechtsnatur der Gutschrift wollte man offensichtlich nicht eingreifen. Bemerkenswert ist immerhin, daß die Klausel von dem Standpunkt aus, daß Gutschriften nur referierende Bedeutung haben, an sich überflüssig war; denn wenn die Gutschrift im Einzelfall keine rechtsgeschäftliche Bindung erzeugt, kann sie ohnehin jederzeit frei verändert oder storniert werden. Selbst einer Anfechtung bedürfte es nicht.

---

38) vgl. aber jetzt Ziff.4 Abs.3 Satz 2 und 3 AGB; dazu Kümpel WM 1976 aaO. S.14.

39) zur Entstehung der Klausel s. Nußbaum S.60.

Teilt man den hier eingenommenen Standpunkt, nach dem die Bank mit der Gutschrift eine ausfüllende Gestaltungserklärung abgibt, mit der ein bedingungsfreies Schuldversprechen entsteht, so wird es zur unausweichlichen Konsequenz, in der Rücknahme dieser Erklärung gleichfalls einen rechtsgeschäftlichen Gestaltungsakt zu sehen[40], durch den die einmal in Geltung gesetzte Rechtsfolge wieder aufgehoben wird. Die Stornierungsbuchung ist mithin als vertraglich vereinbarte Rücktrittserklärung oder als Anfechtungserklärung dogmatisch einzuordnen. Der Anfechtungslösung ist dabei der Vorzug zu geben. Die Annahme eines vereinbarten Rücktrittsrechtes ist problematisch im Hinblick auf den Erfüllungscharakter der Gutschriftserteilung. Es gibt keinen Rücktritt vom verfügenden Vertrag. Zudem würde sich eine Rücktrittserklärung auf den mit der Gutschrift entstandenen Schuldversprechensvertrag, nicht primär auf die in der Gutschriftserteilung enthaltenen Gestaltungserklärung beziehen. Spricht man der Gutschriftserteilung rechtsgeschäftliche Natur zu, dann unterliegt dieser Vorgang den allgemeinen Regeln über Willenserklärungen und ist nicht frei widerruflich. Nachträglich kann sie nach den Regeln des BGB nur beseitigt werden im Wege der Anfechtung. Das wiederum bedeutet für die Auslegung der Stornoklausel eine grundsätzliche Begrenzung auf Anfechtungstatbestände (§§ 119 Abs.1, Abs.2, 123 BGB).[41]

3. Die Stornierungssachverhalte

Als Anfechtungstatbestände, die zur Stornierung berechtigen, kommen praktisch nur Irrtumsfälle in Betracht, und zwar solche, in denen die Gutschrift dem Inhalt des Überweisungsauftrages nicht entspricht. Das ergibt schon der Wortlaut der Stornoklausel. In diesen Fällen darf die Bank

---

40) vgl. Meyer-Cording S.99; Helbig S.131 Fußn.438.

41) vgl. Liesecke WM 1975,240; anders Kümpel WM 1976 S.16.

aufgrund der Stornoklausel aber nur dann rückbuchen, wenn die Gutschrift auf einem Versehen beruht, welches sich unter §§ 119 ff BGB subsumieren läßt. Bei der praktisch bedeutsamen Irrtumsanfechtung ist dabei zunächst eine Beschränkung auf Fälle des § 119 Abs.1 BGB anzunehmen. Denn die irrtümliche Annahme einer Bank, es liege für eine Gutschrift auf einem Zahlungsverkehrskonto ein entsprechender Auftrag vor, ist nie unter § 119 Abs.2 BGB zu subsumieren. Der eine Gutschrift deckende Überweisungsauftrag kann schlechterdings nicht als eine Eigenschaft der Gutschrift angesehen werden. Die von der Stornoklausel erfaßten Irrtumsfälle können daher nur solche des § 119 Abs.1 BGB sein.

Hier ist vor allem an die Fälle zu denken, in denen eine Gutschrift auf einem Schreib- oder Buchungsfehler beruht, sei es, daß zuviel, auf falschem Konto oder mehrfach ausgebucht wird. Es liegt dann ein Irrtum in der Erklärungshandlung (§ 119 Abs.1,2 BGB) vor, so daß storniert werden darf. Eine Beschränkung des Stornorechts auf den reinen Erklärungsirrtum ist indes nicht anzunehmen, denn Fehlbuchungen, wie die genannten Beispiele, müssen nicht auf einem Erklärungsirrtum beruhen. Übersieht ein Bankangestellter beispielsweise, daß ein vorliegender Auftrag bereits ausgeführt ist, und führt er ihn infolge dieses Irrtums ein zweites Mal aus, so liegt kein Erklärungsirrtum vor. Gleichwohl darf - unstreitig - die zweite Gutschrift storniert werden.

In dem genannten Beispiel liegt aber ein beachtlicher Inhaltsirrtum im Sinne des § 119 Abs.1,1 BGB vor. Die Praxis und das überwiegende Schrifttum[42] sehen einen Irrtum über maßgebliche Umstände des Geschäftes, wenn sie dem Erklärungsgegner gegenüber erkennbar - sei es auch nur konkludent - zur Erklärungsgrundlage gemacht sind, als be-

42) vgl. Palandt-Heinrichs § 119 Anm.36; Erman-Westermann § 119 Anm.6, jeweils m.N.

achtlichen Inhaltsirrtum an. Als ein solcher Umstand für die Erteilung einer Gutschrift darf die Existenz eines der Gutschrift entsprechenden Überweisungsauftrages angesehen werden.

Der Gutschriftsempfänger weiß, daß die Bank im Überweisungsverkehr nur gutschreibt, wenn ein entsprechender Auftrag vorliegt. Das Vorliegen eines der Gutschrift entsprechenden Auftrages ist mithin zum konkludent geäußerten Inhalt einer jeden Gutschriftserklärung zu werten.

Nicht dagegen darf als Erklärungsbestandteil der Gutschrift auch die Rechtsgültigkeit eines vorliegenden Auftrages angesehen werden. Der diesbezügliche Irrtum ist ein unbeachtlicher Motivirrtum. Daraus ergibt sich der maßgebliche Anwendungsbereich der Stornoklausel. Nur die irrtümliche Annahme der Existenz eines die Gutschrift deckenden Überweisungsauftrages berechtigt die Bank zur schlichten Stornierung.

Praktisch kommt die Stornoklausel damit nur in den schon genannten Fällen zur Anwendung, daß irrtümlich zuviel oder doppelt oder dem falschen Konto gutgeschrieben wird oder ohne jeden Auftrag (z.B. Irrläufer). In diesen Fällen ist die Stornierung unbedenklich und sachgerecht. Der Gutschriftsempfänger kann solche Versehen selbst erkennen. Er erhält im Prinzip zu jeder Gutschrift den Überweisungsträger, so daß er die äußere Übereinstimmung der Gutschrift mit dem Überweisungsauftrag selbst überprüfen kann. Andererseits ist die Bank in allen genannten Irrtumsfällen schutzbedürftig. Sie darf in dem von ihr zu bewältigenden Massenverkehr nicht an solchen oft nur technisch bedingten Fehlleistungen festgehalten werden.

Die Stornoklausel greift dagegen nicht ein, wenn ein der Gutschrift entsprechender Überweisungsauftrag vorliegt, dieser aber unter einer Bedingung oder sonstigen Auflage erteilt ist und dies von der Bank nicht beachtet wurde. Der Irrtum der Bank ist kein zur Anfechtung nötigender Inhaltsirrtum; denn ein Auftrag liegt vor. Die Einschränkungen betreffen seine Gültigkeit.

Nicht anders liegt es nach einer Anfechtung und auch nach einem übersehenen Widerruf des Überweisungsauftrages. Die Stornoklausel greift nicht ein; denn tatsächlich ist zunächst ein der Gutschrift entsprechender Auftrag erteilt worden. Der Bankirrtum bezieht sich auch in diesen Beispielsfällen nicht auf die Existenz eines Auftrages, sondern auf dessen andauernde Gültigkeit.

Eine versehentliche Abweichung der Gutschrift vom Inhalt des zunächst erteilten Überweisungsauftrages liegt also nicht vor. Nur in solchen Fällen soll das Stornorecht gegeben sein.

Entgegen der wohl überwiegenden Meinung darf die Bank nach der hier empfohlenen engen Auslegung auch in Fälschungssachverhalten nicht stornieren. Denn ein der Gutschrift äußerlich entsprechender Überweisungsauftrag liegt vor und geht dem Empfänger zu.

Die Beschränkung des Stornorechtes auf Anfechtungssachverhalte auf Seiten der Bank stellt sicher, daß berechtigtes Vertrauen des Empfängers nicht enttäuscht werden kann. Beruht die Gutschrift auf einem Versehen der Bank, ohne daß der Bank jemals ein entsprechender Auftrag vorgelegt wurde, so kommt dem Empfänger das Geld per Zufall zu. Damit konnte er nicht rechnen. In allen anderen Fällen - Widerruf, Anfechtung, Fälschung - können Fragen des Schutzes konkreten Vertrauens dagegen sehr wohl entstehen. Auch Fälschungen können zugunsten einer Person vorgenommen sein, die einen entsprechenden Betrag von dem angeblich überweisenden Schuldner zu fordern hat. Gefälschte Überweisungsaufträge und solche von einem Vertreter ohne Vertretungsmacht liegen rechtstatsächlich so eng beieinander, daß eine Differenzierung aus der Sicht des Empfängers willkürlich erscheinen muß. Im letzteren Fall befürwortet aber niemand ein Stornierungsrecht. Die Bedeutung der Stornoklausel erschöpft sich somit darin, für die Anfechtung eine vereinfachte Durchsetzungsmöglichkeit zu gewährleisten.[43]

---

43) h.M. vgl. Möschel aaO.; Kiehnscherf S.114; Meyer-Cording S.99.

Sie befreit die Bank von der Zugangsbedürftigkeit der Anfechtungserklärung (§ 143 BGB), nicht aber vom Erfordernis der Unverzüglichkeit (§ 121 Abs.1 BGB). Beides ist sachgerecht, da Buchungen allgemein nicht zugangsbedürftig sind und die Bank schon im Hinblick auf ihre Erklärungshaftung (§ 122 BGB)[44] gehalten ist, die Stornierung möglichst unverzüglich auszuführen. Eine Freizeichnung von der Haftung aus § 122 BGB enthält die Stornoklausel nicht. Beschränkt man die Stornoklausel auf Anfechtungstatbestände, so ist die Anwendung dieser Bestimmung unproblematisch.

Die Beschränkung der Zulässigkeit von Stornierungsbuchungen auf äußerliche Abweichungen der erteilten Gutschrift vom zugrundeliegenden Auftrag entspricht dem Grundsatz des Girovertrages, daß jede Überweisung von einem g l e i c h l a u t e n d e n Überweisungsauftrag gedeckt sein muß. Sie wird überdies dem Bedürfnis des Massenverkehrs nach äußeren Formen gerecht.

Das bedeutet zusammengefaßt, daß eine Gutschrift aus einem Zahlungsverkehrskonto den abstrakten Bestandsschutz dann immer genießt, wenn sie im Zeitpunkt ihrer Erteilung von einem Überweisungsauftrag gedeckt ist, der ihr äußerlich entspricht. Dieses Prinzip gilt uneingeschränkt entsprechend im rückläufigen Überweisungsverkehr für Schecks, soweit die Gutschrift nicht ohnehin unter dem "E.V.-Vermerk" erteilt ist (Ziff.42 AGB).[45]

4. Rechtsfolgen der Stornierung

a) Vermindertes Guthaben

Es gilt zunächst § 142 BGB. Die stornierte Gutschrift ist mit Wirkung ex tunc als forderungslos zu behandeln.

---

44) dazu Canaris Anh. C nach § 357 HGB Anm.217.

45) zu den Grenzen dieser Klausel s. OLG Frankfurt, WM 1976,255.

Mit der Stornierung ändert sich das Guthaben des Kunden. Es wird um den Betrag vermindert, um den es zunächst irrtümlich überhöht war.

b) Der girovertragliche Rückforderungsanspruch der Bank gegen den Kontoinhaber

Die Stornierung ist mit der Gegenbuchung erledigt, wenn das Konto des Empfängers nach der Stornierung noch kreditorisch ist. Ist es dagegen nunmehr debitorisch geworden, so fragt sich, auf welche Anspruchsgrundlage die Bank ihren Rückzahlungsanspruch stützen kann. Das OLG München[46] hat den Rückzahlungsanspruch gegen den Empfänger einfach daraus abgeleitet, daß dessen Konto durch die Stornierungsbuchung debitorisch geworden ist; aus dem Girovertrag folge, daß der Bankkunde einen Passivsaldo grundsätzlich jederzeit abzudecken habe, wenn und soweit ihm nicht eine Überziehung seines Kontos erlaubt worden sei. Das Gericht betont ausdrücklich, es handele sich dabei nicht um einen Bereicherungsanspruch, sondern um eine Verpflichtung, die sich unmittelbar aus dem Girovertrag ergebe. Bei dessen Abschluß seien sich die Partein als selbstverständlich darüber einig, "daß der Kunde für den Fall, daß die Bank entgegenkommenderweise oder in der irrigen Annahme eines Guthabens nicht gedeckte Aufträge ausführt, zur Rückzahlung des ihm auf diese Weise gewährten Kredits und zur Verzinsung des entsprechenden Sollsaldos verpflichtet ist".

Dem ist Canaris[47] entgegengetreten. Das Gericht arbeite mit einer Vertragsfiktion, die überdies zur Zerstörung der von §§ 818 Abs.3, 819 BGB gezogenen Opfergrenze führe. Die Argumentation passe nur auf eine bewußte Kontoüberziehung, nicht auf Debetsalden infolge Stornierung. Die Bank habe

46) OLG München WM 1971,264(265).

47) Canaris Anh.C nach § 357 HGB Anm.217,221,229.

nach Auszahlung des Guthabens allein die Leistungskondiktion gegen den Empfänger (§ 812 Abs.1 S.1 BGB).

Die Kritik von Canaris ist unberechtigt. Störend an seiner Auffassung ist zunächst, daß sie zu unterschiedlichen Lösungen kommt, je nachdem ob es sich um ein debitorisches oder kreditorisches Empfängerkonto handelt. Nicht sachgerecht ist vor allem, daß er Verfügungen des Empfängers durch Barabhebung anders behandeln will als Verfügungen mittels eines Überweisungsauftrages, Schecks oder einer Lastschrift.

Hat der Kontoinhaber über den ihm irrtümlich gutgeschriebenen Betrag durch Überweisungsauftrag verfügt, so ist er der Bank zur Erstattung ihrer Auslagen nach § 670 BGB verpflichtet.[48] Die in Ausführung des Auftrages erteilte Belastungsbuchung hält diesen Anspruch fest. Er ist wirksam mit Ausführung des Auftrages entstanden und unabhängig von einer späteren Stornierungsbuchung auf der Habenseite. Verfügt der Kontoinhaber über sein Guthaben mittels eines Schecks oder per Lastschrift, so erwirbt die Bank ebenso den vertraglichen Anspruch aus § 670 BGB. Die Berufung auf Wegfall der Bereicherung (§ 818 Abs.3 BGB) ist hier ausgeschlossen. Die Bank ist auf einen Bereicherungsanspruch nicht angewiesen. Nach der periodisch erfolgenden Verrechnung und Anerkennung des Saldos ist dies ohnehin nicht zu leugnen. Dem OLG München könnte mithin im Ergebnis uneingeschränkt zugestimmt werden, wenn die Bank auch bei einer Barabhebung durch den Kontoinhaber einen vertraglichen Ersatzanspruch zur Verrechnung erwirbt. Grundsätzlich will nicht einleuchten, Barabhebungen insofern anders zu behandeln als Überweisungen. Andererseits spricht bei einer Barabhebung durch den Kontoinhaber selbst einiges dafür, daß in einem solchen Fall die Bank lediglich die Guthabensforderung erfüllt. Die Gutschrift beinhaltet schließlich die Verpflichtung der Bank, dem Kontoinhaber eine dem Betrag

---

48) wie hier Kümpel WM 1976,15.

entsprechende Summe an gesetzlichen Zahlungsmitteln auszuhändigen.

Das bedeutet, daß die Bank durch Barauszahlung an den Kontoinhaber eine Erfüllungsleistung erbringt. Der Anspruch aus § 670 BGB entsteht hier nicht, solange man nicht bereit ist, auch bei einer Barabhebung eine Auszahlungsweisung im Sinne des § 665 BGB anzunehmen. Das kann jedoch dahinstehen. Denn die Auszahlungsleistung führt nicht zu einem gleichzeitigen Erlöschen der Guthabensforderung. Das würde dem vereinbarten Kontokorrent widersprechen, das eine Verrechnung vorsieht. Die Belastungsbuchung hält zwar nach einer Barauszahlung keinen Anspruch der Bank gegen den Kontoinhaber fest, wohl aber eine Leistung der Bank an diesen (vgl. § 355 HGB). Jedoch enthält die Kontokorrentabrede die Verpflichtung des Kontoinhabers, empfangene Leistungen als Schuldposten anzuerkennen und nicht als eine ungerechtfertigte Bereicherung. Im Ergebnis schuldet der Bankkunde den Ausgleich eines debitorischen Kontos deshalb immer vertraglich. Die Entscheidung des OLG München ist im Ergebnis richtig.

V. Ergebnis

Gutschriften auf Zahlungsverkehrskonten sind in Entstehung und Bestand prinzipiell unabhängig von den zugrundeliegenden Kausalverhältnissen. Ist der Girovertrag des Empfängers nichtig oder unwirksam, so kann der abstrakte Anspruch aus der Gutschrift gleichwohl wirksam entstanden sein. Die forderungsbegründende Abrede steht im Verhältnis zu dem übrigen girovertraglichen Erklärungstatbestand wie ein Erfüllungsgeschäft zum Verpflichtungsgeschäft. Es kommt darauf an, ob der konkrete Mangel sich ausnahmsweise auf die Abrede erstreckt, auf der die Gutschriftsforderung beruht.

Girogutschriften sind als abstrakte Schuldversprechen unabhängig von jedwedem rechtsgeschäftlichen Mangel des

Giroverhältnisses des Absenders der Zahlung zu dessen Bank (Deckungsverhältnis) wirksam. Das gilt namentlich für Mängel des Überweisungsauftrages. Der Überweisungsauftrag ist ein konstitutiver Bestandteil des Deckungsverhältnisses. Der abstrakte Anspruch aus der Gutschrift entsteht unabhängig davon, ob der Überweisungsauftrag unwirksam oder nichtig ist. Denn die Gutschrift wird in einem anderen Rechtsverhältnis erteilt als der Überweisungsauftrag, so daß unabhängige Rechtskreise vorliegen.

Die gegenteilige Auffassung ist mit der abstrakten Natur des Gutschriftsanspruches unvereinbar. Sie widerspricht auch dem Wesen der Gutschriftserklärung, die als eine bedingungsfeindliche, auf Endgültigkeit abzielende Gestaltungserklärung zu begreifen ist. Sie führt schließlich zu einer nicht vertretbaren Einschränkung der Verkehrsfähigkeit von Buchgeld.

Aus der Unabhängigkeit der verschiedenen Giroverträge des Überweisenden einerseits und des Empfängers andererseits ergibt sich weiter, daß ein Widerruf eines schon erteilten Überweisungsauftrages die Entstehung eines abstrakten Zahlungsanspruches aus einer gleichwohl erteilten Gutschrift nicht verhindern kann. Vielweniger vermag eine nachträgliche Anfechtung des Überweisungsauftrages den einmal entstandenen Gutschriftsanspruch des Empfängers zu zerstören.

Die Abstraktion der Gutschrift von den zugrundeliegenden Kausalverhältnissen erfährt kraft der in den Allgemeinen Geschäftsbedingungen (Ziff.4 Nr.3 AGB, Ziff.1 Nr.4 AGBSP) vereinbarten Stornoklausel eine auf Anfechtungssachverhalte begrenzte Einschränkung.

Das Stornorecht beruht auf der ohnehin bestehenden Möglichkeit der gutschreibenden Bank, die Gutschriftserklärung anzufechten. Sie beschränkt das Stornorecht auf solche Gutschriften, die von dem Inhalt des zugrundeliegenden Überweisungsauftrages abweichen. Aus der Rechtsnatur der Stornierungsbuchung als Anfechtungserklärung folgt die weitere Einschränkung, daß die Abweichung durch die gutschreibende Bank unbewußt, d.h. versehentlich erfolgt sein muß (Buchungsversehen). Eine Stornierung ist dagegen ausgeschlossen, wenn eine Bank die erteilte Gutschrift im Hinblick auf einen ihr vorliegenden Überweisungsauftrag erteilen wollte, wie immer der erteilte Auftrag rechtlich zu beurteilen sein mag. Das bedeutet eine Beschränkung des Stornorechts auf vier Fallgruppen, nämlich die, daß eine Bank versehentlich zuviel oder doppelt oder auf falschem Konto bucht oder versehentlich ohne jeden Auftrag eine Gutschrift erteilt hat.

Die Stornoklausel versagt dagegen bei gefälschten, widerrufenen, inhaltlich mißverstandenen, angefochtenen oder sonst unwirksamen oder nichtigen Überweisungsaufträgen.

Wird das Konto infolge der Stornierungsbuchung debitorisch, so hat der Kontoinhaber auf Verlangen der Bank nach der nächsten kontokorrentrechtlichen Saldoziehung das Konto auszugleichen.

Der auf Zahlung gerichtete Ausgleichsanspruch der Bank ist ein vertraglicher Anspruch aus dem konkokorrentlichen Geschäftsvertrag, kein Bereicherungsanspruch. Auf Wegfall einer Bereicherung kann sich der Kontoinhaber nicht berufen. Hat er im Vertrauen auf die Wirksamkeit der stornierten Buchung einen Schaden erlitten, so steht ihm der Anspruch aus § 122 BGB zu.

3. KAPITEL: BEREICHERUNGSAUSGLEICH WEGEN VERTRAGSMÄNGEL IM JEWEILS FEHLERHAFTEN KAUSALVERHÄLTNIS

I. Mängel des Valutaverhältnisses

1. Praktische Fälle

Das Verhältnis zwischen dem Überweisenden und dem Empfänger der Zahlung läßt sich allgemein nicht beschreiben. Man nennt es Zuwendungs- oder Valutaverhältnis. Gewöhnlich hat der Empfänger gegen den Überweisenden eine Geldforderung, die getilgt werden soll. Die Überweisung kann aber auch eine Kreditgewährung oder Schenkung oder Kulanzzahlung zum Gegenstand haben. Sie kann jedem beliebigen Zweck dienen, der durch Zahlung erreichbar ist.

Ein Mangel des Valutaverhältnisses liegt vor, wenn die zu tilgende Forderung nicht besteht, der Empfänger mit der Kreditgewährung nicht einverstanden ist oder die Schenkung bzw. die Kulanzzahlung irrtümlich einer falschen Person gemacht wurde, mithin die Zahlung den mit ihr angestrebten Zweck nicht erreicht hat.

Ein Mangel im Valutaverhältnis liegt auch vor, wenn die zu tilgende Forderung zwar besteht, Erfüllung aber etwa wegen der im bargeldlosen Zahlungsverkehr erforderlichen Erfüllungsstatt-Vereinbarung (§ 364 Abs.2 BGB) oder wegen § 7 KO der Konkursmasse gegenüber[1] nicht eintritt.

2. Bereicherungsausgleich nur zwischen Absender und Empfänger

Wegen eines Mangels im Valutaverhältnis kann nur der Überweisende vom Empfänger kondizieren (§ 812 Abs.1 S.1

---

1) vgl. Böhle-Stamschräder § 7 Anm.6; LG Hamburg MDR 66,338.

1.Alt. BGB). Das ist unstreitig.[2)]

Wirtschaftlich stammt die Gutschrift aus dem Vermögen des Überweisenden. Die Bank erwirbt unabhängig von dem Mangel des Valutaverhältnisses mit der Gutschrift den Anspruch aus § 670 BGB. Für sie ist allein der Überweisungsauftrag maßgeblich. Um den Zweck der Zahlung kümmern sich die Girobanken nicht; sie nehmen den mit der Zahlung verfolgten Zweck nicht einmal zur Kenntnis. Sie sind nur Zahlungsmittler. Ihr Vermögen wird durch die Überweisung wirtschaftlich gesehen nicht berührt.

Dies entspricht auch der Sicht aller Beteiligten. Dem Empfänger soll das vermittelte Geld zukommen aus einem Grunde, der im Verhältnis des Zahlenden zum Empfänger liegt. In diesem Verhältnis soll die Zahlung abgerechnet werden.

War der Empfänger mit einer Buchgeldzahlung nicht einverstanden und verlangt er nach wie vor Bargeld, so muß zurücküberwiesen werden. Auch in diesem Fall kann der Überweisende sich nicht an die gutschreibende Bank halten. Vielmehr darf diese die Rücküberweisung nur veranlassen, wenn sie vom erkannten Empfänger einen entsprechenden Auftrag erhält.

Ausnahmsweise anders wollte v. Godin[3)] entscheiden, wenn die Empfangsbank die Fehlüberweisung mit einem Sollsaldo des Empfängers verrechnet hat und der Empfänger zahlungsunfähig ist. Dem zahlenden Absender wäre in einem solchen Fall geholfen, wenn er sich an die Bank halten könnte,in deren Vermögen sich der überwiesene Betrag im Ergebnis befindet. Ein Durchgriff des Absenders auf die Empfangsbank

---

2) vgl. Palandt-Thomas § 812 Anm.5b; Larenz Schuldrecht II § 68 Ia; Canaris Anh.C nach § 357 HGB Anm.213 m.w.N.

3) v.Godin in Großk. HGB 2.Aufl. Anh.I nach § 365 Anm.39(3).

ist jedoch auch in einem solchen Falle nicht interessengerecht.[4] Der Bank steht der Zugriff auf den überwiesenen Betrag zu, weil sie kraft des Kontokorrentvertrages mit dem Empfänger ihre Forderungen gegen ihn mit eingehenden Beträgen verrechnen darf (s. auch Nr.19/2 AGB). Mit der Gutschrift ist das Geld rechtlich aber in das Vermögen des Empfängers geflossen. Es ist die pfandgleiche Sicherungsfunktion des Kontokorrents, die die Bank hier in Anspruch nimmt. Der Absender kann sich an die Empfangsbank ebensowenig halten, wie er sich bei einer Barzahlung an den Gläubiger einer Kassenpfändung halten könnte. Überhaupt zeigt die Parallele zum Barzahlungsverkehr, daß die von v.Godin vertretene Ansicht zu einer ungerechtfertigten Verlagerung des Konkursrisikos auf die Empfangsbank führen würde. Bei einer Barzahlung auf eine nicht bestehende Schuld bekäme der Putativschuldner auch nur die Konkursquote, während umgekehrt die Bank das vom Schuldner bei ihr eingezahlte Sachgeld nicht an den Absendenden herauszugeben brauchte.

3. Dogmatische Begründung

So einleuchtend die Beschränkung des Bereicherungsausgleiches wegen Mängel im Valutaverhältnis auf dieses Verhältnis ist, so hat doch ihre dogmatische Begründung stets Schwierigkeiten bereitet. Sie rühren daher, daß an dem Überweisungsvorgang nicht nur zwei oder drei, bei der außerbetrieblichen Überweisung sogar noch weitere Personen beteiligt sind. Die §§ 812 ff BGB sind mit Ausnahme von §§ 816 und 822 BGB auf Zweipersonenverhältnisse zugeschnitten.

---

4) vgl. Schlegelberger-Hefermehl Anh. § 365 Anm.61; Canaris BB 1972,774(775); König S.32ff; OLG Hamm WM 1964,259; BGH WM 1970,191; Schönle § 32 II c m.w.N. aus der älteren Rsp.

a) Die ältere Bereicherungslehre

Die Begründung der älteren Bereicherungslehre für das gefundene Ergebnis lautet, daß die Gutschrift der Bank auf dem Konto des Empfängers eine Entreicherung des Überweisenden und zugleich eine Bereicherung des Empfängers bewirkt habe. Zwischen diesen beiden Personen habe eine unmittelbare Vermögensverschiebung durch eine mittelbare Zuwendung stattgefunden. Diese sei mangels eines Anspruches des Empfängers gegen den Überweisenden ohne Rechtsgrund erfolgt.

Die ältere Bereicherungslehre kannte nur einen einheitlichen Bereicherungsanspruch des § 812 Abs.1 S.1 BGB. Man machte ihn von vier Voraussetzungen abhängig[5]: Eine "Bereicherung" muß "unmittelbar" und "ohne Rechtsgrund" auf eine "Entreicherung" zurückzuführen sein. Unter diesen Voraussetzungen kann nach der älteren Bereicherungslehre der Entreicherte beim Bereicherten kondizieren.

Schwierigkeiten bereitete das Merkmal der Unmittelbarkeit in solchen Fällen, in denen ein Dritter an dem Bereicherungsvorgang beteiligt war. Einerseits hatte man erkannt, daß in bestimmten Dreiecksverhältnissen - z.B. in Anweisungslagen mit fehlendem Valutaverhältnis - Bereicherungsansprüche gerade zwischen solchen Beteiligten zu gewähren sind, zwischen denen eine nach allgemeinem Sprachgebrauch unmittelbare Vermögensverschiebung nicht vorliegt. Andererseits konnte man das von Rechtsprechung und Lehre im Anschluß an die Motive[6] entwickelte Erfordernis der Unmittelbarkeit der Bereicherung auch nicht teilweise außer Kraft setzen. Man benötigte es, um den Durchgriff bei Be-

---

5) Die Merkmale "Entreicherung" und "unmittelbar" werden nicht selten mit den im Gesetz verwandten Worten "auf Kosten" zusammengefaßt; vgl. Fikentscher § 99 II 1b.

6) Mugdan 2 S.463.

reicherungsketten, also die Inanspruchnahme eines Dritten, an den der ursprünglich Bereicherte den Bereicherungsgegenstand weitergegeben hat, zu verhindern.[7] Ob ein Dreiecksverhältnis oder eine Bereicherungskette vorliegt, wurde mit der Formel von der Einheitlichkeit des Bereicherungsvorganges geprüft.[8] Nach dieser Formel ist ein Dreiecksverhältnis gegeben, wenn trotz der Vermittlung durch einen Dritten ein einheitlicher Vorgang auf der einen Seite einen Gewinn und auf der anderen Seite einen Verlust bewirkt hat oder, wie Larenz[9] es ausdrückt, wenn sich eine Vermögensbewegung gleichsam durch das Vermögen eines Dritten hindurch, aber eben durch einen einzigen Akt vollzogen hat. In solchen Fällen sprach man von einer "mittelbaren" Zuwendung, auch von einer "indirekten Leistung" oder einer "im Rechtssinn unmittelbaren Vermögensverschiebung". Zur Erläuterung der Begriffe führte schon die ältere Bereicherungslehre aus, man müsse zwischen bloßen Zuwendungen und Leistungen unterscheiden. Auch wenn eine äußerlich in Erscheinung tretende Zuwendung an einen Dritten erfolge, so könne damit doch gleichzeitig eine Leistung unmittelbar an den Bereicherten erbracht worden sein.[10] Diese Voraussetzungen sah man im Giroverkehr gewahrt. Die Einheitlichkeit des Bereicherungsvorganges wurde freilich immer wieder anders begründet. Sie sei gegeben, weil der überweisende Girokunde infolge der von ihm erteilten Ermächtigung an die Verfügungen, die die Bank über sein Konto treffe, "schlechthin gebunden sei".[11] Es

---

7) vgl. v.Caemmerer JZ 1962,385(388); Fikentscher aaO.

8) RGZ 130,310; BGH NJW 1952,1171; BGH JZ 1962,404 mit Anm. von v.Caemmerer aaO.; zuletzt wohl BGHZ 36,31 und 46,26; eingehend Enneccerus-Lehmann, Schuldrecht 15.Bearbeitung § 221 III 2; noch heute Palandt-Thomas § 812 Anm.5 B.

9) Larenz, Schuldrecht II 7.Aufl. § 62 II B.

10) RGZ 87,39; 119,335; JW 1931,2754.

11) König S.40 und die Beispiele bei Kunisch S.51.

bedürfe nicht noch eines besonderen Übertragungsaktes, um die Rechtswirkungen, die die Bank durch ihre Geldgeschäfte hervorrufe, auf den Anweisenden zu übertragen.[12] Schoele[13] spricht schlicht von einer "Forderungsverschiebung durch die Umbuchung". Eingehender ist die Begründung von Enneccerus-Lehmann[14]: "Die Leistung durch den Angewiesenen an den Anweisungsempfänger bewirke gleichzeitig beim Empfänger einen Gewinn und belaste den Anweisenden mit einer Erstattungspflicht." Oft wird auch bewußt auf eine exakte Begründung verzichtet, indem man es bei einer praktisch wirtschaftlichen Beurteilung bewenden läßt. So heißt es noch heute bei Palandt-Thomas[15]: "Indem D (Bank) an B (Empfänger) die Leistung übermittelt, geschieht dies unmittelbar zu Lasten des A (Überweisenden), da sein Vermögen(Konto) hierdurch belastet wird".

Im Jahre 1960 hat der Bundesgerichtshof[16] eine gänzlich andere Begründung für das Tatbestandsmerkmal der Unmittelbarkeit entwickelt. Er hat erstmals entscheidend auf die kausalen Rechtsbeziehungen der Beteiligten abgestellt. Wenn eine Leistung nach dem Willen der Beteiligten ihren Rechtsgrund in einem tatsächlich unmittelbar zwischen Leistendem und Empfänger bestehenden Rechtsverhältnis finden soll, soll nur eine nach allgemeinem Sprachgebrauch unmittelbare Vermögensverschiebung in Betracht kommen. Voraussetzung für eine unmittelbare Vermögensverschiebung durch mittelbare Leistung soll dagegen sein, daß eine Leistung ihren

---

12) Kölzer S.35.

13) Schoele, Recht der Überweisung S.25.

14) Enneccerus-Lehmann, Schuldrecht § 221,1.

15) Palandt-Thomas § 812 Anm.5 B cc; vgl. auch Schlegelberger-Hefermehl aaO. Rdz.61.

16) BGH v.24.2.1960 in JZ 1962,404 (dazu v. Caemmerer ebenda S.385).

Rechtsgrund in Beziehungen eines Beteiligten zu einem Dritten finden soll. Damit hat der BGH eine Wende eingeleitet, indem er im Bereicherungsrecht auf den Willen der Beteiligten entscheidend abgehoben hat. Bezieht man diesen Gedanken auf die Bankgiroüberweisung, so lautet die Begründung für das oben gefundene Ergebnis bei einem Mangel im Valutaverhältnis: Die Gutschrift der Bank auf dem Konto des Empfängers hat eine Entreicherung des Überweisenden und zugleich eine Bereicherung des Empfängers bewirkt. Es handelt sich dabei um eine unmittelbare Vermögensverschiebung durch eine mittelbare Leistung, weil sie nach dem Willen der Beteiligten in dem Verhältnis des Überweisenden zum Empfänger ihren Rechtsgrund finden soll.

b) Die neuere Bereicherungslehre

In bewußter Anlehnung an den Wortlaut des Gesetzes sieht man in der Vorschrift des § 812 Abs.1 S.1 BGB nicht mehr nur eine einheitliche Anspruchsgrundlage wie die ältere Bereicherungslehre, sondern mindestens zwei verschiedene. Die Leistungskondiktion wird von der Kondiktion wegen Bereicherung in sonstiger Weise (Eingriffskondiktion) unterschieden. Überwiegend wird heute sogar angenommen, die Vorschrift des § 812 Abs.1 S.1 BGB enthalte eine Mehrzahl von Anspruchsgrundlagen. Der zweiten Alternative des § 812 Abs. 1 S.1 BGB wird generalklauselartige Bedeutung zugesprochen.[17] Die Leistungskondiktion steht demjenigen zu, der geleistet hat. Sie richtet sich gegen den Empfänger der Leistung. Leistungskondiktion bedeutet Rückabwicklung im Leistungsverhältnis.[18] Eine Leistung im bereicherungsrechtlichen Sinn ist im Gegensatz zur bloßen Zuwendung eine b e w u ß t e und z w e c k g e r i c h t e t e Mehrung

---

17) vgl. Fikentscher § 99 I; Medicus § 27 I; Esser, Schuldrecht Bd.2 § 101 I 2; Larenz § 68 I m.w.N.

18) so Larenz aaO. m.w.N.; Medicus aaO.

fremden Vermögens.[19] Wer zuwendet, ohne selbst eine Zweckbestimmung zu treffen, leistet nicht. Man nennt ihn, im Gegensatz zu dem Leistenden, den "Zuwendenden" oder wohl besser den "Leistungsmittler".[20] Wer Leistender ist und deshalb als Gläubiger eines Bereicherungsanspruchs in Frage kommt, richtet sich nach der neueren Bereicherungslehre nach der zwischen den Beteiligten getroffenen Zweckvereinbarung. Auf das Merkmal der Unmittelbarkeit verzichtet die moderne Lehre auch im Dreieckspersonenverhältnis ganz. Sie braucht die Konstruktion der indirekten unmittelbaren Leistung nicht mehr, da sie die am Bereicherungsanspruch beteiligten Partner durch die Zweckbestimmung der Leistung aufeinander zuweist. Die formale Einschaltung dritter Vermögen wird belanglos.[21] Indem die Zweckvereinbarung in den Mittelpunkt der Prüfung rückt, knüpft die neuere Bereicherungslehre wie bei der Inhaltsbestimmung eines wirksamen Vertrages an den zum Ausdruck gekommenen Parteiwillen an. Sie fragt, welcher Zweck nach den Vorstellungen der Betroffenen den Vermögenserwerb rechtfertigen soll. Typische Leistungszwecke sind die Erfüllung oder Begründung einer Verbindlichkeit oder auch eine Schenkung.[22]

Die Zweckerreichung stellt den Rechtsgrund (äußere causa) für das Behaltendürfen der Leistung dar. Nur eine Zweckverfehlung löst den Bereicherungsanspruch aus. Für die Frage

---

19) vgl. Esser aaO. im Anschl. an Wilburg: Die Lehre von der ungerechtfertigten Bereicherung, 1934, S.12ff; allg. zur Lehre von der Leistungskondiktion Kötter, AcP 153,194; Scheying AcP 157,132; Berg AcP 160,507; Rothoeft AcP 163,223; Larenz aaO.; Soergel-Mühl § 812 Anm.2; Palandt-Thomas § 812 Anm.2; v.Caemmerer, Festschrift für Rabel I S.333ff; seit BGHZ 40,277 std.Rsp.; vgl. BGH NJW 1974,1132.

20) Medicus § 27 I 5b; Beuthien JZ 1968,232; s.aber auch Larenz, Schuldrecht § 68 I a.

21) s. Fikentscher und Medicus aaO.; eingehend H.P.Westermann JuS 1968,21.

22) vgl. Esser, Schuldrecht Bd.2 § 101 II.

nach dem maßgeblichen Rechtsgrund muß festgestellt werden, welchem Rechtsgrundgeschäft (Kauf, Miete, Darlehen als innere causa) die Parteien eine Vermögensverschiebung zugeordnet haben.[23)] Der maßgebliche Zweck ergibt sich in der Regel von selbst durch die typische Richtung der Zuwendung auf ein bestimmtes Rechtsgrundgeschäft[24)]. So ist im Giroverkehr allen Überweisungsbeteiligten klar, daß die beauftragte Bank stets nur eine Zahlung ihres Auftraggebers vermittelt und nicht selbst zahlt, wenn man einmal von Eigengeschäften der Bank absieht. Die Gutschrift ist Leistung des Auftraggebers an den Kontoinhaber; die Einlösung eines Schecks ist Leistung des Ausstellers an den Empfänger. Dieser entnimmt dem Überweisungsträger (Scheck), mit wem er die Zahlung zu verrechnen hat. Der Grund für die Endgültigkeit des Empfangs sucht er von vornherein seinem Verhältnis zu dem Absender der Zahlung, nicht etwa in seinem Verhältnis zur gutschreibenden Bank. Die Bank erklärt sich zu dem Zweck der Zahlung nicht. Sie trifft auch keine Tilgungsbestimmung bezüglich des Valutaverhältnisses. Ein Fall des § 267 BGB liegt im Überweisungsverkehr nicht vor.[25)]

Bestand das Valutaverhältnis ,etwa die zu erfüllende Kaufpreisforderung,nicht, dann kann allein der überweisende Schuldner beim Empfänger kondizieren, weil der zwischen ihnen vereinbarte Zweck nicht erreicht wurde.

Streitfragen ergeben sich von der neueren Bereicherungslehre her dort, wo der Konsens über die Zuordnung von Vermögensbewegungen zu bestimmten Rechtsgrundverhältnissen nicht zustande gekommen ist. Es ist streitig, ob es dann auf die Sicht des Leistenden oder auf die Sicht des Empfängers ankommt.[26)] Damit hängt auch eng die Frage

---

23) zur Causa-Lehre speziell H.P.Westermann, Die Causa S.180ff; ferner Lorenz JuS 1968,441.

24) vgl. Larenz, Schuldrecht Bd.2 § 68 I a; BGH NJW 1972, 864.

25) vgl. Möschel aaO.

26) dazu unten S. 141,172,205ff.

zusammen, ob das Merkmal der Entreicherung des Bereicherungsgläubigers von Bedeutung ist. Einige Autoren[27)] vertreten nach wie vor die Ansicht, aus § 812 Abs.1 S.1 BGB könne nur vorgehen, auf dessen Kosten ein anderer etwas erlangt habe. Schließlich ist das Verhältnis von Leistungs- und Eingriffskondiktion nicht unstreitig.[28)]

Auf alle diese Streitfragen kommt es aber im Giroverkehr nicht an, wenn es um den Bereicherungsausgleich wegen eines Mangels im Valutaverhältnis geht, sofern die Überweisung sonst in Ordnung ist. Der Empfänger ist hier auch auf Kosten des Absenders bereichert, weil die gutschreibende Bank unabhängig von dem Mangel im Valutaverhältnis über § 670 BGB bei ihm Rückgriff nimmt. Eine Eingriffskondiktion der Bank scheidet aus dem gleichen Grunde aus.

c) Stellungnahme

Sowohl nach der älteren als auch nach der neueren Bereicherungslehre steht fest, daß im Giroverkehr wegen eines Mangels im Valutaverhältnis nur der Absender einer Zahlung einen Bereicherungsanspruch erwirbt, der sich gegen den Zahlungsempfänger richtet. Der Arbeit wird im folgenden die neuere Bereicherungslehre zugrundegelegt.

Die Begründung der neueren Bereicherungslehre zeichnet sich zunächst durch ihre bemerkenswerte Kürze aus. Sie besteht allein darin, daß die Gutschrift auf dem Konto des Empfängers eine L e i s t u n g des Absenders ist, die den ihr beigelegten Zweck verfehlt hat. Gleichwohl ist die Überzeugungskraft dieser Begründung stärker als die der älteren Bereicherungslehre, weil sie ausdrücklich auf die Vorstellung der Beteiligten über den wirtschaftlichen Sinn der Gutschrift abstellt. Vor allem vermeidet sie die Unsicherheiten, die der älteren Bereicherungslehre in dem Merkmal der Unmittelbarkeit anhaftet. Angesichts der zu-

---

27) Wilhelm, Rechtsverletzung S.100(109); ders. JuS 1973,1; Flume, JZ 1962,282; teilweise auch Fikentscher § 99 II 1b.

28) dazu unten S.141,169ff.

nehmenden Einschaltung Dritter und weiterer Vermögen in ein und denselben wirtschaftlichen Vorgang drängt sich die Einsicht auf, daß der tatsächliche Leistungsweg allein über Existenz und Inhalt von Bereicherungsansprüchen nicht entscheiden kann. Gerade der bargeldlose Zahlungsverkehr als die wohl verbreitetste Erscheinung einer arbeitsteiligen Leistungsabwicklung macht deutlich, daß die wirtschaftliche Betrachtung der Beteiligten den Ausschlag geben muß. Trotz des Umweges über mehrere Bankenvermögen handelt es sich um eine einzige Zahlung. Sie wird, wirtschaftlich gesehen, vom Überweisenden dem Empfänger erbracht und soll in diesem Verhältnis Wirkung entfalten.

Die Giroüberweisung als Beispiel zeigt, daß die ältere Bereicherungslehre die Bereicherungshaftung in Abhängigkeit bringt zur juristischen Konstruktion der abzuwickelnden Vermögensverschiebung. Das bedingt das Merkmal der Unmittelbarkeit. Der sachenrechtliche Weg einer Vermögensverschiebung sagt aber über die Lage von Bereicherungsansprüchen wenig aus. Das Merkmal der Unmittelbarkeit ist in Wahrheit nur geeignet, Bereicherungsansprüche zu begrenzen, nicht, sie zu begründen.

Die ältere Bereicherungslehre sieht sich praktisch zwei Abgrenzungsproblemen gegenüber, die sie nicht befriedigend lösen konnte. Einmal bleibt es schwierig, die Fälle der "unmittelbaren Vermögensverschiebung durch mittelbare Zuwendung" von den sogenannten Bereicherungsketten zu unterscheiden. Zu diesem Zwecke war das Merkmal der Unmittelbarkeit aber gerade entwickelt worden. Durch die Anerkennung mittelbarer Zuwendungen als mittelbare Vermögensverschiebungen droht die Unterscheidungskraft dieses Tatbestandsmerkmals wieder verloren zu gehen.[29]

Die Formel von der Einheitlichkeit des Bereicherungsanspruchsvorganges ist oft nur durch Ausweichen auf eine wirtschaftliche Betrachtungsweise brauchbar. Die Erkenntnis,

---

29) zur Kritik der älteren Bereicherungslehre eingehend Kunisch S.24 ff.

daß eine Leistung durch ihren Zweck gekennzeichnet ist, wird ernsthaft nicht mehr bestritten.[30] Die innere Rechtfertigung der neueren Bereicherungslehre sehe ich darin, daß sie den schuldrechtlichen Beziehungen, wie die Betroffenen sie sich gedacht haben, in der Rückabwicklungsphase eines durchgeführten Geschäftes maßgebliche Bedeutung beläßt. Dadurch sichert sie der Privatautonomie noch im Bereicherungsrecht den ihr zukommenden Primat.

II. Mängel des Deckungsverhältnisses (Vertrags- und Deckungsmängel)

1. Praktische Fälle

Im Verhältnis des Überweisungsauftraggebers zur beauftragten Bank sind zunächst Mängel des Girovertrages und Deckungsmängel zu unterscheiden. Typische (Abschluß-)Mängel des Girovertrages wurden bereits im vorigen Kapitel genannt.[31] In diese Gruppe gehört auch der viel erwähnte Postanweisungsfall, den das Reichsgericht[32] zu entscheiden hatte. Ein Postbeamter hatte seine Gläubiger durch von ihm selbst ausgestellte und eingereichte Überweisungen befriedigt, ohne überhaupt ein Postscheckkonto zu unterhalten. Canaris[33] spricht in solchen Fällen von "völligem Fehlen eines Deckungsverhältnisses". Das Fehlen eines zuvor vereinbarten Dienstvertrages (Girovertrag) hat angesichts des wirksam erteilten Auftrages praktisch nur wenig Konsequenzen. Kraft des Auftrages erwirbt die Bank wie nach dem Abschluß eines wirksamen Girovertrages für die

---

30) vgl. Weitnauer, NJW 1974,1729.

31) s.S. 77.

32) RGZ 60,29: Das Reichsgericht hat die Bereicherungsklage der Post gegen den empfangenden Gläubiger im Ergebnis zu Recht abgewiesen und dabei auf die im Valutaverhältnis eingetretene Erfüllung abgestellt. Die Zahlung durch die Post wirke wie eine Leistung durch den Schuldner selbst.

33) Canaris Anh.C nach § 357 HGB Anm.223; ders. in BB 1972,774(776).

erteilte Gutschrift den Anspruch aus § 670 BGB. Außerdem kann sie für geleistete Dienste über §§ 675, 612 die übliche Vergütung in Form von Gebühren verlangen.[34]

Folgenschwerer ist dagegen ein Deckungsmangel. Nach dem Inhalt des Girovertrages führt das Kreditinstitut Aufträge nur bei vorhandener Deckung oder aufgrund einer Kreditrichtlinie aus. Fehlt ein die Überweisung deckendes Guthaben, dann muß die Bank, die den Deckungsmangel versehentlich oder bewußt unbeachtet ließ, notfalls ihren Anspruch auf Aufwendungsersatz aus § 670 BGB einklagen. Nicht anders liegt es, wenn das Guthaben des Auftraggebers zugunsten Dritter gepfändet ist oder einer Vermögenssperre[35] unterliegt. Dann kann die Bank auf das Guthaben nicht zugreifen und erlangt für die Gutschrift keinen entsprechenden Gegenwert. In solchen Fällen taucht für die Bank die Frage auf, ob sie sich nicht stattdessen an den Empfänger der Gutschrift halten kann. Mangels bei ihr eingegangener Deckung war sie ihm gegenüber zur Gutschrift nicht verpflichtet. Sie könnte der praktisch unangenehmen Klagelast entgehen, wenn sie das Empfängerkonto einfach mit einer entsprechenden Sollbuchung (§ 812 BGB) belasten könnte. Daran wird sie besonders interessiert sein, wenn bei ihrem Auftraggeber nichts zu holen ist.

Andere Probleme entstehen, wenn der Überweisungsauftrag fehlerhaft ist. Fehlt ein wirksamer Überweisungsauftrag, dann erwirbt die Bank für gleichwohl erteilte Gutschriften keinen vertraglichen Ersatzanspruch gegen den Auftraggeber. Die nicht wirksam beauftragte Bank kann nur über das Bereicherungsrecht einen Anspruch gegen den vermeintlichen Auftraggeber haben. Es entsteht aber die Frage, ob dieser durch die Gutschrift zugunsten eines Dritten überhaupt etwas erlangt hat. War der Gutschriftsempfänger Gläubiger des unwirksam Anweisenden, so könnte dieser Befreiung von

---

34) vgl. Palandt-Thomas § 675 Anm.4.

35) Beispiel in BGH WM 1955,1473.

seiner Verbindlichkeit erlangt haben. Indes verbirgt sich hinter dieser Annahme ein streitiges Erfüllungsproblem.

Einige nehmen an, bei Fehlen eines wirksamen Überweisungsauftrages trete im Valutaverhältnis Erfüllung nicht ein.[36] Der Mangel des Überweisungsauftrages sei deshalb nicht ein Mangel des Deckungsverhältnisses, sondern von vornherein anders zu behandeln.

Jedoch ist der Überweisungsauftrag nicht vom Deckungsverhältnis zu trennen, sondern vielmehr das wesentliche Element in diesem Verhältnis.[37] Mit dieser mehr begrifflichen Einordnung soll jedoch nicht gesagt sein, daß Mängel des Überweisungsauftrages grundsätzlich gleich zu behandeln wären wie die anderen genannten Mängel des Deckungsverhältnisses.

Wegen der ganz anders gelagerten Problematik werden im folgenden zunächst nur die Vertragsmängel einschließlich der Deckungsmängel im Verhältnis der beauftragten (bezogenen) Bank zu dem Auftraggeber behandelt. Die Mängel des Überweisungsauftrages werden darauf aufbauend im nächsten Kapitel dargelegt.

2. Ausgleich allein zwischen dem Überweisenden und der von ihm beauftragten Bank

Es ist unstreitig, daß Deckungsmängel und andere Mängel des Girovertrages zwischen Auftraggeber und beauftragter Bank nie zur Kondiktion der Bank gegen den Empfänger führen. Sie lassen allein einen auf das Deckungsverhältnis beschränkten Ausgleich zu.

Das folgt einmal aus der Unabhängigkeit der Giroverträge, zum anderen daraus, daß diese nur Dienstleistungspflichten der Bank begründen, nicht Zahlungspflichten.

---

36) Canaris in BB 1972,774 Fußn.1; ähnl. Lorenz JuS 1968,441(447).

37) vgl. oben S. 98.

Für die Kondiktion erteilter Gutschriften besteht auch keine Veranlassung, wenn die Bank aus dem Guthaben des Kunden trotz des Girovertragsmangels Deckung erlangt hat. Nichtigkeit oder Unwirksamkeit des Girovertrages bedeutet nur, daß die Bank nicht verpflichtet ist, Weisungen des Kunden auszuführen. Führt sie einen Überweisungsauftrag dennoch aus, so erwirbt die Bank für die Gutschrift einen Ersatzanspruch aus § 670 BGB, sofern nur der Überweisungsauftrag als solcher wirksam erteilt ist.

So führt auch eine Anfechtung des Girovertrages (etwa nach § 123 BGB wegen arglistiger Täuschung über die Höhe der Gebühren und Sollzinsen) nicht dazu, daß dem Anspruch aus schon erteilten Gutschriften die Einrede der ungerechtfertigten Bereicherung (§ 821 BGB) entgegengehalten werden könnte. Die Anfechtung des Girovertrages führt aber auch nicht zu einem nachträglichen Wegfall der Deckung, da sie weder schon erteilte Überweisungsaufträge noch die Guthabensforderung des anfechtenden Kunden ergreift. Die Anfechtung wirkt sich nur bei der Abrechnung des Kontos aus, wenn es um die Höhe der Vergütung und die Art der Verrechnung geht. Dritte als Empfänger von Gutschriften haben damit nichts zu tun.

Anders als bei Mängeln des Girovertrages könnte die beauftragte Bank wegen fehlender Deckung auf dem Konto des Auftraggebers berechtigt sein, beim Empfänger zu kondizieren, wenn sie diesem trotz fehlender Deckung versehentlich eine Gutschrift erteilt hat. Indes ist zu bedenken, daß der Deckungsmangel den Anspruch der ausführenden Bank auf Ersatz (§ 670 BGB) nicht berührt. Eine Kondiktion gegen den Begünstigten würde nur eine zusätzliche Regreßmöglichkeit gegen den Dritten als Empfänger bedeuten.[38] Das allein schon legt es nahe, der Bank die Kondiktion gegen den Empfänger zu versagen. Die Drittempfängerkondiktion ist zu versagen aus folgenden Erwägungen:

---

38) vgl. Möschel aaO. S.302.

a) Wäre der Überweisungsempfänger der Kondiktion der beauftragten Bank ausgesetzt, so würde er von dem Mangel eines Rechtsverhältnisses betroffen, an dem er nicht beteiligt ist. Eine derartige Risikoverteilung wäre umso fragwürdiger, als er an der Deckungsprüfung, die der ausführenden Bank obliegt, nicht teilhaben kann. Der Deckungsmangel stammt aus der Sphäre der Bank, um die sich der Empfänger nicht zu kümmern braucht.[39]

b) Insbesondere geht es um eine vertragsgemäße Verteilung des Konkursrisikos. Dieses soll den Partnern des fehlerhaften Kausalverhältnisses auferlegt bleiben. Eine Kondiktion der Bank gegen den Empfänger würde bedeuten, daß die Bank von dem Risiko einer Insolvenz ihres Auftraggebers entlastet und dies auf den Empfänger verlagert würde.

Das wäre allein deshalb nicht vertretbar, weil die Bank, die den Deckungsmangel übersehen hat, mit der Gutschrift ihrem Auftraggeber bewußt oder unbewußt Kredit gewährt. Das damit entstandene und von ihr selbst geschaffene Risiko hat sie auch selbst zu tragen.[40]

c) Entscheidend ist schließlich, daß die gutschreibende Bank dem Empfänger gegenüber mit der Gutschrift nicht nur eine kausale Verpflichtung zur Herausgabe (§ 667 BGB), sondern eine abstrakte Zahlungsverpflichtung (780 BGB) ausdrücklich übernommen und damit auf Einwendungen aus ihrer Deckungsbeziehung dem Empfänger gegenüber verzichtet hat. Die Kondiktion der Gutschrift wegen fehlender Deckung würde die damit geschaffene Risikoverteilung unterlaufen.[41]

Zwar erklärt die vereinbarte Abstraktion des Anspruches aus der Gutschrift das Verbot der Durchgriffskondiktion noch nicht ganz. Denn nach § 812 Abs.2 BGB ist ein abstrak-

---

39) vgl. H.P.Westermann JuS 1968,21; Canaris Festschrift für Larenz S.799(802); Ulmer AcP 126,143(165).

40) vgl. statt aller Canaris aaO. S.799(803) u. die dort in Fußn. 15 Genannten.

41) vgl. statt aller Meyer-Cording S.48.

tes Schuldversprechen grundsätzlich kondizierbar; § 821 BGB ist auch auf den abstrakten Anspruch aus der Gutschrift anwendbar. Jedoch kommt es bei der Rückforderung abstrakter Leistungen darauf an, welchen Sinn und Zweck die Abstraktion nach dem Willen der Beteiligten haben soll.[42] Die Kondiktion ist keineswegs immer begründet, wenn irrtümlich etwas Falsches anerkannt wurde. Sollte beispielsweise die Abstraktionsvereinbarung den Sinn haben, für die Zukunft einen Streit zu beenden, um eine klare Rechtslage zu schaffen, so kann ein abstraktes Schuldanerkenntnis auch dann nicht kondiziert werden, wenn sich später herausstellt, daß die anerkannte Schuld in Wahrheit nicht bestand.

Im bargeldlosen Zahlungsverkehr hat die Abstraktion den Sinn, dem Empfänger möglichst bargeldgleiche Sicherheit zu gewährleisten. Niemand könnte sich auf eine Girozahlung einlassen, wenn deren Endgültigkeit davon abhinge, in welchem Zustand sich das Konto des zahlenden Schuldners befindet. Der Empfänger soll mit der Frage, ob Deckung vorhanden ist, nichts zu tun haben. Die Verkehrsfähigkeit der Girozahlung beruht gerade darauf, daß allein die Bank für die Deckung sorgt und mit der Gutschrift den Empfänger vom Risiko einer Insolvenz seines Schuldners freistellt. Der Empfänger hätte dieses Risiko nach einer Barzahlung durch den Schuldner auch nicht weiter zu tragen.

3. Dogmatische Begründung

Die dogmatische Begründung bereitet auch hier Schwierigkeiten.

a) Die ältere Bereicherungslehre

Die Begründung der älteren Bereicherungslehre für den Ausschluß eines Bereicherungsanspruches der Bank gegen den Empfänger wegen Mängel des Deckungsverhältnisses lautet

---

42) s. Palandt-Thomas § 812 Anm.26.

einfach, daß der Empfänger nicht bereichert ist.[43] Bei ihm, so wird angenommen, gleichen sich der Verlust der Forderung gegen den Zahlungsauftraggeber und der Wert der von der Bank vollzogenen Zuwendung aus. Der Empfänger erhalte nicht mehr, als ihm zukomme. Mit dieser Begründung hat das Reichsgericht in dem soeben erwähnten Postanweisungsfall[44] die Klage der Post abgewiesen. Diese Begründung beruht auf einer Verbindung der Merkmale "etwas erlangt" und "ohne Rechtsgrund".

Die Schwäche einer solchen Argumentation wird deutlich, wenn man sich den Zahlungsauftraggeber als insolvent und überschuldet vorstellt. Die durch Erfüllung verlorene Forderung des Empfängers ist dann wirtschaftlich weitaus weniger wert gewesen, als die von der Bank mit der Gutschrift begründete abstrakte Forderung.[45] Eine Entreicherung auf Seiten der Bank ist nicht zu leugnen.

Die auf dem Boden der älteren Bereicherungslehre gewachsenen Begründungen sind jedoch, wie schon hervorgehoben, nicht einheitlich.[46]

Es wird auch argumentiert, die Gutschrift der Bank sei nicht ohne Rechtsgrund erfolgt. In diesem Sinne hat das Reichsgericht[47] ausgeführt, die irrige Annahme der Bank, sie sei einem Auftraggeber gegenüber zur Leistung an einen Dritten verpflichtet, berühre den rechtlichen Grund der Leistung nicht. Diese Auffassung geht davon aus, daß der Rechtsgrund für die Leistung in den Beziehungen des Anweisenden zu dem Anweisungsempfänger der Leistung zu suchen ist. An anderer Stelle betont das Reichsgericht[48], "der

---

43) vgl. RG JW 32,735 und König S.5ff(9); OLG Naumburg in Seuff.Arch. 69 Nr.103; dazu kritisch Kunisch S.51.

44) RGZ 60,24(29); zustimmend Westermann, Die causa S.227 und Möschel S.303.

45) vgl. Medicus I 27 II 1.

46) vgl. S. 126.

47) RG JW 32,735 r.Sp. unten.

48) RG in Seuff.Arch. 86,325.

Untergang des Anspruchs des Empfängers gegen den Überweisenden bilde den Rechtsgrund für die Leistung der Bank".

Diese Begründung stimmt insofern mit der zuvor wiedergegebenen Argumentation überein, als wiederum der Anspruch im Valutaverhältnis derjenige Umstand ist, der die Kondiktion der Bank gegen den Empfänger ausschließen soll. Unbefriedigend ist an ihr jedoch, daß der Empfänger, wenn auch unausgesprochen, als auf Kosten der Bank bereichert angesehen wird, die entreicherte Bank aber gleichwohl nicht kondizieren darf, obwohl sie zu der Leistung nicht verpflichtet war. Es kommt hinzu, daß der Anspruch des Empfängers sich gegen den Überweisenden und nicht gegen die gutschreibende Bank richtet.

Die Gegenüberstellung der verschiedenen Begründungen macht wiederum deutlich, daß die ältere Bereicherungslehre die Fortwirkung der schuldrechtlichen Beziehungen der Beteiligten in der Bereicherungsebene nicht hinreichend erklären konnte. Indem man von der Entreicherung des Bereicherungsgläubigers ausging, verstellte man sich den Blick für die Frage nach dem maßgeblichen Rechtsgrund. Das Gesetz gibt nicht irgendeinem Entreicherten den Bereicherungsanspruch, sondern verpflichtet denjenigen, der etwas ohne rechtfertigenen Grund erlangt hat, zur Herausgabe.[49] Diesen Ansatz des Gesetzes verwirklicht die neuere Bereicherungslehre.

b) Die neuere Bereicherungslehre

Sie versagt derBank den Durchgriff auf den Empfänger wegen Mängel im Deckungsverhältnis mit der Begründung, daß die Bank nicht dem Empfänger, sondern an den Überweisenden geleistet habe. Der Empfänger habe den gutgeschriebenen Betrag vielmehr durch Leistung des Überweisenden erhalten, da mit der Gutschrift allein im Valutaverhältnis ein rechtlicher Z w e c k verfolgt werde. Diese Leistung schließe

---

49) Scheyhing AcP 157,371.

Kondiktionen anderer zu Lasten des Empfängers aus. (Subsidiarität der Eingriffskondiktion)

Im Prinzip besteht über den Subsidiaritätsgrundsatz kein Streit.[50] Er sichert die Beschränkung einer bereicherungsrechtlichen Leistungsrückabwicklung auf das Leistungsverhältnis.

Die Formulierungen variieren allerdings. Der Bundesgerichtshof[51] geht vom Standpunkt des Bereicherten aus und sagt, eine Eingriffskondiktion komme nur in Betracht, wenn der Bereicherungsgegenstand dem Bereicherten von niemandem, auch nicht von einem anderen als dem Entreicherten, geleistet ist.

Die Lehre[52] geht überwiegend vom Standpunkt des Entreicherten aus und sagt, eine Eingriffskondiktion könne nur in Frage kommen, wenn der Entreicherte den Bereicherungsgegenstand nicht durch Leistung, auch nicht durch Leistung an einen anderen als den Bereicherten aus der Hand gegeben hat.

---

50) Die Subsidiaritätslehre wird allerdings im Zusammenhang mit der Lehre vom Empfängerhorizont immer mehr angegriffen. (Wilhelm JuS 1973,1(2); Weinauer NJW 1974, 1729; Fikentscher § 99 IV 2b; H.P.Westermann, Die Causa S.223ff) Die Kritik knüpft an solche Fälle an, in denen sich die Vermögensverschiebung aus der Sicht des Empfängers anders darstellt als aus der Sicht des "Leistenden". Auf diese Problematik, die nur mittelbar den Subsidiaritätsgrundsatz betrifft, wird erst später eingegangen bei der Behandlung von Überweisungen, denen kein wirksamer Überweisungsauftrag zugrundeliegt. Bei Überweisungen aufgrund eines wirksamen Überweisungsauftrages tritt die Problematik nicht auf.

51) BGHZ 40,278 (Elektroherde) im Anschluß an Esser, Fälle und Lösungen 2.Auflage 1965, S.127; BGHZ 55,176; BGH NJW 1974,39; Medicus § 29 II 1.

52) So jetzt Esser, Schuldrecht Bd.2 I 104; Huber JuS 1970,342(343); Erman-Seiler § 812 Rdz.29; Palandt-Thomas § 812 Anm.5 Bb; vgl. Larenz § 65 III m.w.N.

Hinter den unterschiedlichen Formulierungen verbergen sich aber unterschiedliche Standpunkte; für die hier behandelten Überweisungen mit fehlerhaftem Deckungsverhältnis kommt es jedoch auf eine Entscheidung nicht an. Nach beiden Auffassungen ist eine Eingriffskondiktion der Bank gegen den Empfänger ausgeschlossen, weil sowohl im Dekkungsverhältnis als auch im Valutaverhältnis eine Leistung vorliegt.

c) Die von Canaris entwickelte Lehre[53)]

Canaris hält die Lehre von der Leistungskondiktion nicht für geeignet, die in Anweisungslagen im weiteren Sinne, speziell bei der Giroüberweisung, auftretende Rückabwicklungsproblematik zu bewältigen. Sie könne den von ihr angestrebten Ausschluß von Einwendungen aus Drittbeziehungen nicht sicherstellen. Schon die zentrale These der h.L., daß der Angewiesene nicht Leistender, sondern lediglich Leistungsmittler sei, halte einer genaueren Überprüfung nicht stand. Sie versage, wenn der Angewiesene dem Anweisungsbegünstigten gegenüber eine eigene Rechtspflicht zur Leistung übernommen habe, wie bei der angenommenen Anweisung (§ 784 BGB) oder auch bei der Giroüberweisung. Hier sei die gutschreibende Bank dem Empfänger zur Herausgabe des Erlangten verpflichtet, und genau zur Erfüllung dieser Verpflichtung erteile sie die Gutschrift. Sie leiste daher sehr wohl auch an den Empfänger.

Da die Bank bei einem Deckungsmangel in Wahrheit nichts erlangt habe, was herauszugeben wäre, leiste sie auf eine nicht bestehende Verbindlichkeit. Sie müßte folgerichtig die condictio indebiti gegen den Empfänger haben.

Die Unterscheidung von Leistendem und Leistungsmittler könne nicht das entscheidende Kriterium sein. Unmöglich könne der Empfänger nur deshalb schlechter stehen, weil der

---

53) Canaris, Festschrift für Larenz S.799(805); ders. in BB 1972,774(775) sowie in Anh.C nach § 357 HGB Anm.21,1.

Angewiesene ihm gegenüber noch zusätzlich eine Rechtspflicht zur Leistung übernommen habe. Ausschlaggebend sei in Wahrheit die sich aus ihrer Selbständigkeit ergebende Abstraktion der Rechtsverhältnisse im Dreiecksverhältnis der Überweisungsbeteiligten. Die Abstraktion dürfe ihrer inneren Konsequenz nach nicht auf die rechtsgeschäftliche Ebene beschränkt bleiben, sondern müsse auf die bereicherungsrechtliche Problematik ausgedehnt werden. Über die Person von Bereicherungsgläubiger und Bereicherungsschuldner entscheide, in welcher Kausalbeziehung der kondiktionsauslösende Mangel seinen Ursprung habe.

d) Stellungnahme

Indem die neuere Bereicherungslehre auf die Zweckvereinbarungen der Betroffenen abstellt, erfaßt sie in vollem Umfange den wirtschaftlichen Sinn und Zweck einer Vermögensverschiebung, welche die Parteien ihr beigelegt haben. Entgegen der Ansicht von Canaris spiegelt die neuere Bereicherungslehre eine zutreffende Interessenbewertung wider. Bei den hier behandelten Mängeln des Deckungsverhältnisses führt sie zwanglos zum Verbot der Durchgriffskondiktion, die allein den oben[54)] wiedergegebenen Wertungen der Interessen entspricht. Das erreicht sie, indem sie die einzelne Vermögensbewegung anders als die ältere Bereicherungslehre einer bestimmten schuldrechtlichen Erwerbscausa zuordnet, die nach der Zweckvereinbarung allein über die Frage des Behaltendürfens entscheiden soll.

An dieser inneren ratio der neueren Bereicherungslehre geht die Kritik von Canaris vorbei. Canaris betont an anderer Stelle selbst zu Recht, daß nicht begriffliche Erwägungen über die Person des Leistenden entscheiden, sondern Wertungen. Maßgeblich sind die Wertungen eines rechtlichen Prinzips erst dann, wenn das Prinzip den Willen der

---

54) s.S. 137.

Parteien und deren Vorstellungen verifiziert. Es entbehrt nicht einer gewissen Widersprüchlichkeit, wenn gerade Canaris anstrebt[55], der Privatautonomie auf der bereicherungsrechtlichen Ebene zur Herrschaft zu verhelfen, im Grunde aber nicht den Zweckvereinbarungen, sondern dem objektiven Kriterium der Abstraktion die alles entscheidende Bedeutung beimißt. Seine begriffliche Argumentation über die Existenz einer Leistung im Gutschriftsverhältnis leidet daran, daß sie den Anspruch auf die Gutschrift isoliert herausgreift und ihr eine übersteigerte Bedeutung als Herausgabeanspruch beimißt. Der Herausgabeanspruch des § 667 BGB ist im Girovertrag als solcher abbedungen. Zahlt jemand bar bei einer Bank zugunsten eines Gläubigers ein, dann soll die Bank an ihren Kunden nicht Bargeld herausgeben, sondern vielmehr das Bargeld behalten dürfen und stattdessen dem Einzahlenden den eingezahlten Betrag gutschreiben. Auch bei einer bargeldlosen Zahlung durch die Bank selbst, wenn sie eigene Schulden tilgt, zeigt sich die untergeordnete Bedeutung des Anspruchs auf die Gutschrift.

Der Girovertrag verpflichtet die Bank, Zahlungen zu vermitteln. Der Inhalt dieser Verpflichtung kennzeichnet zugleich den Inhalt ihrer Leistung. Auch wenn die Bank vermittelt, ohne verpflichtet zu sein, bleibt ihre Leistung eine Vermittlungsleistung. Bezogen auf das Valutaverhältnis[56], ist sie trotz der eigenen Verpflichtung, Gutschrift zu erteilen, nur Leistungsmittlerin. Canaris übersieht, daß eine tatsächliche Zuwendung nicht allein dadurch zur Leistung wird, daß der Empfänger den Vollzug der Zuwendung verlangen kann. Eine Leistung stellt die Zuwendung nur in dem Verhältnis dar, in dem die Zuwendung nach den Vorstellungen der Parteien ihren rechtfertigenden Grund, d.h. den Erwerbstitel finden soll.

---

55) Canaris, Festschrift für Larenz S.814,823; kritisch dazu Köndgen aaO. S.65ff.

56) s. Medicus § 27 I 5 b,c.

Andererseits ist die Beschränkung des Bereicherungsausgleichs auf das jeweils mangelhafte Kausalverhältnis allein mit der Abstraktion der getrennten Rechtskreise auch nicht zu erklären. Das Giroverhältnis des Empfängers zu seiner Bank (Gutschriftsverhältnis) ist nämlich jedenfalls bei der Hausüberweisung nicht in dem Maße vom Deckungsverhältnis losgelöst, wie etwa die verschiedenen Kausalverhältnisse im Beispielsfall einer abgekürzten Lieferung. Die verschiedenen Giroverträge sind immerhin durch den Anspruch auf Gutschrift aufeinander bezogen. Dieser Anspruch im Gutschriftsverhältnis besteht nur dann, wenn die Bank aus dem Deckungsverhältnis etwas erlangt hat. Der Ausschluß der Einwendung auf Seiten der Bank, sie habe in Wahrheit nichts erlangt, muß angesichts der grundsätzlich möglichen Einrede aus § 821 BGB erst einmal begründet werden.

Allein die Verkehrsfähigkeit des Buchgeldes, auf die Canaris abstellt, ist kein dogmatischer Grund, sondern eher das angestrebte Ziel.

Ebensowenig kann der mit der Gutschrift als abstraktes Schuldversprechen vereinbarte Ausschluß von Einwendungen aus dem Deckungsverhältnis gegen den Anspruch des Empfängers aus der Gutschrift das Verbot einer Kondiktion der Bank gegen den Empfänger erklären.

Die Gutschrift auf einem Konto pro diverse zeigt das deutlich. Gutschriften auf solchen Konten begründen keinen abstrakten Anspruch des Empfängers. Erst wenn die Bank dem Empfänger den Eingang von Geld für ihn mitteilt und die Mitteilung dem Empfänger zugeht, entsteht ein abstrakter Anspruch. Zahlt nun die Bank bar an den Begünstigten aus, bevor es zur Entstehung eines abstrakten Anspruches kommt, dann ist die Bank gleichwohl gehindert, beim Empfänger mit der Begründung zu kondizieren, sie habe übersehen, daß das Konto des Absenders ungedeckt gewesen sei. Der Kondiktion steht entgegen, daß die Bank dem Gläubiger das Geld im Auftrage und für Rechnung des Absenders ausgehändigt hat und der Empfänger es deshalb als eine Zahlung seines Schuldners und somit als dessen Leistung empfängt.

Damit ist ein maßgebliches Kriterium für die bereicherungsrechtliche Problematik genannt, das schon bei der Gegenüberstellung der älteren und neueren Bereicherungslehre deutlich wurde: es geht darum, welchem Erwerbsgrund die Betroffenen eine Vermögensverschiebung zugeordnet wissen wollen. Das ist mit der neueren Bereicherungslehre dem irgendwie zum Ausdruck gekommenen Parteiwillen zu entnehmen.

Die Prüfung hat sich sodann weiter darauf zu erstrecken, ob eine Rechtslage eingetreten ist, in der der Empfänger auch tatsächlich das Erlangte behalten darf.[57)]

Für diesen Teil der Prüfung, ob der angestrebte Zweck auch tatsächlich erreicht wurde, gelten dann objektive Kriterien[58)], die dem materiellen Recht zu entnehmen sind. Hier geht es um eine Erfüllungsproblematik. Auf das Verhältnis des Erfüllungsrechtes zum Recht der ungerechtfertigten Bereicherung wird noch zurückzukommen sein. Diesen Aspekt, die Einbeziehung des Valutaverhältnisses in den Bereicherungsausgleich, vernachlässigt Canaris. Der rechtsgeschäftliche Einwendungsausschluß betrifft schließlich nur zwei Seiten des Dreiecks. Daraus resultiert denn auch der Haupteinwand gegen seine Lehre. Sie ist geeignet, Bereicherungsansprüche zu versagen. Es gilt jedoch, sie zu begründen.

III. Ergebnis

Hat die Gutschrift auf dem Konto des Empfängers den ihr im Valutaverhältnis beigelegten Zweck nicht erreicht (Mangel im Valutaverhältnis), so kann nur der Überweisende beim Empfänger kondizieren (§ 812 Abs.1 S.1 erste Alt. BGB).

---

57) Hier hätte die Kritik an dem Aufsatz von Weitnauer in NJW 1974,1729 anzusetzen.

58) vgl. BGHZ 27,241(247); Canaris Anh.C nach § 357 HGB Anm. 232 m.w.N.

Die Gutschrift gilt nach den Vorstellungen aller Beteiligten als Zahlung des Auftraggebers an den Empfänger. Dem entspricht die Begründung des Bereicherungsanspruches durch die neuere Bereicherungslehre: Die von der Bank als Leistungsmittlerin dem Empfänger erteilte Gutschrift ist eine L e i s t u n g des Überweisenden an den Empfänger. Der Überweisende hat gegen ihn die Leistungskondiktion, wenn der mit der Leistung verfolgte Z w e c k nicht erreicht wurde.

Im Deckungsverhältnis sind Vertragsmängel und Deckungsmängel zu unterscheiden. Mängel des Überweisungsauftrages sind ebenfalls Mängel des Deckungsverhältnisses, die aber eine besondere Problematik auslösen (dazu sogleich 4.Kap.). Girovertragsmängel begründen in Bezug auf schon erteilte Gutschriften keine Bereicherungsansprüche, da der Girovertrag nur Dienstleistungspflichten, keine Zahlungspflichten begründet. Letztere ergeben sich vielmehr aus dem Guthaben des Kontoinhabers. Ebenso begründen tatsächliche Deckungsmängel keine Bereicherungsansprüche. Im Deckungsverhältnis erwirbt die Bank trotz des Deckungsmangels bei wirksam erteiltem Auftrag den Anspruch aus § 670 BGB auf Aufwendungsersatz.

Der Deckungsmangel begründet keinen zusätzlichen Bereicherungsanspruch gegen den Gutschriftsempfänger. Eine Kondiktion gegen den Empfänger käme für ihn einer Einwendung ex jure tertii gleich und widerspräche dem Sinn der Abstraktion der Buchgeldforderung.

Die dogmatische Begründung für den Ausschluß der Drittempfängerkondiktion wegen eines Deckungsmangels ist, daß die Gutschrift sowohl im Deckungs- als auch im Valutaverhältnis Gegenstand einer Leistung war. Die Bank verfolgt mit ihr einen Leistungszweck nur gegenüber dem Auftraggeber und nur dieser einen Leistungszweck gegenüber dem Empfänger. Eine Eingriffskondiktion der Bank diesem gegenüber ist ausgeschlossen (Subsidiarität der Eingriffskondiktion).

4. KAPITEL: AUSGLEICHSANSPRÜCHE WEGEN MÄNGEL DER ZAHLUNGSANWEISUNG

Gutschriften, die der Schuldner nicht oder nicht wirksam angewiesen hat, lösen die schwierigsten Rückabwicklungsprobleme im Girorecht aus. Die folgende Prüfung befaßt sich allein mit Mängeln des Überweisungsauftrages. Im nächsten Kapitel ist dann zu untersuchen, ob sich an den gefundenen Lösungen etwas ändert, wenn zugleich ein weiterer Mangel im Valutaverhältnis vorliegt.

I. Praktische Fälle

1. Es geht einmal um die Fälle, die bei einer Hausüberweisung durch die Stornoklausel (Art.4 Abs.3 AGB) geregelt sind. Die Bank überweist mehr oder an einen anderen Empfänger als im Überweisungsauftrag angegeben oder führt einen Überweisungsauftrag doppelt aus (Buchungsversehen). In solchen Fällen kann es sein, daß der Gutschriftsempfänger zufällig[1] eine entsprechende (weitere) Forderung gegen den angegebenen Absender hat oder zu haben glaubt und deshalb die versehentlich erfolgte Gutschrift als Erfüllung betrachtet. Bei einer Kettenüberweisung versagt das Stornorecht, so daß Bereicherungsansprüche zu prüfen sind.

2. Weiter gehören in diesen Zusammenhang alle Überweisungen, die zwar von einem entsprechenden Überweisungsauftrag gedeckt sind, aber dem Überweisenden aus Rechtsgründen nicht zuzurechnen sind, etwa weil der Überweisungsauftrag wegen fehlender oder beschränkter Geschäftsfähigkeit des Überweisenden (§§ 104,105,111 BGB) nichtig ist. Der Überweisungsauftrag kann dem Inhaber des belasteten Kontos auch dann nicht zugerechnet werden, wenn er von

1) vgl. v. Caemmerer JZ 1962,385(387).

einem Vertreter ohne Vertretungsmacht stammt oder ge- oder verfälscht wurde. In diese Reihe gehört auch der Überweisungsauftrag einer nicht verfügungsberechtigten Person. Der übersehene Widerruf und die Anfechtung des Überweisungsauftrages sind ebenfalls hier zu nennen. Ein Weisungsmangel liegt auch vor, wenn ein Überweisungsauftrag unter einer von der Bank zu prüfenden Bedingung erteilt wurde und die Bank dies übersehen hat. Der Überweisungsauftrag kann beispielsweise unter der Bedingung erteilt werden, daß er nur gegen Vorlage bestimmter Dokumente ausgeführt werden soll. In diesen Fällen muß es keineswegs auf Zufall beruhen, daß eine entsprechende Valutaforderung besteht. Ein Geisteskranker zahlt auf eine Schuld, die er noch vor Eintritt der Geschäftsunfähigkeit begründet hat. Eine Anfechtung oder ein Widerruf eines Überweisungsauftrages werden nicht selten auch dann ausgesprochen, wenn die zu begleichende Schuld tatsächlich besteht.

II. Meinungsstand

Die Wiedergabe des Meinungsstandes ist schwierig, weil im Schrifttum zwischen den verschiedenen Fallgruppen nicht genügend differenziert wird. Allerdings hat der Bundesgerichtshof[2] im Anschluß an v. Caemmerer zu Recht betont, daß sich jede schematische Lösung verbietet und auf die Besonderheiten des einzelnen Falles abzustellen ist. Die Frage ist, ob die erstbeauftragte Bank bzw. das Kreditinstitut, dem der Fehler unterlaufen ist, das mit der Gutschrift wirksam begründete Schuldversprechen trotz wirksam begründeter Valutaschuld beim Empfänger kondizieren kann.

Die ältere Rechtsprechung[3] hat dies verschiedentlich ver-

2) BGH NJW 1974,39(40).

3) RG, WarnRSp 1911, Nr.114; RG in Recht 1932 Nr.1955; JW 32,735(738) im Falle eines mißverstandenen Auftrages und ausdrücklich gleichermaßen für Buchungsversehen; OLG Hamburg, Seuff.Arch. 76 Nr.143 im Falle eines Buchungsversehens bei zufällig bestehender Valutaschuld.

meint. Der Empfänger habe nur das erhalten, was er von dem (scheinbar) überweisenden Schuldner zu fordern habe. Der Schuldner habe Befreiung von einer Verbindlichkeit erlangt und sei auf Kosten der Bank bereichert.

In einem Urteil des Landgerichts Bielefeld[4] heißt es, ein Bereicherungsanspruch der Bank gegen den Empfänger sei ausgeschlossen, wenn sich diesem den Umständen nach eine Zweckbestimmung des Schuldners aufdrängen müsse.

Ähnlich hat das Oberlandesgericht Celle[5] entschieden. Der Bundesgerichtshof[6] hat sich allgemein nicht festgelegt, jüngst aber die Kondiktion der Bank wegen eines übersehenen Widerrufs abgelehnt.

In der Rechtsprechung scheint sich neuestens jedenfalls für gewisse Fälle durchzusetzen, daß die Kondiktion der Bank gegen den Empfänger jedoch dann zulässig ist, wenn dieser den Mangel der Zahlungsanweisung kannte.[7]

Im Schrifttum wird die Frage von Larenz[8] bejaht. Handele die Bank aufgrund einer nur vermeintlich gegebenen Anweisung, so sei der Empfänger auf Kosten der Bank in sonstiger Weise ohne rechtlichen Grund bereichert. Es sei der Bank die Kondiktion gegen den Empfänger auch dann nicht zu versagen, wenn dieser tatsächlich einen entsprechenden Betrag von dem angegebenen Absender zu erwarten gehabt habe und daher habe annehmen müssen, der Schuldner habe ihm geleistet. Der Vertrauensschutz, den man dem Empfänger durch den Ausschluß der Direktkondiktion der Bank zukommen ließe, ginge auf Kosten des Auftraggebers. Diesem könne aber der durch die Bank erzeugte Anschein einer Leistung nicht zugerechnet werden.

Eine abweichende Auffassung hat Pfister[9] vertreten. Bei einer irrtümlichen Anweisungsleistung könne sich der ver-

---

4) LG Bielefeld in WM 70,1072.

5) OLG Celle in BB 1966,1169.

6) BGH in NJW 74,39.

7) BGH NJW 1976,1448 u. 1449; zust. Köndgen aaO. S.70.

8) Larenz, Schuldrecht II § 68 IIIc 2 (anders noch in der 10.Auflage).

9) Pfister JR 1969,48(49); ähnl. Ulmer AcP 126,163 Fußn.10.

meintlich Angewiesene dem Empfänger gegenüber nicht auf das Fehlen der Anweisung berufen, wenn eine entsprechende Valutaschuld bestehe. Im Valutaverhältnis trete entsprechend dem erkennbaren Erklärungswert der Bankzahlung Erfüllung ein. Die Rechtslage sei nicht anders als bei einer echten Drittzahlung im Sinne von § 267 BGB.

Überwiegend wird aber der gegenteilige Standpunkt vertreten. Meyer-Cording will die Kondiktion der Bank gegen den Empfänger immer zulassen, wenn "kein wirksamer Überweisungsauftrag vorliegt"[10], und zwar unabhängig davon, ob eine entsprechende Valutaschuld besteht oder nicht. Da die Bank den Auftraggeber nicht belasten könne, bliebe nur übrig, daß sie die aus der Gutschrift gegenüber dem Empfänger begründete Verpflichtung kondiziere. Die Rechtslage sei nicht anders als bei einem Doppelmangel. Die von Meyer-Cording als Beleg angeführten Entscheidungen betreffen denn auch überwiegend Fälle[11], in denen zugleich das Valutaverhältnis nicht wirksam war.

Von Caemmerer[12] hat ausgeführt, "Geschäftsgrundlage" für die Zahlung durch die Bank sei auch dem Begünstigten gegenüber, "daß überhaupt eine Anweisung vorlag". Fehle es hieran, so könne die Bank den gezahlten Betrag unmittelbar vom Empfänger zurückverlangen, auch wenn der Begünstigte zufällig noch weitere Forderungen gegen den Auftraggeber habe. Ebenso will v. Caemmerer den gefälschten Überweisungsauftrag und den eines Geisteskranken behandeln. Die Abgrenzung zu anderen Mängeln des Deckungsverhältnisses blieben allerdings schwierig, schreibt v. Caemmerer. Für den übersehenen Widerruf und die Anfechtung eines Überweisungsauftrages lehnt er eine Kondiktion der Bank gegen den Empfänger ab.

10) Meyer-Cording S.51 mit zahlreichen Nachweisen aus der älteren Literatur in Fußn.10.

11) z.B. die Entscheidung des OLG Dresden in Seuff.Arch. 77,285.

12) v. Caemmerer JZ 1962,385ff.

Dem ist das neuere Schrifttum im Ausgangspunkt bisher gefolgt. Nach Lorenz[13] soll es, wenn keine gültige Anweisung vorliegt, in der Regel an einer Tilgungsbestimmung fehlen, so daß das Valutaverhältnis nicht erfüllt werde. Deshalb könne die Bank unmittelbar auf den Empfänger zurückgreifen.

Diesen Standpunkt hat sich Canaris zu eigen gemacht.[14] Er geht so weit, daß er wegen aller Mängel des Überweisungsauftrages der Bank die "Durchgriffskondiktion" gewährt. Auf dieser Grundlage hat das OLG Düsseldorf[15] entschieden und die Kondiktion der Bank gegen den Empfänger zugelassen im Falle eines übersehenen Widerrufs eines Dauerüberweisungsauftrages. Möschel[16] unterscheidet dagegen nach Fehlersphären und beschränkt die Kondiktion der Bank gegen den Empfänger auf Buchungsversehen und Fälschungssachverhalte im Hausüberweisungsverkehr.

III. Ausgleichsansprüche im Deckungsverhältnis wegen Schuldbefreiung

Die Frage, wann eine Girobank die von ihr erteilte Gutschrift beim Empfänger kondizieren kann, darf nicht ohne Rücksicht darauf beantwortet werden, ob die Bank nicht trotz fehlenden Auftrages bei dem vermeintlichen Auftraggeber Rückgriff nehmen kann. Das wiederum hängt eng damit zusammen, ob die Gutschrift im Valutaverhältnis Erfüllung bewirkt und der vermeintliche Auftraggeber Befreiung von seiner Verbindlichkeit erlangt hat.

Im Deckungsverhältnis kommen sodann Ansprüche wegen berechtigter Geschäftsführung ohne Auftrag (§§ 677,683 BGB)

---

13) Lorenz AcP 168,302; ders. in JuS 68,447; ebenso Schwark WM 70,1334.

14) Canaris Anh.C nach § 357 HGB Anm.210,222,226; ders. in Festschrift für Larenz S.799ff und in BB 72,774.

15) OLG Düsseldorf WM 1975,875.

16) Möschel JuS 1972,300.

oder auch Bereicherungsansprüche (§§ 684,812ff BGB) in Betracht.

1. Geschäftsführung ohne Auftrag

Hat die dem Empfänger erteilte Gutschrift im Valutaverhältnis trotz Fehlens einer gültigen Anweisung seitens des Schuldners Erfüllung bewirkt[17], dann liegt eine auftraglose Geschäftsführung durch die Bank vor. Das wird in der Literatur nur vereinzelt erwähnt, dann aber überwiegend auch bejaht.[18] Für Drittleistungen nach § 267 BGB ist das anerkannt.[19] Larenz[20] scheint die Regeln der Geschäftsführung ohne Auftrag dagegen nur bei echter Drittleistung anwenden zu wollen. Möschel[21] spricht der Bank, wenn sie den Auftrag eines Geschäftsunfähigen ausführt, die Berechtigung zu, diesem ihre Aufwendungen in Rechnung zu stellen. Pfister[22] spricht von "einer Art unberechtigter Geschäftsführung ohne Auftrag".

a) Objektive Voraussetzungen

Die Überweisungstätigkeit der Bank ist ein "Geschäft" im Sinne von § 677 BGB. Das ergibt sich bereits aus der Einordnung des Girovertrages als Geschäftsbesorgungsvertrag (§ 675 BGB)[23]. Die Umbuchung bei der Hausüberweisung

---

17) dazu S.160ff.

18) vgl. den allg. Hinweis bei Kunisch S.57; Schwark WM 1970,1334(1336) zieht im Falle eines angefochtenen Auftrages die §§ 684,812 BGB heran; anders erwähnt v.Godin Ansprüche aus auftragloser Geschäftsführung nur im Zusammenhang mit Deckungsmängeln. Das ist nur von seinem Standpunkt aus verständlich,nach dem das Guthaben (Schuld- oder Kreditzusage) die causa des Deckungsverhältnisses ist.

19) Erman-Sirp § 267 Rdz.6.

20) Larenz § 68 III c.

21) Möschel JuS 1972,297 (301 unten).

22) Pfister JR 1948,Fußn.12 u. Fußn.26.

23) Palandt-Thomas § 677 Anm.2a.

bzw. der Weitergabe des Überweisungsauftrages bei der Kettenüberweisung geschieht objektiv "für einen anderen", nämlich im Interesse des Auftraggebers. Dieses Merkmal liegt vor, weil die beauftragte Bank für dessen Rechnung handelt und die mit Erledigung des Überweisungsauftrages bewirkte Zahlung ein Vorgang im Rechtskreis des Auftraggebers ist.[24)]

b) Subjektive Voraussetzungen

Nötig ist weiter das Bewußtsein, für einen anderen zu handeln und ein darauf gerichteter Wille.[25)] Der Fremdgeschäftsführungswille der Bank darf nicht allein deswegen verneint werden, weil die Bank den Zweck der Zahlung nicht kennt und auch nicht fremde Schuld erfüllen will; denn sie will doch eine Zahlung für einen anderen vermitteln. Wenn sie auch davon ausgeht, zur Ausführung des Auftrags verpflichtet zu sein und deshalb eine eigene Verpflichtung wahrnehmen will, so genügt es, wenn sie die Angelegenheit wenigstens auch für ihren Auftraggeber erledigen will.[26)] An den Nachweis des Fremdgeschäftsführungswillens werden unterschiedliche Anforderungen gestellt. Man unterscheidet zwischen objektiv fremden und neutralen Geschäften. Bei dem einen wird Fremdgeschäftsführungswille von der h.M.[27)] vermutet, bei den objektiv neutralen Geschäften sollen dagegen besondere Indizien für das Vorliegen eines solchen Willens nötig sein. Das verlangt eine in der Literatur verbreitete Meinung[28)], um den Anwendungsbereich der Vorschriften über die Geschäftsführung ohne Auftrag nicht über Gebühr auf Kosten des Bereicherungsrechtes auszudehnen.

---

24) zur Begr. Medicus § 17 II 3 und Palandt-Thomas aaO. § 677 Anm.26.

25) statt aller Medicus § 17 II 1.

26) vgl. Larenz, Schuldrecht II § 57 Ia; BGHZ 37,258(26);

27) BGHZ 40,28.

28) Medicus § 17 II b.

Die Rechtsprechung[29] verfährt großzügig und läßt es genügen, daß die Förderung fremder Interessen eine dem Geschäftsführer bewußte Folge seiner Tätigkeit ist und von ihm auch als solche hingenommen wird. Die Überweisungstätigkeit der Bank läßt sich nun eindeutig weder als ein objektiv fremdes oder eigenes Geschäft noch als ein objektiv neutrales Geschäft einordnen. Die Tätigkeit der Bank, Geld zu vermitteln, ist sicher ein objektiv eigenes Geschäft der Bank. Die Folgen dieser Tätigkeit betreffen dagegen einen der Bank fremden Geschäftskreis. Vom Standpunkt der Rechtsprechung kann man die Voraussetzungen einer Geschäftsführung ohne Auftrag annehmen. Das erscheint im Ergebnis auch sinnvoll.

Speziell zur Giroüberweisung ist folgendes zu beachten: Kennzeichnend für das Verhältnis der Bank zu ihrem Girokunden ist, daß die Bank sich dessen Willen unterordnet. Sie führt seine Weisungen aus und handelt ohne Weisung nicht. Dies ist typisch für jede Geschäftsführung im Sinne des § 677 BGB. Der Geschäftsführer ordnet sich dem Willen des Geschäftsherrn unter.

Weiter ist hervorzuheben, daß dem Überweisungsauftrag weniger die Bedeutung zukommt, eine Dienstleistungsverpflichtung für die Bank zu begründen als sie vielmehr inhaltlich festzulegen. Die Bank betrachtet den Überweisungsauftrag auch nicht als einen Verpflichtungsgrund, sondern praktisch mehr als eine Anweisung. Die tatsächliche Ähnlichkeit des Überweisungsauftrages mit einer Anweisung im Rechtssinne rechtfertigt es, die Bank in diesem Zusammenhang wie jemanden zu behandeln, der vertraglich ermächtigt ist, für einen anderen zu handeln. Wer sich irrtümlich für vertraglich ermächtigt hält, für einen anderen tätig zu werden, handelt als Geschäftsführer ohne Auftrag. Das ist anders als bei der irrtümlichen Annahme einer Verpflichtung unstreitig.[30] Im Scheck- und Lastschriftverkehr,

---

29) z.B. BGHZ 40,28 (Feuerwehrfall) u. BGHZ 37,258 (Wirtschaftsberater).

30) s. Palandt-Thomas § 677 Anm.3e; BGH BB 1968,147.

der auf Ermächtigungen im Rechtssinne beruht, kann deshalb die Bank auf die Vorschriften der Geschäftsführung ohne Auftrag zurückgreifen, wenn die Ermächtigung unwirksam oder nichtig ist. Da der Überweisungsauftrag als gleichwertiges Zahlungsverkehrsinstrument die gleichen Funktionen erfüllt, sollte man ihn nicht anders behandeln.

c) Berechtigte Geschäftsführung ohne Auftrag

Die weitere Frage, ob eine berechtigte (§ 683 BGB) Geschäftsführung ohne Auftrag vorliegt, kann nur im Einzelfall entschieden werden. Es kommt darauf an, ob die Übernahme der Geschäftsführung dem Interesse und dem Willen des Überweisenden entspricht. Das wird nur in einzelnen Fällen zutreffen. Voraussetzung ist auch hier zunächst, daß im Valutaverhältnis Erfüllung eingetreten ist. Sonst lag die Überweisung nicht im Interesse des Schuldners, weil sie für ihn nicht irgendwie nützlich war. Es muß, wenn Erfüllung eingetreten ist, hinzukommen, daß die Befreiung des Schuldners von seiner Verbindlichkeit auch tatsächlich seinem Willen entsprach.

Daran fehlt es, wenn er gegen die erfüllte Forderung eine Einrede hatte und deshalb nicht erfüllen wollte. Zu denken ist daran, daß die Valutaschuld nur Zug um Zug gegen eine Gegenleistung zu erfüllen war (§§320, 273 BGB) oder etwa verjährt war. Berechtigte Geschäftsführung ohne Auftrag kann auch dann nicht vorliegen, wenn der Valutaschuldner durch die Gutschrift eine Aufrechnungsmöglichkeit verliert.[31] Schließlich scheidet berechtigte Geschäftsführung ohne Auftrag immer aus, wenn die von der Bank erteilte Gutschrift trotz rechtzeitigen Widerrufs eines Überweisungsauftrages erteilt wurde. Die Gutschrift verstößt dann gegen den erklärten Willen des Geschäftsherrn.

---

31) zum Ganzen Medicus § 28 I 2; Larenz, Schuldrecht II § 57 Ia; Palandt-Thomas § 683 Anm.2; zur Bedeutung der Erfüllung einer Schuld des Geschäftsführers im Rahmen des § 683, BGH BB 1969,194 (in einem Fall des § 267 BGB); Soergel-Mühl Anm.3 zu § 683.

2. Die Leistungskondiktion der Absendebank im Deckungsverhältnis

Liegen nicht ausnahmsweise die Voraussetzungen einer berechtigten Geschäftsführung ohne Auftrag vor, so kommt im Deckungsverhältnis nur ein Bereicherungsausgleich in Betracht. (§§ 684, 812ff BGB) Die zuletzt beispielhaft erwähnten Sachverhalte sind nur bereicherungsrechtlich zu lösen. Nach der neueren Bereicherungslehre kann die Gutschrift zugunsten des Empfängers trotz des Weisungsmangels eine Leistung der Bank an ihren vermeintlichen Auftraggeber sein. Es kommt darauf an, ob das Vermögen des Empfängers überhaupt vermehrt ist und was er erlangt hat. Die Prüfung hängt wiederum entscheidend damit zusammen, ob die Valutaschuld erfüllt wurde. Hat der vermeintliche Auftraggeber Befreiung von seiner Verbindlichkeit erlangt, dann ist in aller Regel die Leistungskondiktion begründet.[32] Die Bank hat bewußt und zweckbezogen auf einen vermeintlich wirksam erteilten Auftrag ihres Kunden hin gehandelt. Ihr Verhalten ist objektiv und subjektiv in keiner Weise anders als bei Vorliegen eines wirksamen Überweisungsauftrages; denn die Bank kennt ja den Gültigkeitsmangel nicht. Die Leistungskondiktion hängt mithin allein davon ab, ob im Valutaverhältnis der jeweils angestrebte Zweck erreicht wurde, sei es nun die Befreiung von einer Verbindlichkeit oder die Begründung eines Darlehensrückzahlungsanspruches, einer Sicherheit oder der Vollzug einer Schenkung. Wurde dagegen der im Valutaverhältnis angestrebte Zweck mit der Gutschrift nicht erreicht, dann tritt die weitere unter dem Stichwort Doppelmangel bekannte Problematik auf. Auf sie ist später einzugehen.[33]

---

32) Die Befreiung von einer verjährten Schuld (§§ 813 Abs.1 S.2 iVm. § 222 Abs.2 BGB) gilt nicht als Bereicherung.

33) s.u. S.214ff.

3. Bedeutung und Problematik der Schulderfüllung im Valutaverhältnis

Die Rückabwicklungsproblematik ist mithin ohne Rücksicht darauf, ob im Valutaverhältnis trotz des Mangels der Zahlungsanweisung des Schuldners Erfüllung eingetreten ist, nicht zu beantworten.[34] Einerseits erscheint der Empfänger der Gutschrift wesentlich schutzwürdiger, wenn er sich auf Erfüllung berufen kann; andererseits ist die Bereicherung des Schuldners, der Befreiung von seiner Verbindlichkeit erlangt hat, unübersehbar, sei sie ihm erwünscht oder unerwünscht.

Jedoch ist die Erfüllungsfrage bei bargeldlosen Zahlungen, die vom Schuldner nicht oder nicht wirksam angewiesen sind, denkbar unklar. Die bereicherungsrechtlichen Folgen wegen Mängel des Überweisungsauftrages sind nicht zuletzt deshalb streitig, weil ihre Auswirkungen auf das Valutaverhältnis nicht genügend untersucht sind. Im Hintergrund steht der Streit um die Rechtsnatur der Erfüllung.

a) Der Streit um die Rechtsnatur der Erfüllung

Die Rechtsnatur der Erfüllung gehört zu den umstrittensten Gebieten des Schuldrechts. Die eine Meinung (Vertragstheorie)[35] deutet die Erfüllung als Vertrag. Nach dieser Auffassung einigen sich Gläubiger und Schuldner in

---

34) Der Zusammenhang von Erfüllungsrecht und Bereicherungsrecht ist in "Dreiecksverhältnissen", gerade aber im Dreieck der Beteiligten einer Hausüberweisung besonders deutlich. Allgemein wurde auf ihn schon verschiedentlich hingewiesen. (vgl. Hülsmann, Leistungskondiktion S.13f; Krawielicki, Grundlagen S.79ff; Kunisch, Dreiecksverhältnisse S.18ff m.w.N.)
Speziell im Hinblick auf Banküberweisungen wurde der Erfüllungsgesichtspunkt soweit ersichtlich bisher ausdrücklich nur wenig behandelt. (vgl. aber OLG Düsseldorf, WM 1975,875 zu einem Fall des § 267 BGB).

35) Weitnauer NJW 1974,1729f; ders. in NJW 1969,1833; Erman-Westermann § 362 Rdz.2; Ehmann JZ 1968,549ff.

einem erneuten Vertrag darüber, daß durch die Bewirkung der geschuldeten Leistung das Schuldverhältnis getilgt werden soll. Dagegen sieht die Theorie von der realen Leistungsbewirkung[36] das Wesen der Erfüllung in der tatsächlichen Verwirklichung der schuldnerischen Gebotsnorm, d.h. in der Herbeiführung des geschuldeten Erfolges. Diese Theorie leugnet den Vertragscharakter der Erfüllung. Sie beruft sich darauf, daß es zahlreiche Erfüllungshandlungen gibt, die sich in einem bloßen Realakt (Anzeigen, Dienstleistungen, Unterlassen) erschöpfen. Es sei lebensfremd, hier für die Erfüllung noch einen weiteren Vertrag zwischen Schuldner und Gläubiger vorauszusetzen. In Literatur und Praxis[37] scheint eine vermittelnde Auffassung durchzudringen. Sie geht grundsätzlich von der realen Leistungsbewirkung aus und unterscheidet zwischen nur tatsächlichen und rechtsgeschäftlichen Erfüllungshandlungen. Für Erfüllung durch tatsächliche Leistungen verzichtet sie auf eine Einigung über den Erfüllungseintritt, während sie bei rechtsgeschäftlichen Erfüllungshandlungen (Übereignung, § 929 BGB) nicht nur für die Übereignung, sondern auch für die Erfüllung einen Vertrag und damit Geschäftsfähigkeit auf beiden Seiten verlangt.

b) Eigener Standpunkt

Die Giroüberweisung ist im Verhältnis vom Schuldner zum Gläubiger rein tatsächlicher Natur. Anders als im Barzahlungsverkehr, der auf Übereignung von Noten und Münzen beruht, setzt die bargeldlose Zahlung an sich kein weiteres Rechtsgeschäft im Valutaverhältnis voraus, von der Erfüllungs-Statt-Abrede einmal abgesehen. Im folgenden wird deshalb im Grundsatz von der Theorie der realen Erfüllungs-

---

36) Enneccerus-Lehmann § 60 S.249ff; Rother AcP 169,30; Larenz, Schuldrecht I § 26 I; Soergel-Schmidt Vorbem. 5 vor § 362; BGB-RGRK § 362 Anm.5 m.w.N.; Böhmer, Erfüllungswille S.24,41ff.

37) vgl. Palandt-Thomas § 362 Anm.1; Enneccerus-Lehmann aaO.; modifizierend Fikentscher I 38 II 5.

bewirkung ausgegangen. Die reine Vertragstheorie wird heute von vielen als überholt bezeichnet, jedenfalls nur vereinzelt vertreten.[38] Die vermittelnde Auffassung unterscheidet bei tatsächlichen Leistungshandlungen ohnehin nicht. Es kommt allein darauf an, daß der Schuldner den geschuldeten Erfolg bewirkt, d.h. durch eine L e i s t u n g s h a n d l u n g den geschuldeten Erfolg v e r a n l a ß t hat. Die Theorie der realen Leistungsbewirkung und auch die vermittelnde Auffassung verzichten für die hier zu erörternden Fälle auf eine Einigung der Beteiligten über den Eintritt der Erfüllung. Danach kommt es auf Geschäftsfähigkeit und einen auf Erfüllung gerichteten Willen des Schuldners nicht an. Von diesem überwiegend vertretenen Standpunkt wird im folgenden ausgegangen. Soweit es in den zu prüfenden Sachverhalten aber gerade auf die Erfüllungslehre ankommt, soll auf die Konsequenzen der Vertragslehre hingewiesen werden.

Von diesem Ausgangspunkt aus sind nunmehr einzelne Überweisungsmängel daraufhin zu untersuchen, ob sie dem Eintritt der Erfüllung im Valutaverhältnis entgegenstehen. Bei allem ist zu beachten, daß im Überweisungsverkehr die Anwendung von § 267 BGB auf die Bank ausscheidet. Es wird sich zeigen, daß zweifelhafte Erfüllungslagen unabhängig von dem Theorienstreit nur selten sind.

c) Erfüllung trotz typischer Überweisungsmängel

Zu unterscheiden sind Überweisungen aufgrund eines nicht (mehr) rechtsgültigen Überweisungsauftrages des Schuldners und anderen Überweisungen, für die der Schuldner einen entsprechenden Überweisungsauftrag nie erteilt hat.

38) s.o. S.158, Fußnote 35.

(1) Rechtsungültige Zahlungsanweisungen des Schuldners

(a) Für die Überweisung eines Geisteskranken (§ 104 BGB) oder beschränkt Geschäftsfähigen (§ 106 BGB), der auf eine wirksam begründete Schuld zahlen will, folgt aus der Lehre vom realen Tilgungsakt, daß im Valutaverhältnis Erfüllung eintritt.

Es ist eine Konsequenz dieser Lehre, daß die Rechtslage von der im Barzahlungsverkehr abweicht. Das Ergebnis darf nicht überraschen, denn die Rechtslage im Barzahlungsverkehr ist nicht wesentlich anders. Der Gläubiger hat dort die Möglichkeit, den Anspruch auf Herausgabe von gesetzlichen Zahlungsmitteln (§ 985 BGB) durch Aufrechnung mit der Valutaschuld (h.M.)[39] oder durch Berufung auf § 986 BGB zu Fall zu bringen. Andererseits können gerade bei Überweisungen durch Geschäftsunfähige die Voraussetzungen einer berechtigten Geschäftsführung ohne Auftrag vorliegen. Es kommt darauf an, ob der gesetzliche Vertreter tatsächliche Nachteile für den Geschäftsunfähigen geltend macht. Das bedeutet unter Umständen eine automatische Heilung des Deckungsverhältnisses. Das ist aber wegen des bereicherungsähnlichen Charakters des Anspruches aus § 683 BGB hinzunehmen. Geschäftsführung ohne Auftrag ist weder Vertrag, nach herrschender Auffassung nicht einmal Rechtsgeschäft, und kann Ansprüche auch gegen Minderjährige und Geisteskranke rechtfertigen.[40] Im übrigen haben sich die Geschäftsbanken vor Schäden, die daraus entstehen, daß sie unverschuldet vom Eintritt eines Mangels der Geschäftsfähigkeit eines Girokunden nach Abschluß des Girovertrages keine Kenntnis erlangen, in Ziff.23 ihrer Allgemeinen Geschäftsbedingungen gesichert.

---

39) s. H. Westermann, Sachenrecht § 30 V 3 m.N.

40) Fikentscher, Schuldrecht § 83 I 2.

Wer mit der Vertragslehre den Erfüllungseintritt leugnet, muß nicht notwendig zu einem anderen Ergebnis kommen. Der Erfüllungsmangel würde nach allen Auffassungen durch eine nachträgliche Genehmigung seitens des gesetzlichen Vertreters geheilt; sie wäre im Deckungsverhältnis als nachträglich erteilte Weisung zu werten. Widerspricht dagegen der gesetzliche Vertreter, dann ist nur ein bereicherungsrechtlicher Ausgleich möglich. Es ist dann sowohl das Deckungsverhältnis als auch das Valutaverhältnis mangels Zweckerreichung fehlerhaft, so daß die Problematik eines Doppelmangels vorliegt.

(b) Bei Fehlen der Verfügungsbefugnisse des Schuldners gilt im Ergebnis und in der Begründung das gleiche wie bei mangelnder Geschäftsfähigkeit. Für den Hauptfall des Konkurses des Überweisenden ist freilich die Besonderheit zu beachten, daß wegen § 7 KO[41)] Erfüllung im Valutaverhältnis nicht eintreten kann. Bereicherungsrechtlich liegt in diesem Fall wiederum die Situation eines Doppelmangels vor.

(c) Die Erfüllungsfrage ist schwierig zu beantworten, wenn eine Bank den Widerruf eines Überweisungsauftrages übersieht. Die Frage ist mit der herrschenden Erfüllungstheorie nicht eindeutig zu beantworten. Zwar hat der Schuldner auch hier das Geschuldete bewirkt, weil die Gutschrift zugunsten des Empfängers auf den ursprünglich erteilten Überweisungsauftrag und damit auf eine Leistungshandlung des Schuldners zurückgeht, ohne die sie nicht erteilt worden wäre.

Andererseits ist aber gerade dieses veranlassende Moment mit dem rechtzeitig ausgesprochenen Widerruf rechtlich in Wegfall gekommen. Jedoch erscheint der Widerruf für das Valutaverhältnis unbeachtlich, wenn man für die Erfüllungsfrage allein auf die Herbeiführung des Erfolges und seiner bewußten V e r a n l a s s u n g durch den Schuldner abstellt. Die Erfüllungsvertragslehre kommt hier zu keinem

---

41) vgl. BGH WM 1976,900; vgl. auch BGHZ 63,87.

anderen Ergebnis, weil dem Empfänger mit dem Überweisungsträger eine mindestens konkludent erklärte Äußerung des Erfüllungswillens des Schuldners zugeht. In Bezug auf die Erklärung ist die Absendebank weder Vertreter noch Erklärungsbote des Schuldners, sondern nur Übermittlungsperson, auf welche die Grundsätze des Vertretungsrechts nicht anzuwenden sind. Die Bank übermittelt nicht fremden Willen, sondern nur fremde Erklärung.[42)]

Nicht anders ist die Rechtslage nach h.L. dann, wenn der Schuldner den Widerruf nicht nur gegenüber seiner Bank erklärt, sondern den Empfänger über den erfolgten Widerruf noch vor der Erteilung der Gutschrift in Kenntnis setzt. Es liegt dann in der Konsequenz der Lehre vom realen Tilgungsakt, daß trotz des objektiv entgegensthenden und erklärten Willens des Schuldners Erfüllung eintritt. Die Frage nach der Bedeutung des Erfüllungswillens des Schuldners ist der eigentliche Gegenstand des Theorienstreites.[43)] Kommt es aber allein auf die Verwirklichung der Obligation an, dann ist mit der Gutschrift unabhängig von der Kenntnis des Gläubigers vom Widerruf des Überweisungsauftrages die Valutaschuld erfüllt.[44)]

---

42) s. Palandt-Heinrichs § 120 Anm.1 und Einf. vor § 164 Anm.2; Böhmer Erfüllungswille S.38; anders Krawielicki S.73f(80).

43) BGH NJW 1972,1750 hat in Bezug auf eine Schuldzahlung erkannt, daß die Erfüllung nicht eintrete, wenn der Schuldner dies durch eine "negative Willenserklärung" ausdrücklich ausschließe. Die Entscheidung steht dem oben gefundenen Ergebnis nicht entgegen. Sie betrifft einen Fall, in dem der Gläubiger mehrere Forderungen gegen den Scheckzahler hatte. Die Entscheidung beruht auf § 366 BGB, wonach dem Schuldner in einem solchen Fall ein Bestimmungsrecht vorbehalten ist.

44) vgl. Böhmer aaO. S.47f, wo es allgemein zur Bedeutung des Erfüllungsaktes heißt: "Somit ist die Wirkung der Schuldtilgung eine gesetzliche Folge der obligationsmäßigen Leistung - warum ich dem gesetzlichen Befehl gehorche, ob widerwillig oder aus innerer Überzeugung von seiner Richtigkeit, ob in Kenntnis des Inhalts der Rechtsnorm oder unwissentlich, ist gleichgültig; sofern nur mein äußeres Verhalten der rechtlichen Vorschrift entspricht, handele ich rechtmäßig, erfülle ich die Gebote des Gesetzes".
(Forts. S.164)

Maßgeblich bleibt, daß der Schuldner den Erfüllungsvorgang in Gang gesetzt hat. Ändert er später seine Entscheidung und will er den Eintritt der Erfüllung verhindern, so muß er den Erfüllungsvorgang vor seiner Beendigung unterbrechen. Die Betroffenen können zwar trotz Verwirklichung der Obligation vorher wie auch nachher die Erfüllung einvernehmlich ausschließen; auch kann der Schuldner seine Leistung, solange sie den Gläubiger nicht erreicht hat, einem anderen Zweck widmen als dem der Erfüllung einer bestehenden Schuld. Der Schuldner kann aber nicht eine geschuldete Leistung erbringen oder erbringen lassen und zugleich den Erfüllungszweck einseitig ausschließen, so daß die Zuwendung trotz bestehender Schuld zweckfrei wäre.[45] Über die Existenz seiner Verbindlichkeit und der von ihr ausgehenden Erwerbslegitimation des Gläubigers kann sich der Schuldner mit Erklärungen nicht hinwegsetzen.

Solche Erklärungen haben Bedeutung in den Fällen einer Drittzahlung (§ 267 BGB)[46], wenn der (widerrufene) Überweisungsauftrag erteilt wurde, um fremde Schuld zu erfüllen, nicht aber, wenn der Überweisungsauftraggeber selbst Schuldner der Valutabeziehung ist.

Für die Prüfung von Ausgleichsansprüchen im Deckungsverhältnis bedeutet das, daß die Bank, die den Widerruf übersehen hat, über § 684 BGB die Leistungskondiktion gegen ihren vermeintlichen Auftraggeber erwirbt. Der Schuldner hat durch die Gutschrift infolge Erfüllung Befreiung von seiner Verbindlichkeit erlangt und schuldet grundsätzlich Wertersatz (§§ 684, 812, 818 Abs.2 BGB).

---

44) Fortsetzung:
Böhmer führt die Erfüllung auf die Herbeiführung des mit der Obligation erstrebten Erfolges zurück. Voraussetzung für die Erfüllung ist nach ihm in erster Linie, daß die Leistung geeignet ist, den obligationsmäßigen Erfolg herbeizuführen und sonst nur, daß sie in eine erkennbare Beziehung zur Obligation gebracht ist.

45) vgl. BGB-RGRK § 362 Anm.5; Rother AcP 169,30f; Krawielicki S.79f; anders Ehmann aaO.

46) so offensichtlich im Fall des OLG Düsseldorf, WM 1975, 875.

Hat er durch das Versehen der Bank einen Schaden erlitten - etwa durch Verlust von Habenzinsen oder den Verlust einer Aufrechnungsmöglichkeit bezüglich einer Forderung, die er jetzt nicht mehr durchsetzen kann -, so ist er durch § 678 BGB auch gegen Zufallsschäden geschützt.[47)]

(d) Für bedingt erteilte Überweisungsaufträge, die ohne Eintritt der Bedingung ausgeführt werden, gelten die gleichen Wertungen wie im Falle eines übersehenen Widerrufs. Der Widerruf eines Überweisungsauftrages ist nichts anderes als ein Sonderfall einer (auflösenden) Bedingung.

(e) Anders bereitet die nachträgliche Anfechtung eines Überweisungsauftrages (§§ 119ff BGB) für die Erfüllungsfrage wenig Schwierigkeiten. Eine Anfechtung des Überweisungsauftrages kann die einmal eingetretene Erfüllung im Valutaverhältnis nicht wieder beseitigen. Der überweisende Schuldner kann das mit der Gutschrift entstandene Schuldversprechen zugunsten des Empfängers nicht anfechten. Eine Parallele zum Barzahlungsverkehr, in dem der Schuldner die Übereignung der Noten und Münzen grundsätzlich anfechten kann, besteht nicht. Die Anfechtung des Überweisungsauftrages, praktisch bedeutungslos, wirkt sich wiederum nur im Deckungsverhältnis aus und führt dort zur Anwendung des § 684 BGB.

(2) Überweisungen ohne Mitwirkung des Schuldners

(a) Ein gefälschter oder verfälschter Überweisungsauftrag bewirkt dagegen keine Erfüllung im Valutaverhältnis. Erfüllung tritt auch dann nicht ein, wenn der Empfänger ausnahmsweise gutgläubig ist und die Fälschung nicht kennt. Zwar bewirkt auch die Fälschung den geschuldeten Erfolg, jedoch fehlt hier jede Veranlassung durch den Schuldner. Der beim Empfänger eingetretene Erfolg kann ihm unter

---

47) vgl. Schwark, WM 1970,1334(1336).

keinem erdenklichen Gesichtspunkt zugerechnet werden. Allein der Anschein eines Leistungsverhaltens des Schuldners vermag den Untergang der Valutaschuld nach § 362f BGB nicht zu bewirken. Die getäuschte Bank hat den Schadensersatzanspruch gegen den Fälscher aus § 823 Abs.2 BGB i.V.m. § 263 StGB, sofern sie den Betrag vom Empfänger nicht zurückerlangt.[48)]

(b) Den Fälschungssachverhalten sehr ähnlich sind Überweisungsaufträge, die ein vollmachtsloser Vertreter für den Schuldner erteilt. Ist eine Vollmacht auch mit Rechtsscheinsgrundsätzen nicht zu begründen, dann kann dem Schuldner die Gutschrift ebensowenig zugerechnet werden wie in Fälschungsfällen. Auch hier fehlt jede Leistungshandlung des Schuldners, so daß auch nach der Lehre von der realen Tilgungsbewirkung die Valutaschuld nicht erfüllt wird. Hier wie da kann der Ausgleich nur bereicherungsrechtlich erfolgen, abgesehen von dem Anspruch aus §§ 180 Abs.1 S.2, 179 BGB gegen den vollmachtlosen Vertreter.

(c) Erfüllung kann im Valutaverhältnis - wenn es zufällig einmal bestehen würde - schließlich nie eintreten, wenn der Inhaber des belasteten Kontos der Bank überhaupt keinen Auftrag erteilt hat, der die Überweisung deckt. Es sind dies vornehmlich Fälle, die bei der Hausüberweisung durch die Stornoklausel geregelt sind. Die Überweisung beruht hier nicht selten auf einem Versehen der Bank, ohne daß der Schuldner dafür eine Veranlassung gegeben hätte. Für ihn erfolgt die Gutschrift ebenso zufällig wie für den Empfänger. Es fehlt im Valutaverhältnis am Tatbestand einer Leistung im Sinne des § 362 BGB, der - abgesehen vom Fall des § 267 BGB - eine L e i s t u n g s h a n d l u n g des Schuldners, d.h. dessen kausales Bewirken des geschuldeten Erfolges voraussetzt.

---

48) s. Möschel JuS 1972,297(302 r.Sp.); BGH Betr. 1967,2023; 1968,303; RGZ 160,312, 56,410; Meyer-Cording S.104f; Schlegelberger-Hefermehl Anh. § 365 Rdz.28 m.w.N.

4. Ergebnis

Mängel des Überweisungsauftrages sind unterschiedlich zu bewerten. Sie schließen Ausgleichsansprüche im Deckungsverhältnis nicht aus, sofern im Valutaverhältnis mit der Gutschrift der dort angestrebte Leistungszweck, gewöhnlich Schulderfüllung, eingetreten ist. Nach der heute h.L. von der realen Erfüllungsbewirkung kommt es darauf an, ob der Schuldner die Gutschrift auf dem Konto des Empfängers b e w i r k t hat; er muß sie zumindest veranlaßt haben.

Die Erfüllung der Valutaschuld tritt dann unabhängig davon ein, ob der Überweisungsauftrag an einem Gültigkeitsmangel leidet.

Die Rechtslage ist anders, wenn der Schuldner an der Überweisung tatsächlich völlig unbeteiligt ist. Die Gutschrift aufgrund eines gefälschten Überweisungsauftrages hat keine schuldtilgende Wirkung, ebensowenig die Überweisung durch einen vollmachtlosen Vertreter. Solche Gutschriften sind nicht auf eine Leistungshandlung des Schuldners zurückzuführen. Das gleiche gilt für Gutschriften, die aufgrund von Buchungsversehen seitens der Bank erfolgen. Hat die Gutschrift im Valutaverhältnis Erfüllung bewirkt, dann sind im Deckungsverhältnis die Vorschriften über die Geschäftsführung ohne Auftrag (§§ 677ff BGB) anzuwenden. Eine berechtigte Geschäftsführung ohne Auftrag kommt in Einzelfällen in Betracht. Es kommt darauf an, ob die Erfüllung der Valutaschuld dem Willen und dem Interesse des Valutaschuldners tatsächlich entsprach (§ 683 BGB). Sonst, bei nicht berechtigter Geschäftsführung ohne Auftrag, hat die Bank nach der neueren Bereicherungslehre die Leistungskondiktion gegen ihren Kunden, der Befreiung von seiner Verbindlichkeit erlangt hat (§§ 684, 812 Abs.1 S.1, 818 Abs.2 BGB).

IV. Die Unzulässigkeit der Durchgriffskondiktion wegen Gültigkeitsmängel vom Schuldner erteilter Weisungen

Es liegt nahe, daß die im Erfüllungsrecht wesentliche Unterscheidung von U n w i r k s a m k e i t und F e h l e n eines der Gutschrift entsprechenden Überweisungsauftrages des Schuldners auch im Bereicherungsrecht von Bedeutung ist.

Gemeinsam ist allen Fällen einer rechtsungültigen Weisung des Schuldners, daß die nicht wirksam beauftragte Bank eine Regreßmöglichkeit auf der Auftraggeberseite hat.[49)]

Die Existenz von Ersatzansprüchen im Deckungsverhältnis reduziert die Problematik der Durchgriffskondiktion interessenmäßig auf die Frage, ob eine weitere Regreßmöglichkeit der Bank gegen den Empfänger der Gutschrift sach- und interessengerecht ist. Die Bank kann allerdings aus vielen Gründen daran interessiert sein, sich an den Empfänger zu halten. Man denke nur an die Fälle, in denen sich der Auftraggeber auf § 818 Abs.3 BGB beruft oder Schadensersatz aus § 678 BGB verlangen kann oder insolvent ist.

Indes ist mit dem Nachweis einer Leistung im Deckungsverhältnis und des Erlöschens der Valutaschuld durch Erfüllung dogmatisch zwingend die Unzulässigkeit einer Kondiktion der Bank gegen den Empfänger der Gutschrift noch nicht nachgewiesen; denn gleichzeitig liegen die Voraussetzungen einer Eingriffskondiktion der Bank gegen den Überweisungsbegünstigten vor: Der Empfänger hat aus dem Vermögen der Bank erworben und ihr gegenüber auf den Erwerb keinen Anspruch. Die Einheitlichkeit des Bereicherungsvorganges ist bei einer Hausüberweisung wie bei der Kettenüberweisung gegeben, weil die Minderung des Bankvermögens e n d g ü l - t i g erst mit der Gutschrift auf dem Konto des Empfängers eintritt. Demzufolge wäre vorstellbar, daß die Eingriffskondiktion ausnahmsweise einmal die Leistungskondiktion

49) vgl. o. S.153, 157ff.

im Deckungsverhältnis verdrängt oder doch der Bank wahlweise neben ihr zur Verfügung steht, wie man es auch in anderem Zusammenhang erörtert.[50] Nach herrschender Literaturauffassung ist die Eingriffskondiktion dagegen unzulässig, weil die Bank zur Erfüllung eines vermeintlich wirksamen Auftrages an ihren Auftraggeber geleistet hat. Das bedarf näherer Erklärung.

1. Die Subsidiarität der Eingriffskondiktion[51]

a) Der Grundsatz

Treffen Leistungskondiktion und Eingriffskondiktion bezüglich des gleichen Gegenstandes in einer Person zusammen, dann hat die Leistungskondiktion Vorrang. Die Eingriffskondiktion ist neben der Leistungskondiktion unzulässig. Nach der neueren Bereicherungslehre ist Aufgabe der Eingriffskondiktion, den Ausgleich von Vermögensverschiebungen zu ermöglichen, die im Widerspruch zum Zuweisungsgehalt eines (absoluten) Rechts stehen. Die aus einem subjektiven Recht sich ergebende vermögensrechtliche Zuordnung soll wiederhergestellt werden, wenn sie ohne rechtfertigenden Grund geändert wurde. Von diesem Grundgedanken der Eingriffskondiktion wird erklärlich, daß sie nicht gegeben sein kann, wenn die Vermögensverschiebung vom Willen des Zuwendenden gedeckt war. Die Vermögensverschiebung kann dann nicht als dem Zuweisungsgehalt des Rechts widersprechend angesehen werden. Der Wille, einen Vermögenswert auf einen anderen zu übertragen, bleibt wirksam, auch wenn eine Verpflichtung zu dieser Vermögensverschiebung nicht bestand. So gesehen entspricht die Subsidiarität der Eingriffskondiktion dem sachenrechtlichen Abstraktionsprinzip und überträgt dieses auf die bereiche-

---

50) nämlich für die Drittleistung nach § 267 BGB; vgl. Thomä JZ 1962,627.

51) vgl. Baur-Wolf JuS 1966,393(397) und oben S.140f.

rungsrechtliche Ebene. Der Grundsatz dient vor allem dazu, Bereicherungsketten zu vermeiden. Am Grundmodell einer Bereicherungskette (A verkauft und übereignet eine Sache an B, dieser veräußert und übereignet dieselbe Sache weiter an C) werden die wesentlichen Funktionen des Grundsatzes deutlich. Ist der Kaufvertrag zwischen A und B nichtig (z.B. § 142 BGB), so kann A sich mit der Leistungskondiktion an B, nicht aber mit der Eingriffskondiktion an C halten, der allein den geleisteten Gegenstand herausgeben könnte. C hat vom Berechtigten oder gutgläubig erworben (§§ 929,932 BGB). Eine Eingriffskondiktion des A gegen C würde den sachenrechtlich wirksamen Erwerb unterlaufen und C liefe im Konkurs des B Gefahr, auch den gezahlten Kaufpreis endgültig zu verlieren. Der Ausschluß der Eingriffskondiktion gewährleistet, daß das Vertrauen des Empfängers in die Endgültigkeit seines Erwerbs geschützt wird. Die Beschränkung der Rückabwicklung rechtsgrundloser Leistungen auf das jeweils fehlerhafte Leistungsverhältnis entspricht der Relativität der schuldrechtlichen Ansprüche und sichert deren Fortwirken auf der bereicherungsrechtlichen Ebene. Dem Empfänger der Leistung bleiben Einwendungen, die er gegen den Schuldner hat, erhalten; darüber hinaus sichert der Grundsatz über den sonst auf § 818 Abs.3 BGB beschränkten Schutz hinaus abstrakten Vertrauensschutz gegenüber allen Einwendungen aus fremdem Vertrag. Der Enderwerber soll von dessen Nichtigkeit absolut verschont bleiben. Diese zutreffenden Wertungen entsprechen der Ablehnung der gemeinrechtlichen Versionsklage durch das BGB.[52] Dieselben Wertungen liegen der älteren Bereicherungslehre mit ihrem einschränkenden Merkmal der Unmittelbarkeit der Vermögensverschiebung zugrunde.

52) eingehend v. Caemmerer, Festschrift für Rabel S.352ff; H.P. Westermann JuS 1968,18; Fikentscher Schuldrecht § 99 IV 2b.

b) Anwendbarkeit des Grundsatzes im bargeldlosen Zahlungsverkehr

Die Rechtslage zwischen den an einer Überweisung beteiligten Personen entspricht nicht in jeder Hinsicht dem Grundmodell einer Bereicherungskette, das durch lineare Weitergabe des Leistungsgegenstandes gekennzeichnet ist. Es ist deshalb festzustellen, ob die Wertungen hinsichtlich der Schutzwürdigkeit des Empfängers auch hier in einer "Anweisungslage im weiteren Sinne"[53] zutreffen. Die Vermögensverschiebung erfolgt hier dinglich nicht durch das Vermögen des Schuldners der Valutabeziehung, sondern unmittelbar zwischen der Bank und dem Endbegünstigten.[54] Dennoch ist die Interessenlage grundsätzlich sehr ähnlich.

Das zeigt der Vergleich mit dem Fall einer abgekürzten Lieferung, in dem A den Leistungsgegenstand auf Weisung des B unmittelbar an C übereignet. Der Erwerb des C ist unverändert wirksam, und die schuldrechtlichen Beziehungen der Beteiligten unverändert gleich. Die Abkürzung des Lieferweges soll nur einer praktischen Erleichterung der Durchführung beider Verträge dienen, ohne die Rechtsstellung der Beteiligten zu ändern. Ein Unterschied zu dem Modell einer Bereicherungskette mit linearer Weitergabe besteht allenfalls insofern, als hier nicht mehr selbstverständlich ist, daß nicht nur im Verhältnis A zu B, sondern auch im Verhältnis A zu C eine Leistung vorliegt. Nach dem Erklärungsverhalten des unmittelbar Zuwendenden besteht daran zwar kein Zweifel, weil der Erstverkäufer - im bargeldlosen Zahlungsverkehr die beauftragte Bank - im Auftrage und für Rechnung seines Vertragspartners handelt und dieses auch zum Ausdruck bringt. Zweifel im Überweisungsverkehr können aber gerade dann aufkommen, wenn dessen Weisung

53) Ausdruck von v. Caemmerer, JZ 1962,385(387).

54) vgl. wegen dieses Unterschiedes Canaris,Festschrift für Larenz S.802ff (822).

unwirksam war. Denn dann erwirbt die Bank den vertraglichen Ersatzanspruch aus § 670 BGB nicht. Das veranlaßt Wilhelm zu der Behauptung, aus diesem Grunde habe der Gutschriftsempfänger nicht "aus dem Vermögen" des unwirksam anweisenden Schuldners, sondern aus dem Vermögen der Bank erworben, die deshalb auch beim Empfänger kondizieren könne.[55] Bereicherungsrechtlich soll aber die Zuwendung dennoch als eine Leistung des Auftraggebers gelten, was nicht immer vorteilhaft für ihn zu sein braucht. Die Frage nach dem Tatbestand einer Leistung namentlich im Valutaverhältnis ist näher zu prüfen. Die Frage lautet, ob die Gutschrift trotz des Zurechnungsmangels der Weisung im bereicherungsrechtlichen Sinne eine Simultanleistung ist, d.h. Leistung sowohl im Deckungs- als auch im Valutaverhältnis. Das wird bestritten.[56]

Zu dieser Prüfung besteht umso mehr Anlaß, als die Rechtsprechung den Subsidiaritätsgrundsatz anders als die Lehre vom Standpunkt des Empfängers aus formuliert und fragt, ob dem Empfänger der Bereicherungsgegenstand geleistet wurde.[57] Ist nicht nur im Deckungs-, sondern auch im Valutaverhältnis "geleistet" worden, dann ist die Eingriffskondiktion nach beiden Standpunkten unzulässig. Die Lage der Leistungsverhältnisse entspricht dann dem Grundmodell einer linearen Bereicherungskette in jeder Hinsicht.

c) Leistung im Deckungsverhältnis trotz Unwirksamkeit der Zahlungsanweisung

Es kann kein Zweifel daran bestehen, daß die Bank, die einen Überweisungsauftrag oder eine Scheckanweisung ausführen will, mit der entsprechenden Gutschrift oder Barauszahlung an ihren Kunden als Auftraggeber leistet, unabhängig

---

55) JuS 1973,1; AcP 175,304; dazu unten S.188f.

56) vgl. Meyer-Cording S.51; Lorenz JuS 1968,441(447); Canaris, Festschrift für Larenz S.819ff(821); BGH WM 1976,900.

57) s.S.141, 205ff.

davon, ob der Auftrag oder die Anweisung wirksam erteilt ist oder nicht. Denn die Bank will mit der Zuwendung an den Begünstigten den ihr erteilten Auftrag erfüllen oder die Scheckanweisung ausführen.

Daraus folgt, daß die Bank bei Unwirksamkeit der Zahlungsanweisung sich grundsätzlich an ihren Vertragspartner zu halten hat, mit dem sie auch bei wirksamer Anweisung abrechnen wollte. Die Bank hat die mit der Gutschrift (Barauszahlung) erfolgte Verwendung ihres Vermögens allein im Hinblick auf ihr Vertragsverhältnis zu ihrem Auftraggeber vorgenommen, dem sie auch für den Fall von Rechtsmängeln in diesem Vertragsverhältnis entsprechendes Vertrauen geschenkt hat. Mit ihm hat sie deshalb, auch wenn der vertragliche Ersatzanspruch nicht entsteht, abzurechnen.

Dabei kann die Frage entstehen, ob der Auftraggeber durch die Zuwendung der Bank an den Dritten überhaupt etwas erlangt hat, was herauszugeben ist. Diese Frage ist eindeutig zu beantworten, wenn die Gutschrift der Bank im Valutaverhältnis Erfüllung bewirkt hat. Es ist dann Befreiung von einer Verbindlichkeit eingetreten. Sonst besteht ein Doppelmangel.[58]

d) Leistung im Valutaverhältnis trotz Unwirksamkeit der Zahlungsanweisung (die einzelnen Fälle)

Die einzelnen Mängel sind erneut durchzugehen.

(1) Fehlende Geschäftsfähigkeit des Schuldners

Prüft man zunächst rein begrifflich, ob eine "bewußte" und "zweckgerichtete Vermögensvermehrung" durch den geschäftsunfähigen Schuldner im Valutaverhältnis gegeben ist, so findet man diese Voraussetzung bestätigt. Der geschäftsunfähige oder nur beschränkt geschäftsfähige Schuldner, der selbst einen Überweisungsauftrag erteilt, setzt die mit dem Überweisungsauftrag oder mit der Scheckhingabe beabsichtigte Vermögensverschiebung mit natürlichem Leistungsbewußtsein in

58) dazu 5.Kapitel S. 214ff.

Gang. Die Erteilung des Überweisungsauftrages und die Hingabe des Schecks sind Leistungshandlungen des Schuldners, auf die die später erteilte Gutschrift zurückzuführen ist. Den Leistungstatbestand im Valutaverhältnis könnte man allenfalls mit der Begründung leugnen, daß mangels einer rechtsgeschäftlich gültigen Zweckbestimmung seitens des Geschäftsunfähigen die mit der Gutschrift eingetretene Vermehrung des Empfängervermögens nicht zweckgerichtet sei und deshalb keine Leistung vorliege. Solche Gedankenführung ist indessen falsch; denn die Zweckbezogenheit ergibt sich hinreichend deutlich aus der Erfüllungsbereitschaft des Geschäftsunfähigen, die er zu erkennen gegeben und bestätigt hat, indem er seine Bank zu einer bestimmten Zahlung anwies. Der Sachverhalt ist für die Prüfung eines Leistungsverhältnisses nicht anders zu bewerten, als wenn der Geschäftsunfähige bei der Bank seines Gläubigers zu dessen Gunsten Bargeld einzahlt oder diesem direkt Bargeld übergibt. Auch hier liegt eine Leistung vor, wenn auch die Übereignung nicht wirksam ist (§§ 929,105 BGB). Die Vermehrung des Gläubigervermögens ist durch Leistung, nicht in sonstiger Weise eingetreten. Die in der Literatur[59)] häufig aufgeworfene Frage nach der Rechtsnatur der vom Schuldner zu treffenden Zweckbestimmung betrifft allein die Rechtsgrundproblematik. Sie darf in die Prüfung, ob der Tatbestand einer Leistung vorliegt, nicht einfließen. Die neuere Bereicherungslehre beruht darauf, daß sie die Fragen, ob geleistet wurde und ob der Empfänger mit Rechtsgrund erworben hat, trennt. Das erst ermöglicht, den Rechtsgrund in Leistungsverhältnissen und anderen Bereicherungslagen unterschiedlich zu definieren.

Es wäre freilich auch widersprüchlich, einerseits einer Gutschrift, die ein geisteskranker Schuldner angewiesen hat, Erfüllungswirkung beizumessen, andererseits aber im

---

59) Larenz JuS 1968,441(442); zuletzt Weitnauer NJW 1974, 1729(1730); wie hier Serick, Festschrift für Ph.Möhring S.116.

Valutaverhältnis den Tatbestand einer Leistung zu leugnen. Das hieße, einen gespaltenen Leistungsbegriff[60] zu verwenden. Zwar bewirkt nicht jede Leistung Erfüllung, aber Erfüllung kann nur durch Leistung eintreten (vgl. § 362 BGB).

Man muß zwar die Frage nach der Rechtsnatur der vom Schuldner zu treffenden Zweckbestimmung im Tatbestand der Leistung nicht als identisch behandeln mit der entsprechenden Frage im Erfüllungsrecht[61]. Das ergibt sich schon allein daraus, daß die Zweckbestimmung im Tatbestand der Leistung zeitlich mit dem Erfüllungsakt nicht zusammenzufallen braucht, wie die Giroüberweisung als Beispiel eines gestreckten Leistungsvorganges zeigt. Deshalb sieht Ehmann, der im Erfüllungsrecht die reine Vertragstheorie vertritt, zu Recht keinen Widerspruch darin, für den Tatbestand der Leistung eine Leistungshandlung genügen zu lassen, die nur von natürlichem Erfüllungswillen getragen ist.[62] Die Fragen sind aber insofern identisch, als die neuere Bereicherungslehre den Rechtsgrund bei der Leistungskondiktion nicht im Bestand einer der Leistung entsprechenden Forderung (innere causa) sieht, sondern prüft, ob

---

60) vgl. aber Serick, Festschrift für Ph.Möhring S.132.

61) vgl. H.P. Westermann, Die causa S.87; Medicus § 27 I 1; Mühl NJW 1968,1868 mit entspr.Hinweis auf den Zusammenhang von Erfüllungsrecht und Bereicherungsrecht; Beuthien, Zweckerreichung S.282ff(290-293); Thomä JZ 1962,623(625); Zeiß JZ 1963,7ff; unhaltbar ist der Satz von Thomä, ob Erfüllung eintrete oder nicht, hänge vom Bereicherungsrecht ab; Zeiß behauptet, die Lehre von der Leistungskondiktion sei mit der Theorie von der realen Leistungsbewirkung unvereinbar. Soweit das Bereicherungsrecht das Behaltendürfen vom Willen des Leistenden abhängig mache, müsse dieser Wille auch Element des Erfüllungstatbestandes sein. Dabei wird verkannt, daß die Erfüllungsfrage im Bereicherungsrecht allein Bedeutung hat für das Merkmal "ohne rechtlichen Grund", sofern die Parteien als Leistungszweck Erfüllung vereinbart haben. Die Wirksamkeit dieser Zweckvereinbarung entscheidet nicht über den Erfüllungseintritt selbst.

62) Ehmann NJW 1969,398(400 Fußn.19).

der vereinbarte Zweck erreicht wurde (äußere causa). Leistungen solvendi causa sind mit Rechtgrund erfolgt, wenn Erfüllung eingetreten ist. Sie sind dann kondiktionsfest.

(2) Für die Gutschrift, die ein nichtverfügungsbefugter Schuldner angewiesen hat, gilt im Prinzip das Gleiche. In dem Hauptfall, daß der Schuldner vor Erteilung der Gutschrift in Konkurs gefallen ist, hindert die wegen § 7 KO ausgebliebene Erfüllung im Valutaverhältnis nicht die Annahme einer Leistung des Gemeinschuldners. Mangels Zweckerreichung ist sie zwar ohne Rechtsgrund erfolgt. Jedoch ist ein Leistungsverhältnis zwischen Schuldner und Gläubiger mit der Gutschrift entstanden. Der Gemeinschuldner hat bewußt und zweckbestimmt zugewandt.[63)]

(3) Der nicht beachtete Widerruf

Hat der überweisende Schuldner einen Überweisungsauftrag rechtzeitig vor der Gutschrift widerrufen, so scheint dagegen schon der Tatbestand einer Leistung im Valutaverhältnis zu fehlen. Die Gutschrift wird dem Empfänger jetzt nicht nur gegen den Willen des Schuldners erteilt, sondern auch ohne dessen Wissen. Eine vom Schuldner bewußt herbeigeführte zweckgerichtete Vermögensverschiebung ist objektiv nicht festzustellen, wenn man auf den Zeitpunkt der Gutschrift abstellt. Da auch die Bank den Tatbestand einer Leistung im Valutaverhältnis mangels einer eigenen Zweckbestimmung nicht verwirklicht, kann es auch nicht darum gehen, ob dem Schuldner fremdes Leistungsverhalten als eigenes zuzurechnen ist. Jedoch vermag der Empfänger der Gutschrift die geänderte Willensrichtung seines Schuldners nicht zu erkennen , solange er den Widerruf nicht kennt. Aus seiner Sicht ist die Gutschrift wie bei einem wirksam erteilten und nicht widerrufenen Überweisungsauftrag eine Leistung seines Schuldners. Auf den A n s c h e i n der

---

63) vgl. aber BGH NJW 1976,1845.

Leistung stellt die h.M.[64] ab und begründet mit ihm die Unzulässigkeit einer Kondiktion der Absendebank gegen den Gutschriftsempfänger.

Es ist gefestigte Rechtsprechung[65] des Bundesgerichtshofes, daß über Inhalt und Existenz einer Zweckbestimmung im Tatbestand der Leistung eine objektive Betrachtungsweise aus der Sicht des Empfängers entscheidet, falls dessen und des vermeintlich Leistenden Vorstellungen nicht übereinstimmen. Die Lehre vom Empfängerhorizont, die dem Schutz des Empfängers dient, beruht auf der Überlegung, daß es Sache des Zuwendenden ist, den Zweck der Verwendung seines Vermögens zu bestimmen (arg. §§ 366, 367 BGB). Der Zuwendende hat es in der Hand, sich dem Empfänger gegenüber so genau zu erklären, daß Zweifel an der Zweckrichtung nicht aufkommen. Auf dieser Grundlage argumentiert man mit einer (entsprechenden) Anwendung der für die Auslegung von Willenserklärungen geltenden §§ 133, 157 BGB. Die Anwendbarkeit der Lehre vom Empfängerhorizont auf Überweisungen trotz rechtzeitigen Widerrufs bereitet indes nicht unbeträchtliche Schwierigkeiten. Sie rühren daher, daß der Widerruf die ursprünglich erteilte Weisung inhaltlich aufhebt und ein auslegungsfähiges Leistungsverhalten des Schuldners im Zeitpunkt der Gutschrift nicht mehr vorliegt. Über diese Besonderheit setzt sich die h.L. hinweg. Tatsächlich treffen die Wertungen, die der Lehre vom Empfängerhorizont zugrundeliegen, im Überweisungsverkehr uneingeschränkt zu. Sie erscheint auch konstruktiv nicht unanwendbar. Denn ein auslegungsfähiges Leistungsverhalten des Schuldners hat bis zum Zeitpunkt des Widerrufs vorgelegen. Das ist besonders deutlich im Scheckverkehr, weil hier der Schuldner mit Übergabe des Schecks dem

---

64) Baur-Wolf, JuS 1966,393(396); Zeiß aaO.; Wirth S.30ff; Erman-Seiler § 812 Anm.4c aa; Palandt-Thomas § 812 Anm.5 Bb; Medicus § 27 II,36; BGHZ 61,289; dazu Wilhelm AcP 175,304; a.A. Weinauer aaO.; Ehmann NJW 1971,612ff.

65) BGHZ 36,30ff; 40,272(278); BGH BB 1971,889; NJW 1974 (40) und 1132.

Gläubiger gegenüber unmittelbar eine Zweckbestimmung trifft. Im Überweisungsverkehr ist eine gleiche Beurteilung angezeigt. Wenn es dem ursprünglich mit Erfüllungswillen handelnden Schuldner nicht gelingt, seine geänderte Vorstellung durchzusetzen und die von ihm in Gang gesetzte Überweisung aufzuhalten, so muß er sich an dem dadurch entstandenen Anschein einer Leistung festhalten lassen. Für den Empfänger bleibt der Widerruf ein unerkennbares Internum des Deckungsverhältnisses. Die Bank handelt wie immer im Auftrage und für Rechnung des Schuldners. Die Gutschrift bleibt für den Empfänger eine Leistung des Schuldners. Der Empfänger erscheint unvermindert schutzwürdig. Die Folgen des Übersehens können nur im Deckungsverhältnis abgerechnet werden. Wieder trifft der Vergleich mit dem Grundfall einer abgekürzten Lieferung zu, in dem A auf Weisung seines Käufers B eine Sache unmittelbar dessen Abkäufer C übereignet. Hat B in letzter Minute die Weisung widerrufen, so hat das nur die Folge, daß wegen § 362 Abs.2 i.V.m. § 185 BGB der Kaufvertrag A/B nicht erfüllt ist und A gegebenenfalls Schadensersatz zu zahlen hat. C hat mit alldem nichts zu tun. Er genießt abstrakten Vertrauensschutz.

Dem allen trägt man Rechnung, wenn man bei einer Überweisung trotz rechtzeitigen Widerrufs des Auftrages davon ausgeht, daß im Valutaverhältnis geleistet wurde und Erfüllung eingetreten ist. Flume[66] hat sich in einer Anmerkung zur Idealheim-Entscheidung des Bundesgerichtshofes[67] gegen das Abstellen auf die Sicht des Empfängers ausgesprochen.

Er begründet seine ablehnende Auffassung damit, daß der Wille des klagenden Baustofflieferanten, eine vermeintlich eigene Schuld gegenüber dem Empfänger zu erfüllen, nicht genügend beachtet worden sei. Es habe in Wahrheit der Fall einer echten Drittleistung vorgelegen.

---

66) Flume JZ 1962,281f.

67) BGHZ 36.30ff.

Die ablehnende Auffassung von Flume darf indes nicht für alle Vermögensverschiebungen mit Drittbeziehungen verallgemeinert werden. Ganz anders als im Idealheimfall trifft in Anweisungslagen der Angewiesene typischerweise nie eine eigene Zweckbestimmung. Auf den von Flume eingenommenen Standpunkt für echte Drittleistungen braucht hier deshalb nicht weiter eingegangen zu werden. Für Anweisungsleistungen im weiteren Sinne ist die Lehre vom Empfängerhorizont, soweit ersichtlich, im Prinzip[68)] nicht bestritten, sieht man einmal von solchen Stimmen ab, die die neuere Bereicherungslehre insgesamt verwerfen.[69)]

Die letzte hier zu erörternde Frage ist allerdings, ob die Lehre vom Empfängerhorizont im Fall einer Überweisung trotz rechtzeitigen Widerrufs des Überweisungsauftrages überhaupt bemüht werden muß, um den Tatbestand einer Leistung im Valutaverhältnis zu begründen.

Insofern erscheint bemerkenswert, daß in allen anderen hier genannten Beispielsfällen, in denen der Schuldner die Überweisung tatsächlich in Auftrag gegeben hat, eine Leistung im Valutaverhältnis festzustellen ist, ohne daß die Lehre vom Empfängerhorizont bemüht werden muß. Die Gutschrift aufgrund eines Überweisungsauftrages des geschäftsunfähigen Schuldners stellt eine Leistung im Valutaverhältnis dar, weil dieser den Erwerb des geschuldeten Betrages seitens des Gläubigers durch sein Verhalten (erteilter Überweisungsauftrag) veranlaßt hat. Entscheidend für die Annahme einer Leistung im Valutaverhältnis ist hier die Feststellung einer Handlung des Schuldners, die geeignet und bestimmt war, den geschuldeten und eingetretenen Erfolg herbeizuführen. Das macht die Zuwendung der Bank

---

68) Die Lehre vom Empfängerhorizont wird abgelehnt im Hinblick auf abhandengekommene Leistungsgegenstände wie z.B. in BGH NJW 1971,612 (Jungbullen). Insofern zu Recht kritisch Fikentscher, Schuldrecht § 99 II 1 S.568; kritisch auch Serick, Festschrift für Ph.Möhring S.115ff.

69) wie Wilhelm und Weitnauer aaO. m.w.N.

zu einer Leistung des (geschäftsunfähigen) Schuldners.
Eine ebenso geartete Leistungshandlung des Schuldners liegt aber auch in den Widerrufsfällen vor.

Der Unterschied zu dem zuvor genannten Beispiel des geschäftsunfähigen Schuldners besteht allein darin, daß im Falle des widerrufenen Überweisungsauftrages im Zeitpunkt der Gutschrift die Erfüllungsbereitschaft des Schuldners fehlt.

Auf Erfüllungsbereitschaft kommt es hingegen bei der Prüfung, ob der Tatbestand einer Leistung vorliegt, nicht an. Hier entscheidet, wie dargelegt, ob der Gläubiger den geschuldeten Gegenstand erworben hat aufgrund einer Leistungshandlung des Schuldners, die diesen Erwerb herbeizuführen geeignet war und ihn herbeiführen sollte.

Diese Voraussetzungen liegen sämtlich im Fall einer Überweisung trotz eines rechtzeitigen Widerrufs des Auftraggebers vor, und zwar objektiv und nicht nur aus der Sicht des Empfängers. Denn maßgeblich dafür, ob eine Leistung vorliegt, ist der Zeitpunkt der Leistungshandlung und nicht der Zeitpunkt, in dem der Leistungserfolg eintritt. Erfüllungsbereitschaft und Erfüllungswille im Zeitpunkt der Gutschrift sind für den Tatbestand einer Leistung im Valutaverhältnis nicht zu fordern. Sie haben in Wahrheit allenfalls bei der Rechtsgrundproblematik Bedeutung und das auch nur nach der hier abgelehnten Vertragslehre.

Zusammengefaßt bedeutet dies, daß eine Gutschrift aufgrund eines widerrufenen Überweisungsauftrages *objektiv* und nicht nur aus der Sicht des Empfängers eine Leistung des den gutgeschriebenen Betrag schuldenden Auftraggebers darstellt. Es zeigt sich, daß für die Frage, ob im Valutaverhältnis geleistet ist, die Lehre vom Empfängerhorizont nicht bemüht zu werden braucht.

(4) Die gleichen Grundsätze wie für den übersehenen Widerruf gelten für Überweisungsaufträge, die unter einer Bedingung erteilt wurden. Solange die Bedingung dem Empfänger

nicht bekannt ist, darf er die Gutschrift, die ohne Rücksicht auf den Eintritt der Bedingung erteilt wurde, als eine vom Schuldner zweckbestimmte Mehrung seines Vermögens behandeln und als Erfüllung seiner Forderung auch behalten.

(5) Für eine Anfechtung des Überweisungsauftrages (§§ 119ff BGB) kann nichts anderes gelten. Sie kann zwar den einzelnen Überweisungsauftrag rechtlich mit rückwirkender Kraft vernichten (§ 142 BGB). Die einmal entstandenen Leistungsverhältnisse sind dagegen rückwirkend ebensowenig zu beseitigen wie die einmal eingetretene Erfüllung.[70] Anders als Verträge sind Leistungsverhältnisse faktischer Natur. Sie sind mit der Vermögensverschiebung und der allein dadurch geschaffenen Risikoverteilung entstanden und entfalten ihre Bedeutung gerade dann, wenn ihre Rechtsgrundlage fehlt oder nachträglich wegfällt.

2. Schutz des bösgläubigen Empfängers

Die Frage, ob der abstrakte Vertrauensschutz des Empfängers in Anweisungslagen und speziell im Girorecht auch dann zu begründen ist, wenn der Empfänger den Gültigkeitsmangel der Weisung im Deckungsverhältnis kennt, ist im Schrifttum[71] kaum erörtert.

Der Bundesgerichtshof[72] hat in einer Entscheidung zu einem widerrufenen und nach Ablauf der Vorlegungsfrist (Art.29 Abs.1 ScheckG) eingelösten Scheck die Frage offengelassen, indem er mehrfach (auch im Leitsatz) darauf abgehoben hat, daß der Scheckinhaber den Widerruf im Zeitpunkt der Scheckeinlösung nicht kannte.

---

70) Fikentscher, Schuldrecht § 99 II 1 S.568.

71) vgl. aber den Hinweis von Köndgen aaO.; Canaris, Festschrift für Larenz S.802(807),808,818,863.

72) BGH NJW 1974,39(41); vgl. auch WM 1976,900.

In einer jüngsten Entscheidung[73] hat er die Durchgriffskondiktion gegen den Zahlungsempfänger zugelassen, der wissentlich einen vom Aussteller nur gestempelten und nicht unterschriebenen Scheck (Art.1 Nr.6 ScheckG) zur Einlösung vorgelegt hatte. Weiß der Empfänger einer Gutschrift, daß der Überweisungsauftrag nichtig oder widerrufen oder sonst ungültig ist, so ist er im gewissen Sinne bösgläubig. Sein Wissen erstreckt sich darauf, daß die Bank im Deckungsverhältnis den vertraglichen Ausgleichsanspruch nicht erwirbt.

Im Fall eines übersehenen Widerrufs weiß der Empfänger im Zeitpunkt der Erfüllung zudem, daß die Gutschrift vom tatsächlichen Willen des Schuldners nicht mehr gedeckt ist. Versucht man, diesen Sachverhalt auf das Grundmodell einer linearen Bereicherungskette von A über B nach C zurückzuführen, so entspricht dem der Fall, daß der Empfänger C die Unwirksamkeit des kausalen Erwerbsgeschäftes zwischen A und B kennt. Diese Kenntnis steht seinem Erwerb aber nicht entgegen. Er erwirbt vom Berechtigten. Im Falle einer abgekürzten Lieferung ist es nicht anders. Bei einem Mangel der Weisung des B an A bleibt der dingliche Erwerb des C wirksam (§ 929 BGB). Wenn aber die Kenntnis des Erwerbers von einem Mangel des Deckungsverhältnisses nach den Wertungen des sachenrechtlichen Abstraktionsprinzips der Wirksamkeit des Erwerbs nicht entgegensteht, dann ist diese Kenntnis auch kein Grund, eine Ausnahme vom Grundsatz der Subsidiarität der Eingriffskondiktion zu machen.

Der Subsidiaritätsgrundsatz beruht, wie gezeigt, seinerseits auf dem Abstraktionsprinzip und soll dessen Wertungen auf die bereicherungsrechtliche Ebene übertragen.[74] Die Folge aus alledem ist, daß die Durchgriffskondiktion auch dann zulässig ist, wenn der Drittempfänger den Mangel der Deckungsbeziehung kennt. Nicht guter Glaube entscheidet,

---

73) BGH WM 1976,1449.

74) a.A. Canaris, Festschrift für Larenz S.802(863), dessen Argument aus § 935 BGB für alle Mängel der Weisung (nicht nur bei Fehlen einer Weisung) nicht überzeugt.

sondern das Faktum der vollzogenen Leistung.[75] Bargeldlose Zahlungen verdienen keine von diesen Überlegungen abweichende Beurteilung, auch nicht im Fall des übersehenen Widerrufs, von dem der Gutschriftsempfänger Kenntnis erlangt hat.

Eine Ausnahme vom Vorrang der Leistungskondiktion könnte allenfalls aus dem allgemeinen Gedanken zu entwickeln sein, daß der bösgläubige Empfänger weniger schutzwürdig erscheint und deshalb nicht abstrakten, sondern nur konkreten Vertrauensschutz über § 818 Abs.3 BGB gegenüber der Bank verdient. Das würde hingegen bedeuten, daß er praktisch schutzlos wäre. Wer weiß, daß das von ihm Erlangte kondizierbar ist, kann sich nicht auf Wegfall der Bereicherung berufen (§§ 818 Abs.4, 819 Abs.1 BGB).

Innere causa für den Erwerb des Gutschriftsempfängers ist allein die Valutaforderung, nicht zusätzlich die Anweisung gegenüber der Bank. Diese kann nicht dadurch zur Erwerbscausa erstarken, daß der Erwerber ihren Mangel kennt. Die Gleichstellung von Mängeln des Deckungsverhältnisses und solchen des Valutaverhältnisses ist systemwidrig.

Der Empfänger kann sich unabhängig von seiner Kenntnis bezüglich des Mangels des Deckungsverhältnisses auf den Standpunkt stellen, daß der Mangel der Anweisung eine Angelegenheit des Deckungsverhältnisses ist, welche die Partner dieser Beziehung unter sich auszumachen haben. Denn für den Gläubiger, der erlangt hat, was ihm zusteht, bleibt die

---

75) Das scheint der BGH in seiner eben wiedergegebenen Entscheidung übersehen zu haben. Sollten die Inhaber des von der Klägerin belasteten Kontos vom Beklagten die nur gestempelten und nicht unterschriebenen Schecks zum Zweck der Einlösung übergeben haben, dann muß der Verstoß gegen Art.1 Nr.6 ScheckG eine Angelegenheit der Deckungsbeziehung bleiben. Auf die Kenntnis des Mangels auf Seiten des Zahlungsempfängers kommt es nicht an. Im Ergebnis wäre die Entscheidung dagegen richtig, wenn der Zahlungsempfänger die Schecks entweder deliktisch erlangt oder aber abredewidrig vorgelegt hat. Dann sind keine Leistungsverhältnisse entstanden (s. dazu V., S. 203). Den Entscheidungsgründen ist nicht zu entnehmen, ob diese Umstände aufgeklärt wurden.

Gutschrift trotz Kenntnis des Mangels in der Deckungsbeziehung eine Zahlung seines Schuldners. Das ist Inhalt des Erklärungsverhaltens der Bank, welche die Zuwendung vollzogen hat aufgrund einer tatsächlich erteilten, wenn auch widerrufenen Weisung ihres Auftraggebers. Dem entspricht, daß nach herrschender Erfüllungslehre trotz Mängel der Deckungsbeziehung und unabhängig von deren Kenntnis seitens des Schuldners die Valutaschuld erlischt.[76] In Einzelfällen mag § 826 BGB anwendbar sein. Im Überweisungsverkehr bereitet freilich schon die Frage nach der schädigenden Handlung Schwierigkeiten. Der Gutschriftsempfänger wird zum Zwecke des Erwerbs überhaupt nicht tätig. Man müßte den Empfänger einer Gutschrift für verpflichtet halten, die unwirksam beauftragte Bank - bei der Kettenüberweisung mit ihr vertraglich nicht einmal verbunden - auf den Mangel ihrer eigenen Rechtsposition hinzuweisen. Das erscheint ausgeschlossen. Anders ist im Scheckverkehr an die Vorlage des Schecks durch den bösgläubigen Scheckinhaber anzuknüpfen und nach Art.22 ScheckG zu entscheiden. Die Durchgriffskondiktion im Überweisungsverkehr würde über die dort für den Scheckverkehr gezogenen Grenzen weit hinausgehen.

3. Grundsätzliche Kritik der abweichenden Auffassungen

a) Die abweichende Auffassung, die Canaris[77] für alle unter I. dieses Kapitels genannten Mängel der Anweisungserklärung vertritt, stellt in erster Linie darauf ab, daß eine wirksame T i l g u n g s b e s t i m m u n g im Valutaverhältnis fehle. Der Grundsatz der Subsidiarität der Nichtleistungskondiktion gegenüber der Leistungskondiktion greife nicht ein, da der Empfänger wegen des Fehlens einer wirksamen "Zweck- und Tilgungsbestimmung" nicht schutz-

76) s.o. S. 161-165.

77) s.o. S. 152.

würdig sei. Der Erwerb des Empfängers leide an einem Mangel, vor dem das für die bereicherungsrechtliche Rückabwicklung sonst maßgebliche Abstraktionsprinzip seinem Sinn und Zweck nach keinen Schutz gebiete. Die Durchgriffskondiktion der Bank gegen den Empfänger sei ausnahmsweise zulässig, weil ein wirksamer Überweisungsauftrag fehle. Die mit der Anweisung und ihrer Durchführung geschaffene Risikoverteilung könne dem Anweisenden nicht zugerechnet werden. Die unwirksam angewiesene Bank erscheine schutzwürdiger als der Empfänger, da auch dessen Erwerb von dem Mangel ergriffen und selbst fehlerhaft sei.

Diese Gegenmeinung kann zunächst für sich in Anspruch nehmen, daß sie für alle Mängel, die unmittelbar den Überweisungsauftrag betreffen, ein einheitliches Rückabwicklungsmuster anbietet. Jedoch muß die unterschiedslose Behandlung von Überweisungen, mit denen sich der Schuldner tatsächlich e i n v e r s t a n d e n gezeigt hat, und solchen, von denen er nichts weiß, ihrerseits bedenklich erscheinen. Die Gleichstellung von Überweisungen, für die eine entsprechende Weisung nie erteilt wurde, und solchen aufgrund erteilter, aber rechtlich nichtiger oder unwirksamer Weisung ist nicht selbstverständlich. Andererseits will auch aus der Sicht des Empfängers nicht einleuchten, warum er bei Gültigkeitsmängeln einer der Bank erteilten Weisung prinzipiell anders behandelt werden soll als bei schlichten Deckungsmängeln. Beide Mängel sind für ihn nicht erkennbare interna des Rechtsverhältnisses zwischen der Bank und ihrem Auftraggeber.

Der Haupteinwand gegen die Auffassung von Canaris ist, daß sie im Widerspruch steht zur herrschenden und von ihm selbst geteilten Erfüllungslehre vom realen Tilgungsakt. Der Zusammenhang zwischen dem Erfüllungsrecht und dem Recht der ungerechtfertigten Bereicherung wird zwar von Canaris deutlich genügend ausgesprochen, wenn er auf das "Fehlen einer Zweck- und Tilgungsbestimmung" abstellt. Jedoch geht er auf die Problematik nicht näher ein. Der Widerspruch wird nicht erörtert. Eine Begründung, weshalb der geschäftsunfähige Schuldner, der eine geschuldete Leistung tatsächlich erbringt, nicht von seiner Verbindlichkeit befreit sein soll, bleibt aus. Allein der Hinweis, es handele sich um eine Zurechnungsproblematik, die im Lichte der Privatautonomie zu beurteilen sei, reicht hier nicht aus. Denn eine auf natürlichem Willen beruhende Veranlassung ist ein in allen Rechtsgebieten anerkanntes Kriterium der Risikoverteilung. Der Zurechnungsgedanke entstammt der Rechtsgeschäftslehre, wo es um die Zurechnung von Rechtsfolgen geht. Im Bereicherungsrecht, das einen gerechten und billigen Ausgleich eines Erwerbs anstrebt, der nach der Rechtsordnung zwar wirksam, mit den Anforderungen materieller Gerechtigkeit aber nicht in Einklang steht, kommt dem Zurechnungsgedanken nicht die gleiche ausschlaggebende Bedeutung zu. Canaris[78)] beruft sich zu Unrecht auf Larenz, der vielmehr umgekehrt an zitierter Stelle die Bedeutung schlichter Veranlassung betont und nur, wo diese fehlt, sozusagen hilfsweise auf rechtsgeschäftliche Zurechnungsmaßstäbe (nämlich auf berechtigte Geschäftsführung ohne Auftrag) abstellt.

Tilgungsbestimmungen haben im geltenden Recht Bedeutung, weil derjenige, der Vermögenswerte aus der Hand gibt, über deren Verwendung bestimmen kann. So sind sie für die Erfüllungsfrage von Bedeutung im Falle des § 267 BGB.

Aus § 366 Abs.2 BGB ergibt sich, daß dieses Bestimmungsrecht dem Schuldner zusteht, wenn es um die Anrechnung der Leistung auf mehrere Forderungen geht. Macht der Zuwendende von seinem Bestimmungsrecht keinen Gebrauch, so gilt im Erfüllungsrecht wie im Bereicherungsrecht die Verwendung als bzweckt, die sich dem Empfänger den gesamten Umständen nach aufdrängen muß, soweit nicht das Gesetz in § 366 Abs.2 BGB Regeln für den Zweifelsfall enthält. Dem Bestimmungsrecht des Schuldners entspricht die Lehre von der Leistungskondiktion, indem sie als Rechtsgrund nicht den Bestand einer

---

78) Canaris in Festschrift für Larenz, einleitend S.799 mit Fußn.3 unter Berufung auf Larenz, Schuldrecht II, 10.Aufl. S.413-415.

Forderung (innere causa), sondern das Erreichen des vom Schuldner bestimmten Zwecks (äußere causa) ansieht. Bei Leistungen tatsächlicher Art kann die Zweckerreichung nach h.L. unabhängig davon eintreten, ob die Zweckbestimmung rechtsgültig ist oder nicht. Ihre Zuordnungsfunktion erfüllt die Zweckbestimmung unabhängig davon.

b) Die hier kritisierte Gegenmeinung beruft sich zu Unrecht auf von Caemmerer und dessen berühmt gewordenen Aufsatz: "Bereicherungsansprüche und Drittbeziehungen"[79]. V. Caemmerer weist vielmehr schon einleitend darauf hin, daß die Gutschrift der Bank immer als Leistung des Auftraggebers gelte, ebenso wie die Leistung eines Erfüllungsgehilfen als Leistung des Schuldners an den Gläubiger und als Leistung des Erfüllungsgehilfen an den Schuldner gelte. An anderer Stelle[80] betont er, daß die Bank sich an ihren vermeintlichen Auftraggeber halten müsse, soweit dieser durch die Bank von einer Verbindlichkeit befreit oder sonst Vorteile erlangt habe. Nur wenn der Überweisungsauftrag gefälscht oder von einem Geisteskranken erteilt ist, läßt v. Caemmerer auch bei wirksamem Valutaverhältnis die Durchgriffskondiktion zu. Er übersieht dabei, daß nach ganz herrschender Auffassung auch ein Geisteskranker Erfüllung bewirken kann. Den gefälschten Überweisungsauftrag setzt er mit dem nichtigen Überweisungsauftrag auch wohl nur wegen der Schwere des Mangels gleich. Das Fehlen solcher Mängel sei "Geschäftsgrundlage". Eine weitergehende Begründung enthält der Aufsatz nicht. Die Schwere ist aber kein brauchbares Abgrenzungskriterium. V. Caemmerer sieht sich selbst der Schwierigkeit ausgesetzt, solche Mängel von anderen zu unterscheiden.

---

79) v. Caemmerer in JZ 1962,385(386).
80) JZ 1963,446.

c) Der neueren Bereicherungslehre und speziell ihrer Eignung zur Lösung der Problematik von Fehlüberweisungen im Giroverkehr ist unlängst Wilhelm[81)] entgegengetreten. Er wendet sich im Anschluß an Flume allgemein gegen die moderne Lehre von der Leistungskondiktion und greift gerade ihre Rechtfertigung aus der bloßen Verursachung der Bereicherung des Empfängers an. Statt dessen sei entscheidend, ob der Bereicherungsschuldner "aus dem Vermögen" des Bereicherungsgläubigers bereichert sei. Es gehe dann "nur noch um die Prüfung der Rechtsgrundlosigkeit dieser Vermögensbewegung". Die Probleme der Bestimmung des Leistungsverhältnisses und der Subsidiarität der Eingriffskondiktion lösten sich dann auf.

Dazu ist zu sagen, daß sich die genannten Probleme nicht auflösen, sondern lediglich in die Prüfung der Rechtsgrundlosigkeit der Bereicherung verschoben werden. Das aber bedeutet nichts anderes, als eine Rückkehr zur älteren Bereicherungslehre, deren anerkannte Schwäche gerade darin bestand, daß sie keine Kriterien besaß, eine Vermögensvermehrung einem bestimmten Erwerbstitel zuzuordnen. Gerade die Vielfalt und Unterschiedlichkeit der Begründungen von Kondiktionen in Anweisungslagen hat dies gezeigt.[82)]

Die auch im Ergebnis abweichenden Auffassungen von Wilhelm gehen darauf zurück, daß er das Merkmal "aus dem Vermögen" bei dem Überweisenden nur verwirklicht sieht, wenn dieser seine Bank rechtswirksam angewiesen hat. Den Zusammenhang mit der Frage der Erfüllung des Valutaverhältnisses sieht er nicht. Ebenso übersieht er die Ansprüche aus Geschäftsführung ohne Auftrag im Deckungsverhältnis.

Schließlich enthält sein Gedankengang einen gewissen Widerspruch, wenn er mehrfach darauf abstellt, es komme darauf an, ob eine "Vermögensdisposition" des Anweisenden

---

81) Wilhelm, JuS 1973 S.1ff; ders. in "Rechtsverletzungen" S.115ff; kritisch dazu Koppensteiner-Kramer, S.40; ebenso Köndgen aaO. S.62ff.

82) s.o. S. 125,138.

vorliege, eine "willentliche Entscheidung" über den "Einsatz von Vermögen". Das alles rechtfertigt nur das Erfordernis einer vom natürlichen Willen getragenen Veranlassung, nicht aber einer rechtsgeschäftlich wirksamen Anweisung für die behandelten Fälle.

4. Sach- und interessengerechter Ausgleich durch die herrschende Bereicherungslehre

Die mit Hilfe der neueren Bereicherungslehre gefundenen Lösungen für den Ausgleich von Girozahlungen, die der Schuldner nicht wirksam angewiesen hat, erscheinen sachgerecht. Die Durchgriffskondiktion würde den erforderlichen Vertrauensschutz des Empfängers nicht gewährleisten und den Schuldner mehr als notwendig auf Kosten des Gläubigers bevorzugen. Außerdem würde die Durchgriffskondiktion zu einer nicht vertretbaren Einschränkung der Verkehrsfähigkeit des Buchgeldes führen. Dagegen wird die neuere Bereicherungslehre der Abstraktion der verschiedenen Vertragsverhältnisse im Girorecht in besonderem Maße gerecht. Weiteres Richtigkeitskriterium ist die Parallele zum Barzahlungsverkehr, soweit es sie gibt.

a) Das Risiko der Insolvenz des Schuldners

In erster Linie geht es um die Verteilung des Insolvenzrisikos. Die Unzulässigkeit der Durchgriffskondiktion bedeutet, daß der Empfänger der Gutschrift von dem Risiko einer Insolvenz seines Schuldners zu Lasten der unwirksam beauftragten Bank befreit ist. Darin liegt entgegen der Ansicht von Canaris[83] keine Ungerechtigkeit. Einmal entspricht der Übergang des Insolvenzrisikos dem Erklärungsverhalten der Bank, die als wirksam beauftragt dem Empfänger gegenüber aufgetreten ist. Zum anderen ist es grundsätzlich eine Angelegenheit der beauftragten Bank, die Wirksamkeit ihr erteilter Aufträge zu prüfen, einen Wider-

---

83) s. Canaris in BB 1972,774(779); wie hier Köndgen S.65.

ruf zu beachten und entgegen einer bedingt erteilten Weisung keine Zahlungen zu leisten, um die typischen Beispiele zu nennen. Nun rechtfertigt freilich die Obliegenheitsverletzung der Bank nur den bei ihr eingetretenen Nachteil, nicht unmittelbar auch den entsprechenden Vorteil des Gutschriftsempfängers. Jedoch wäre er in vergleichbaren Situationen des Bargeldverkehrs unter Verwendung eines Boten auch geschützt, wenn die Übereignung der Noten und Münzen wegen fehlender Botenmacht fehlschlägt oder nachträglich angefochten (§§ 119ff BGB) wird. Im Barzahlungsverkehr könnte der Empfänger gegenüber der Vindikation des Schuldners nach h.L. aufrechnen. Die Aufrechnungsmöglichkeit bleibt ihm im Barzahlungsverkehr auch in einem späteren Konkurs über das Vermögen des Schuldners. Die Konkursordnung gewährt sogar umgekehrt dem Konkursgläubiger in §§ 53,54 KO eine erweiterte Aufrechnungsmöglichkeit und schließt sie in § 55 KO nur aus, wenn die Aufrechnungsforderung erst nach Konkurseröffnung oder nach Kenntnis des Gläubigers davon erworben wurde.

Allerdings ist die Parallele des Barzahlungsverkehrs für alle hier behandelten Mängel des Deckungsverhältnisses kein zwingendes Argument, sondern eben nur ein Vergleich. Wertungsmäßig bleibt die eigentliche Frage, warum der Gutschriftsempfänger den Vorteil haben soll aus einem Fehlverhalten der Bank des Schuldners, mit der er in den meisten Fällen (Kettenüberweisung) nichts zu tun hat. Der Vorteil zeigt sich vor allem dann, wenn der Gutschriftsempfänger im Valutaverhältnis vorgeleistet hat und der Schuldner von Anfang an für den Empfänger nur schwer belangbar war oder sich ständig in Zahlungsschwierigkeiten befand. Die Tatsache, daß die Bank einen Widerruf übersehen oder eine Bedingung nicht beachtet hat, wirkt sich für den Empfänger mehr als glücklich aus. Jedoch ist dies nur eine Folge aus der Besonderheit des bargeldlosen Zahlungsverkehrs, daß die Kreditinstitute als Dritte im eigenen Namen handeln und ihren Gutschriftsgläubigern gegenüber eine Art Garantenstellung einnehmen. Darauf beruht das System. Soll die

Gutschrift möglichst bargeldgleiche Eigenschaften haben, dann dürfen Rechtsmängel im Deckungsverhältnis grundsätzlich keine Bedeutung gegenüber dem Empfänger der Gutschrift haben.

Die grundsätzliche Regreßbeschränkung auf das Deckungsverhältnis bei Gültigkeitsmängeln der Zahlungsweisung ist aber vor allem aus der weiteren Überlegung gerechtfertigt, daß das Risiko der Zahlungsunfähigkeit des Schuldners für die Bank nur dann aktuell wird, wenn sie ihrem Kunden bewußt oder unbewußt Kredit gewährt hat. Solange dessen Konto kreditorisch ist, ist die Bank durch die kontokorrentrechtliche Verrechnung geschützt. Das Risiko einer Kontoüberziehung hat die Bank dagegen grundsätzlich selbst zu tragen. Sie könnte es auch bei wirksam erteilter Weisung nicht auf den Empfänger abwälzen.

b) Einwendungen des Schuldners

Canaris befürwortet die Durchgriffskondiktion vor allem deshalb, weil die h.L. die Interessen des "scheinbar Überweisenden" nicht hinreichend berücksichtige.[84] Er denkt dabei an solche Fälle, in denen die Erfüllung des Valutaverhältnisses vom Schuldner nicht erwünscht ist und ihm schadet. So liegt es, wenn der Schuldner gegen die Valutaschuld hätte aufrechnen können und jetzt seine Gegenforderung nicht mehr realisieren kann. Ähnlich liegt es, wenn der Schuldner ein Zurückhaltungsrecht hat, mit dem er den Gläubiger seinerseits zur Gegenleistung anhalten konnte. Canaris erwähnt außerdem den Fall, daß die Valutaschuld kurz vor der Verjährung stand oder schon verjährt war. Die gleiche Problematik entsteht, wenn die Valutaschuld eine unvollkommene Verbindlichkeit (§ 762 BGB) war. In diesen Fällen sind schutzwürdige Belange des Schuldners unübersehbar. Jedoch handelt es sich ausnahmslos um Sonderfälle, deren Problematik sich daraus ergibt, daß dem Schuldner die Erfüllung aufgedrängt wurde. Erfüllung gegen den Willen des Schuldners ist indes keine Besonderheit des bargeldlosen Zahlungsverkehrs. Das Gesetz ermöglicht durch § 267 BGB jedermann, fremde Schuld

84) Canaris, Festschrift für Larenz S.799(809)f.

unabhängig vom Willen des Schuldners zu erfüllen. Bei Drittzahlungen ist anerkannt, daß der Ausgleich bei mangelfreier Valutaschuld ausschließlich im Deckungsverhältnis vorzunehmen ist. Die Interessenlage liegt hier nicht anders. Sie ist mit der einer Drittleistung insoweit durchaus vergleichbar. Die Drittleistung ist nur insofern anders zu beurteilen, als der Dritte durch die von ihm selbst vorgenommene Zweckbestimmung ausdrücklich auf die Valutaschuld Bezug genommen hat. Hier wie da sind die Interessen des Schuldners durch einen sachgerechten Ausgleich im Deckungsverhältnis zu wahren. Allerdings ist auf den Einzelfall abzustellen. Canaris scheint zu übersehen, daß in diesen Fällen nicht nur Bereicherungsansprüche sondern auch Schadensersatzansprüche des Schuldners gegen seine Bank denkbar sind. Sie können sich aus positiver Vertragsverletzung, nach hier vertretener Ansicht aber vor allem wegen des Übernahmeverschuldens aus § 678 BGB ergeben. Die Ersatzpflicht umfaßt auch Zufallsschäden.[85)] Ein Übernahmeverschulden liegt namentlich vor, wenn die Bank einen Widerruf ihres Kunden oder eine Bedingung des Überweisungsauftrages unbeachtet ließ.

Was zunächst die Verjährung der Valutaschuld betrifft, so ist der Schuldner bereicherungsrechtlich vollauf geschützt; denn die Befreiung von einer verjährten Schuld gilt nicht als Bereicherung[86)]. Das bedeutet praktisch, daß die Bank und nicht der Schuldner den Schaden zu tragen hat, wenn nicht ausnahmsweise ein "mitwirkendes" Verschulden des Schuldners gegenüber seiner Bank vorliegt oder Ziff.23 AGB eingreift. Demgegenüber würde die Durchgriffskondiktion der Bank gegen den Empfänger kraß gegen die Wertungen der §§ 813 Abs.1 S.2 i.V.m. 222 S.2 BGB (bzw. § 762 S.2 BGB) verstoßen. Der Empfänger stünde wesentlich schlechter als im Barzahlungsverkehr.

---

85) s. Palandt-Thomas § 678 Anm.1; Larenz § 57 IIa.

86) vgl. v. Caemmerer, Festschrift für Dölle Bd.I S.153; RG Recht 1922 Nr.1555 a.E., aber zu weit, da allg. auf Einreden bezogen.

Dagegen kann sich der Schuldner der Kondiktion der Bank gegenüber nicht darauf berufen, die Verjährung habe unmittelbar bevorgestanden. Hier erscheint er aber auch weniger schutzwürdig, wenngleich der ihm durch die aufgedrängte Erfüllung entstandene Nachteil latent doch vorhanden ist. Ein Vermögensnachteil des Schuldners liegt aber so lange nicht vor, wie der Gläubiger noch in der Lage ist, den Ablauf der Verjährungsfrist zu unterbrechen. Auch ist die drohende Verjährung keine vom Schuldner verdiente und deshalb beachtenswerte Rechtsposition, sondern nur ein Reflex aus dem Verhalten seines Gläubigers, auf das der Schuldner keinen Anspruch hat. Hier mag allenfalls ein Ausgleich auf der Schadensersatzebene möglich sein. Kann der Schuldner seiner Bank nachweisen, daß der Gläubiger auf die gerichtliche Geltenmachung seines Anspruchs verzichtet hätte, so muß die Bank ihrem Kunden den Schaden in Höhe der Gutschrift ersetzen, sofern sie ein Verschulden trifft. Sonst muß der Schuldner den Nachteil hinnehmen. Das ist nicht unbillig. Es muß beachtlich bleiben, daß der Schuldner tatsächlich erfüllungsbereit war und dies zum Ausdruck brachte, indem er den nicht rechtswirksam gewordenen Überweisungsauftrag erteilte oder dem Gläubiger seinen Scheck aushändigte. Das Ergebnis folgt für den praktisch bedeutsamen Fall einer für die Bank nicht erkennbar eingetretenen Geschäftsunfähigkeit ihres Kunden zudem aus Ziff.23 AGB.

Auch die weiteren von Canaris genannten Sachverhalte sind schadensersatzrechtlich zu lösen. Gelingt es dem Schuldner nicht, seine Gegenforderung, mit der er hätte aufrechnen können, oder eine noch ausstehende Gegenleistung, die ihm ein Zurückbehaltungsrecht (§§ 273,321 BGB) gewährte, nach Gutschriftserteilung noch beizutreiben, dann hat die vorzeitige Erfüllung der Schuld zu einem Schaden des Schuldners geführt. Diesen Schaden muß die Bank ihrem Kunden ersetzen, sofern sie ein Übernahmeverschulden trifft. Ein Schadensersatzausgleich ist dagegen unmöglich, wenn im Einzelfall ein Verschulden der Bank nicht festzustellen ist. Bereicherungsrechtlich geht es um die Problematik einer "aufgedrängten Bereicherung". Sie wird im Schrifttum meist nur im Zusammenhang mit Verwendungen auf fremdes Gut erörtert. Die Lösung solcher Fälle und die Behandlung der Problematik ist streitig.[87] Man hat auf den Einzelfall abzustellen. In den von Canaris genannten Fällen sind folgende Erwägungen anzustellen:

Wenig sinnvoll wäre, dem Schuldner von vornherein die Berufung auf § 818 Abs.3 zu gestatten. Er wäre dann über Gebühr begünstigt, wenn er später die Gegenleistung noch erhält bzw. die Aufrechnungsforderung einziehen kann. Ebenso falsch wäre, der Bank die Leistungskondiktion uneingeschränkt zu gewähren. Das liefe auf eine automatische Heilung des Mangels hinaus.

Die praktikabelste Lösung wäre, dem Schuldner ein aus § 818 Abs.2 BGB abgeleitetes Leistungsverweigerungsrecht einzuräumen bis zur vollständigen Abwicklung des Valutaverhältnisses. Sobald der Gutschriftsempfänger die Gegenleistung erbracht oder die noch offene Schuld beglichen hat, bestehen keine Bedenken, der Bank den Anspruch auf Wertersatz (§§ 812 Abs.1 S.1, 828 Abs.2 BGB) zu geben. Steht umgekehrt fest, daß die Gegenleistung oder die Aufrechnungsforderung nicht mehr zu realisieren ist, dann ergibt sich aus §§ 818 Abs.2 i.V.m. Abs.3 eine endgültige Verlagerung des Schadens auf die Bank. Die dem Schuldner aufgedrängte Erfüllung stellt hier ausnahmsweise keine Bereicherung dar. Sie hat objektiv für ihn keinen Wert gehabt. Der Schuldner als vermeintlicher Auftraggeber kann nicht verpflichtet sein, mehr herauszugeben als er bei einer wirtschaftlich wertenden Betrachtung tatsächlich wertmäßig erlangt hat.

Der Wertersatzanspruch ist kein abstrakter Wertanspruch, sondern ein an den primären Herausgabeanspruch anknüpfender Ersatzanspruch, der durch § 818 Abs.3 BGB im Umfang auf die

---

87) vgl. v. Caemmerer, Festschrift für Rabel S.367; Palandt-Degenhart § 951 Anm.2c dd; Esser, Schuldrecht II S.366; M.Wolf JZ 1966,467, der die Kondiktion gegen den Schuldner nur bei Verschulden des Gläubigers ausschließt. Zum Ganzen auch Larenz, Schuldrecht II § 70 I m.w.N.

tatsächlich noch vorhandene Bereicherung beschränkt ist.

Die hier vorgeschlagene Lösung bedeutet praktisch, daß es z.B. trotz des Widerrufs des Überweisungsauftrages oder des nur bedingt erteilten Überweisungsauftrages bei der Belastungsbuchung auf dem Konto des Absenders bleibt. Sie hält in diesem Fall den Bereicherungsanspruch fest. Es ist Sache des Auftraggebers, seinen Schaden bzw. den Wegfall der Bereicherung darzulegen.

Diese Schwierigkeiten rechtfertigen aber keineswegs eine Kondiktion der Bank beim Empfänger der Gutschrift. Bei ihm würden die gleichen Fragen auftauchen, wenn er die Gegenleistung schon erbracht hat oder seinerseits mit weiteren Forderungen gegen den Überweisenden aufrechnen könnte. Dann erscheint er aber wesentlich schutzbedürftiger als der Schuldner; denn der Gläubiger muß sich in diesen Fällen auf den Standpunkt stellen können, daß er lediglich das erhalten hat, was ihm zusteht.

Unvermeidbar bleibt allerdings, daß der Schuldner die Klagelast im Valutaverhältnis trägt, die er sonst durch sein Zurückbehaltungsrecht oder die Aufrechnungsmöglichkeit hätte abfangen können. Weitaus unvertretbarer wäre aber, dem Schuldner zu gestatten, seine Bereicherungsschuld durch Abtretung seines Anspruchs im Valutaverhältnis an die Bank erledigen zu können. Das würde zu einer vollständigen Verwicklung der Bank in das Valutaverhältnis und dessen Risiken führen und wäre systemwidrig. Das Übernahmeverschulden der Bank würde auch nicht rechtfertigen, ihr das Prozeßrisiko des Valutaverhältnisses aufzubürden.

c) Der Vertrauensschutz des Empfängers

Gestattet man der unwirksam beauftragten Bank, beim Empfänger der Gutschrift zu kondizieren, so wird dessen Vertrauen in die Endgültigkeit seines Erwerbs nur noch im Rahmen des § 818 Abs.3 BGB geschützt. Die Befürworter der Durchgriffskondiktion halten das für ausreichend. Auf Wegfall der Bereicherung kann sich der Empfänger aber nur im Hinblick auf tatsächlich vorgenommene Dispositionen berufen. Die Unzulässigkeit der Durchgriffskondiktion bedeutet dagegen, daß der Empfänger der Gutschrift von dem Mangel der Weisung absolut verschont bleibt. Allgemein wird gegen das Subsidiaritätsprinzip der neueren Bereicherungslehre eingewandt, der Empfänger verdiene auch nicht abstrakten, sondern nur konkreten Vertrauensschutz.[88)] Er sei gerade im bargeldlosen Zahlungsverkehr nur insoweit schutzwürdig, als er tatsächlich eine Vertrauensdisposition vorgenommen habe, also etwa eine Forderung habe verjähren lassen oder Sicherheit freigegeben habe.

Abgesehen von dem prinzipiellen Einwand, daß der Mangel der Weisung dem Gutschriftsempfänger gegenüber eine Einwendung ex jure tertii wäre und mit der abstratrakten Natur der Gutschrift unvereinbar bleibt, wirft die Anwendung des § 818 Abs.3 BGB ihrerseits neue Probleme auf. Zunächst stellt sich nämlich die Frage, welche Wirkung eine begründete Berufung des Empfängers auf Wegfall der Bereicherung im Valutaverhältnis haben würde. Soll der Empfänger dann etwa berechtigt sein, erneut Zahlung von seinem Schuldner zu verlangen? Dazu meint Lorenz[89)], die Valutabeziehung müsse dann ausnahmsweise "als erledigt betrachtet" und der unwirksam beauftragten Bank eine Rückgriffskondiktion gegen den entlasteten Valutaschuldner gegeben werden.

Das wiederum hält Canaris[90)] für sach- und systemwidrig. Vielmehr habe der Empfänger analog § 818 Abs.1 BGB oder aufgrund einer bereicherungsrechtlichen Vorteilsausgleichung seinen Anspruch (auch wenn er verjährt ist?) gegen den scheinbar Überweisenden an die Bank abzutreten.

Beide Lösungsversuche befriedigen nicht. Es ist geradezu kennzeichnend für das Girosystem, daß sich die zahlungs-

---

88) vgl. Koller, BB 1972,687; Wilhelm JuS 1973,1(4); Canaris Anh.C nach § 357 HGB Anm.226; ders. in Festschrift für Larenz S.799(825) und BB 1972,774(779).

89) Lorenz JuS 1968,448.

90) Canaris Anh.C nach § 357 HGB, Anm.226 a.E.

mittelnden Kreditinstitute um die Valutaschuld nicht kümmern und im Zahlungsverkehr grundsätzlich auch keine Berührung mit den Forderungen und Schulden ihrer Kunden haben wollen. Andererseits ist die von Canaris vorgeschlagene Lösung von seinem Standpunkt aus nur konsequent. Der wegen Wegfalls der Bereicherung befreite Kondiktionsschuldner könnte sonst ein zweites Mal Zahlung von seinem Valutaschuldner verlangen. Im Konkurs des Empfängers erhielte die Bank freilich nur die Konkursquote, während der Konkursverwalter die Valutaforderung voll zur Masse einziehen könnte. Es zeigt sich wiederum, daß die Durchgriffskondiktion also in weitaus größerem Maße zu einer Verwicklung der Bank in das Valutaverhältnis führt, als der Bereicherungsausgleich über den vermeintlich Überweisenden. Zudem geriete die Bank nach der hier abgelehnten Meinung in eine höchst unerwünschte Abhängigkeit von Dispositionen des Empfängers. Hat dieser den ihm gutgeschriebenen Betrag etwa für ein Spekulationsgeschäft verwandt oder mit ihm einen zweifelhaften oder nicht bestimmbaren Anspruch gegen einen Dritten begründet, so kann er nach § 818 Abs.2 BGB nur zur Abtretung dieses Anspruchs an die Bank verpflichtet sein, die praktisch leer ausginge.

Wenig folgerichtig ist aber auch die Ansicht von Lorenz, wenn er der Gutschrift aufgrund eines fehlerhaften Überweisungsauftrages die Erfüllungswirkung abspricht, diese aber anscheinend bejaht, wenn sich der Empfänger gegenüber der Kondiktion der Bank erfolgreich auf Wegfall der Bereicherung beruft. Entscheidend für den hier vertretenen Standpunkt ist dagegen anzuführen, daß ein auf konkrete Vertrauensdispositionen beschränkter Schutz des Empfängers nicht ausreicht. Der Schutz des § 818 Abs.3 BGB versagt nämlich immer, wenn der Empfänger im Vertrauen auf die Endgültigkeit der Gutschrift wirtschaftliche Dispositionen vorgenommen und eine Gegenleistung dafür erhalten hat. Er schuldet dann Wertersatz und sieht sich nunmehr unerwarteten Liquiditätsnöten ausgesetzt, die er durch kostspielige Kreditaufnahmen bewältigen muß. Der Schutz des § 818 Abs.3 BGB greift nämlich nur bei wenigen Maßnahmen, etwa gegenüber dem scheinbar überweisenden Schuldner, ein, die man im Hinblick auf eingegangenes Geld macht, nicht bei allfälligen Dispositionen.[91] Schließlich müßte die Berufung auf Wegfall der Bereicherung immer versagen, wenn der Empfänger den Mangel der Weisung kannte.

d) Die Verkehrsfähigkeit des Buchgeldes

Die Interessen des Gutschriftsempfängers sind bei wirksamer Valutaschuld ausreichend nur gewahrt, wenn die Durchgriffskondiktion der Bank unzulässig ist. Der Gutschrift ist der Sinn beigelegt, unabhängig von den Rechtsbeziehungen der Bank endgültig wirksam zu sein. Die Verkehrsfähigkeit des Buchgeldes wäre aufs schwerste beeinträchtigt, könnte die Bank wegen Mängel des Überweisungsauftrages beim Empfänger kondizieren. Soll der Überweisungsempfänger mit der Gutschrift eine möglichst bargeldgleiche Sicherheit erlangen, dann muß er gegen direkte Bereicherungsansprüche der ausführenden Bank geschützt sein. Er müßte sonst den schwerwiegenden Nachteil hinnehmen, das, was er vom Schuldner zu fordern hat, an die Bank herausgeben zu müssen. Er könnte sich der Bank gegenüber weder auf die Valutaforderung noch auf andere Forderungen, die er gegen den Schuldner hat, berufen. Ebensowenig könnte er der Bank gegenüber eine vor Erteilung der Gutschrift erbrachte Gegenleistung oder etwaige Zurückbehaltungsrechte gegenüber dem Schuldner geltend machen.

Dieser Nachteil zeigt sich besonders deutlich bei einer nachträglichen Anfechtung des Überweisungsauftrages durch den Schuldner.

Canaris[92] befürwortet auch in diesem Fall die Durchgriffskondiktion der Bank. Der Empfänger der Gutschrift bliebe auch dann schutzlos, wenn er im Valutaverhältnis vorgeleistet hatte. Auf Wegfall der Bereicherung (§ 818 Abs.3 BGB) könnte er sich deshalb nicht berufen. Der er-

---

91) Kritisch auch Rother in AcP 166(1966) S.134-141 zu den Grenzfragen des § 818 III im Hinblick auf Geld.

92) BB 1972,774(779).

weiterte Schutz, den ihm die Saldotheorie sonst gewährt, würde ihm entzogen. Die Saldotheorie paßt hier mangels Gegenseitigkeit der Ansprüche nicht.

Im übrigen zeigt sich auch hier wieder, daß die Durchgriffslösung zu einer unnötigen Verkomplizierung und unerwünschten Verwicklung der Bank in das Valutaverhältnis führt. Der Überweisende müßte notfalls durch Klage gegenüber seiner Bank die Anfechtung des Überweisungsauftrages durchsetzen. In diesem Prozeß wird dann die Existenz einer dem Überweisungsauftrag entsprechenden Valutaschuld nicht selten eine Rolle spielen, etwa wenn die Anfechtung auf Verschreiben (§ 119 Abs.1 BGB) gestützt ist. In dieser Situation wäre die beklagte Bank gehalten, dem Gutschriftsempfänger den Streit zu verkünden (§ 72 ZPO), so daß auch er prozeßbeteiligt wird.

V. Die Eingriffskondiktion der Absendebank gegen den Gutschriftsempfänger wegen Fehlens einer vom Schuldner erteilten Weisung

Buchgeldzahlungen, für die der Schuldner eine der Gutschrift entsprechende Weisung überhaupt nicht erteilt hat, sind bereicherungsrechtlich anders zu behandeln. Dem entspricht, daß sie nach allen Auffassungen Erfüllung nicht bewirken. Nach der h.L. vom realen Tilgungsakt kann Erfüllung nicht eintreten, weil der Schuldner die Gutschrift mangels irgendeiner Leistungshandlung nicht einmal veranlaßt hat. Ist der Schuldner an der Überweisung in keiner Weise beteiligt, so entfällt jeder Grund dafür, daß er eine Leistungskondiktion seiner Bank und die damit verbundenen Nachteile hinzunehmen hätte. Auch die Überlegungen zur Schutzwürdigkeit des Empfängers treffen hier nicht zu. Mangels irgendeines Leistungsverhaltens des Schuldners beruht die Gutschrift für den Empfänger auf Umständen, die den Erwerb des Empfängers nicht rechtfertigen. Gewöhnlich verdankt er die Gutschrift lediglich einem oft technisch bedingten

Versehen der überweisenden Bank oder einem schlichten Zufall.

1. Im Schrifttum verwandte Begründungen in den betroffenen Sachverhalten

a) Buchungsversehen

Es ist ganz h.M.[93], daß die Absendebank eine dem Empfänger erteilte Gutschrift direkt kondizieren kann, wenn ein entsprechender Überweisungsauftrag des Schuldners nicht vorliegt. In solchen Fällen (Zuviel-, Doppelüberweisung, falscher Empfänger) ist die Bank bei einer Hausüberweisung durch das vereinbarte Stornorecht (Ziff.4 Abs.3 AGB) geschützt. Bei einer Kettenüberweisung ist die Stornoklausel nicht anwendbar; statt dessen gibt man der Absendebank die Kondiktion gegen den Empfänger.

Die Begründungen fallen gewöhnlich kurz aus. Da die Absendebank den vermeintlichen Auftraggeber nicht belasten könne, bliebe nur übrig, daß die Bank beim Empfänger kondiziere.[94] Nach Schlegelberger-Hefermehl stellt die Gutschrift eine Leistung der Bank an den Empfänger dar. Die Bank habe daher die Leistungskondiktion gegen ihn.[95] Überwiegend wird aber angenommen, es handele sich um eine Eingriffskondiktion.[96] Canaris[97] begründet die Eingriffskondiktion der Bank gegen den Empfänger wiederum damit, daß eine Tilgungsbestim-

---

93) v. Caemmerer JZ 1962,387; Lorenz JZ 1968,52; ders. in AcP 168,302 und JuS 1968,447; Schönle § 32 III; Canaris Anh.C nach § 357 HGB Anm.222 m.w.N.

94) Meyer-Cording S.51; Möschel JuS 1972,297(302 r.Sp.).

95) Schlegelberger-Hefermehl, Anh. zu § 365 HGB Rdz.49,50.

96) Schwark WM 1970,1335; Canaris Anh.C nach § 357 HGB Anm. 222 m.w.N.; eingehend Canaris in Festschrift für Larenz S.799(821).

97) Canaris aaO.

mung des Schuldners nicht vorliege. Die ältere Rechtsprechung[98] hat gelegentlich die Kondiktion gegen den Empfänger abgelehnt, sofern dieser tatsächlich Gläubiger des vermeintlich anweisenden Schuldners war. In der neueren Rechtsprechung[99] hat man dagegen die Kondiktion der Bank gegen den Empfänger damit begründet, daß im Valutaverhältnis Erfüllung nicht eingetreten sei und deshalb die Grundsätze für einen Doppelmangel im bereicherungsrechtlichen Dreiecksverhältnis zur Anwendung gelangen müßten. Der Bundesgerichtshof stellt in einer neueren Entscheidung darauf ab, daß die Überweisung an einen nicht im Auftrag bezeichneten Empfänger dem Auftraggeber nicht als Leistung zuzuordnen sei und deshalb die Bank direkt beim tatsächlichen Empfänger kodizieren könne.[100]

b) Überweisungsaufträge durch nichtberechtigte Dritte

Der Schuldner hat die Gutschrift auch dann nicht veranlaßt, wenn der Bank ein g e f ä l s c h t e r oder v e r f ä l s c h t e r Überweisungsauftrag vorgelegt wird oder ein v o l l m a c h t l o s e r V e r t r e t e r für den Schuldner gehandelt hat. In beiden Fällen tritt deshalb, wie ausgeführt[101], im Valutaverhältnis Erfüllung nicht ein. Beide Sachverhalte werden von der h.M. aber unterschiedlich behandelt. In den Fälschungsfällen läßt man allgemein die Eingriffskondiktion der Bank gegen den Empfänger zu.[102] Lediglich Ulmer[103] hat die Durchgriffskondiktion der Bank wegen Fälschung eines Überweisungsauftrages abgelehnt. Er stellt darauf ab, daß die Bank das erste Opfer

98) OLG Hamburg Seuff.Arch. 76,143; RG in Warn.Rsp.1911 Nr.114, Recht 1927,1555 und JW 32,735(738).

99) BGH NJW 1976,708; LG Bielefeld WM 1970,1072; OLG Celle BB 1966,1169; OLG Celle WM 1976,170.

100) BGH NJW 1976,708.

101) s.o. S. 165f.

102) Meyer-Cording S.104; v. Caemmerer JZ 1962,387; Schlegelberger-Hefermehl Anh. § 365 HGB Rdz.50,2; Schönle § 32 III; Canaris Anh.C nach § 357 HGB Anm.222 m.w.N.

203) Ulmer AcP 126,166.

der Täuschung geworden sei und deshalb auch dem Empfänger gegenüber anders als im Scheckverkehr das Fälschungsrisiko zu tragen habe. Die Bank sei schließlich auch ganz anders als der Empfänger in der Lage, die Echtheit der Unterschriften zu prüfen. Der sehr verwandte Fall, daß ein vollmachtloser Dritter als Vertreter des Schuldners den Überweisungsauftrag erteilt, wird im Schrifttum wenig erwähnt. Es scheint, als sähe man darin lediglich einen Mangel des Deckungsverhältnisses, der nicht zur Kondiktion gegen den Empfänger berechtige.[104)]

2. Die geänderte Auffassung von Larenz[105)]

Larenz läßt die Eingriffskondiktion der Bank gegen den Empfänger zu, auch wenn der angegebene Auftraggeber den für seine Rechnung überwiesenen Betrag dem Empfänger schuldete und dieser daher annehmen mußte, der Schuldner habe ihm geleistet. Larenz verweist nicht ohne Berechtigung darauf, daß ein abstrakter Vertrauensschutz des Empfängers letztlich zu Lasten des scheinbar Überweisenden gehen würde. In der Vorauflage stellte Larenz dagegen darauf ab, daß die herrschende Bereicherungslehre den Gesichtspunkt des Empfängerschutzes auch sonst betont und daß sogar der Bundesgerichtshof[106)] verschiedentlich herausgestellt hat, es komme darauf an, als wessen Leistung sich die Zuwendung bei objektiver Betrachtungsweise in den Augen des Empfängers darstellt. Die Bank müsse in einem solchen Fall den von ihr erzeugten Anschein einer Leistung gegen sich gelten lassen. Der Empfänger sei zu schützen, etwa wenn er im Vertrauen auf die vermeintliche Leistung des Schuldners diesem eine Gegenleistung erbracht oder eine Sicherheit freigegeben habe.

---

104) Möschel aaO.; Schlegelberger-Hefermehl Anh. § 365 Rdz. 50, anders aber Canaris aaO. Anm.222; OLG Celle WM 1976,170.

105) Larenz, Schuldrecht II § 68 III c2 in Abweichung von der Vorauflage; anders Pfister JR 1969,48(49) zu dem in BGHZ 50,227 entschiedenen Sonderfall.

106) BGHZ 36,30; 40,272; NJW 1974,39(40).

3. Die Zulässigkeit der Eingriffskondiktion nach der neueren Bereicherungslehre

Die Eingriffskondiktion der Bank gegen den Empfänger ist zulässig in den von der Stornoklausel erfaßten Fällen (Ziff.4, Abs.3, S.1 AGB)[107], ferner in den Fälschungsfällen und wenn der Überweisungsauftrag durch einen vollmachtlosen Vertreter erteilt wurde.

a) Voraussetzungen

Der Gutschriftsempfänger ist in diesen Sachverhalten um den Wert der Gutschrift auf Kosten der Bank bereichert. Dem Gewinn auf Seiten des Empfängers entspricht der Verlust auf Seiten der Bank. Die versehentlich oder infolge einer Täuschung erteilte Gutschrift berührt das Vermögen des vermeintlich Überweisenden nicht. Die Bereicherung ist ohne Rechtsgrund erfolgt. Der Empfänger kann sich der kondizierenden Bank gegenüber nicht auf die Valutaschuld berufen. Die Valutaforderung rechtfertigt die Bereicherung nicht im Verhältnis zur kondiktionsberechtigten Bank. Das wurde in der älteren Rechtsprechung vom Boden der damaligen Bereicherungslehre übersehen.

Es handelt sich um eine Eingriffskondiktion; denn die Bank setzt in diesen Fällen ebensowenig wie sonst eine Zweckbestimmung gegenüber dem Empfänger.

Der Grundsatz der Subsidiarität der Eingriffskondiktion gegenüber der Leistungskondiktion greift nicht ein. Mangels einer Weisung des Schuldners im Deckungsverhältnis bewirkt die Gutschrift keine Simultanleistung.[108] Weder ist sie eine Leistung des Schuldners an den Gläubiger noch eine Leistung der Bank an ihren Auftraggeber. Eine vom Schuldner bewußt und gewollt herbeigeführte Vermögensverschiebung zugunsten seines Gläubigers liegt nicht vor. Die Gutschrift

---

107) dazu S.166ff; wie hier Wirth S.39ff.

108) Lorenz, JuS 1968,447; ebenso Meyer-Cording § 50,51; vgl. auch BGH MDR 1976,298.

auf dem Konto des Empfängers kann dem Schuldner unter keinem rechtlichen Gesichtspunkt zugerechnet werden.

Gesichtspunkte einer Rechtsscheinshaftung dürfen nicht herangezogen werden; denn es fehlt an jedwedem vom Schuldner herrührenden Vertrauenstatbestand. Leistender kann im Bereicherungsrecht ebenso wie im Erfüllungsrecht nur sein, wer die Vermögensverschiebung wenigstens veranlaßt hat. Ebensowenig ist die Annahme einer Leistung im Deckungsverhältnis gerechtfertigt. Mangels Schulderfüllung hat der Schuldner nichts erlangt. Allein der Anschein einer Leistung im Sinne des § 362 BGB vermag Erfüllungseintritt nicht zu bewirken. In diesem Zusammenhang ist an die gesetzliche Regelung einer Schulderfüllung durch Dritte zu erinnern. Nach § 267 BGB kann zwar jeder Dritte einem Schuldner die Erfüllung seiner Schuld aufzwingen. Das setzt aber voraus, daß er mit dem erkennbaren Willen handelt, fremde Schuld zu erfüllen. Eine Drittleistungserklärung der Bank liegt aber nicht einmal dem Anscheine nach vor.

Nachdem festgestellt wurde, daß weder im Valuta- noch im Deckungsverhältnis eine Leistung vorliegt, ist die Prüfung der Unmittelbarkeit der Bereicherung an sich überflüssig; denn das Entstehen einer Bereicherungskette ist damit bereits ausgeschlossen. Prüft man gleichwohl die "Einheitlichkeit des Bereicherungsvorganges"[109], so findet man auch diese Voraussetzung vor, und zwar auch im mehrgliedrigen Überweisungsverkehr. Zwar handeln die Zwischenbanken wie mittelbare Stellvertreter im eigenen Namen, aber anders als diese offen im Auftrage und für Rechnung anderer. Deshalb können sie nicht Stationen einer Bereicherungskette sein. Die Einheitlichkeit des Bereicherungsvorganges zeigt sich darin, daß die Entreicherung der Bank endgültig erst eintritt mit der Gutschrift auf dem Konto des Empfängers. Vorher ist

---

109) vgl. Palandt-Thomas § 812 Anm.5 B; wie hier Fikentscher § 99 II 16.

die der Absendebank erteilte Belastungsbuchung nur vorläufig, der von ihr erteilte Auftrag noch widerruflich.

b) Die Nichtanwendbarkeit der Lehre vom Empfängerhorizont

Eine weitere Frage ist nun, ob sich der Empfänger gegenüber der Bank auf den von ihr erzeugten Anschein einer Leistung des vermeintlichen Absenders aus irgendeinem Gesichtspunkt berufen kann. Wäre das möglich, so müßte ein Grund gegeben sein, weshalb sich der Schuldner das (irrtümliche) Verhalten der Bank zurechnen lassen müßte. Ein solcher Grund ist aber nicht zu finden, da der Schuldner die Überweisung nicht einmal veranlaßt hat.

Es ist gerade Larenz, der diesen Gesichtspunkt besonders betont. Eine Zurechnung wegen berechtigter Geschäftsführung ohne Auftrag scheidet in den hier betroffenen Fällen kennzeichnenderweise aus. Die Voraussetzungen einer berechtigten Geschäftsführung ohne Auftrag werden selten vorliegen. Larenz stützt seine Auffassung dogmatisch auf die vom Bundesgerichtshof[110] gewählte Formulierung, es komme darauf an, "als wessen Leistung sich die Zuwendung bei objektiver Betrachtungsweise in den Augen des Empfängers darstelle". Diese Formulierung darf indes nicht verabsolutiert werden. Im Schrifttum[111] zeichnet sich deshalb auch eine differenzierende Betrachtungsweise ab. Danach entscheidet der Empfängerhorizont, wenn bei einer Zuwendung zweifelhaft geblieben ist, an wen und mit welcher Zweckbestimmung geleistet sein soll. Ob die von Larenz angeführten Entscheidungen des Bundesgerichtshofes richtig sind, kann dahinstehen. Wesentlich ist, daß die zugunsten des Empfängers entschiedenen Fälle mit den hier vorliegenden Sachverhalten nicht zu vergleichen sind. Das gilt namentlich für

---

110) BGHZ 36,30; 40,272 ; vgl. oben S.177.

111) vgl. Fikentscher § 99 II 16 und IV 2a; kritisch Wilhelm JuS 1973,3,1(2); s.a. Esser, Schuldrecht II § 103 II, S.350; Koppensteiner-Kramer S.47ff.

den von Larenz zitierten "Elektroherdefall" des Bundesgerichtshofes.[112)] Der Bundesgerichtshof hat dem klagenden Lieferanten der Geräte die Kondiktion gegen den Empfänger versagt, weil letzterer seinem Vertragspartner, einem Bauunternehmer, von dem er die Geräte gekauft hatte, als Leistenden habe ansehen dürfen. Man muß die Lehre vom Empfängerhorizont aus dieser Fallgestaltung heraus verstehen, aus der sie entwickelt ist.[113)] Hier ging es um die Frage, ob eine Person, die leisten wollte, als Kondiktionsgläubiger in Betracht kommt, wenn der Empfänger den Leistungswillen nicht erkennen konnte und einen anderen für den Leistenden hielt. Die Entscheidung besagt nicht mehr, als daß im Zweifel die Sicht des Empfängers entscheidet, wenn es darum geht, aus einem Verhalten des Zuwendenden den Inhalt und die Existenz einer Zweckbestimmung auszumachen.[114)] Nur insoweit ist sie von der aus §§ 133, 157 BGB entwickelte Begründung des Bundesgerichtshofes getragen.

In den hier behandelten Fehlüberweisungen fehlt dagegen jeder vom vermeintlich überweisenden Schuldner herrührende Tatbestand einer Zweckbestimmung. Der Schuldner weiß von der Überweisung an seinen Gläubiger nichts. Würde auch hier allein die Sicht des Empfängers entscheiden, so hieße das, einen Tatbestand des gutgläubigen Erwerbs von einem Nichtschuldner anzuerkennen.

Fikentscher[115)] schreibt deshalb unter zutreffender Berufung auf den vom Bundesgerichtshof entschiedenen Jungbullenfall, daß über das "ob" einer Leistung nicht die Sicht des Empfängers, sondern die des Leistenden entscheidet. Das Bereicherungsrecht selbst kann keinen Erwerb rechtfertigen, es kann nur unberechtigten Erwerb ausgleichen.

---

112) BGHZ 40,272.

113) vgl. Weitnauer, NJW 1974,1931 Fußn.21.

114) vgl. Medicus § 27 II 3b; Larenz § 68 III d2; Esser Schuldrecht II § 102 II 2; Zeiss AcP 165,332; Baur-M.Wolf JuS 1966,393; Möschel JuS 1972,297(300) m.w.N.

115) Fikentscher § 99 II unter Bezug auf BGHZ 55,376.

Der Empfängerschutz darf bereicherungsrechtlich nicht weiter ausgedehnt werden, als es seine Ausgleichsfunktion gegenüber dem sachenrechtlichen Abstraktionsprinzip verlangt. Der infolge des sachenrechtlichen Abstraktionsprinzips erforderliche Ausgleich erfolgt dann nicht selten ohne Rücksicht auf den guten Glauben des Empfängers. So ist derjenige, der kraft Gesetzes (§§ 946,948,950 BGB) Eigentum erwirbt, auch dann der Eingriffskondiktion des ehemals Berechtigten ausgesetzt (§ 951 BGB), wenn ihm die verarbeitete Sache beispielsweise von einem Dieb verschafft wurde und der Empfänger glauben mußte, er habe die Sache vom Berechtigten erworben. Im Ergebnis ist hier anerkannt, daß auch der gutgläubige Empfänger wegen § 935 BGB der Kondiktion des ehemals Berechtigten ausgesetzt ist. Die Kondiktion ist auch dann begründet, wenn der Empfänger im Vertrauen auf die Wirksamkeit seines Erwerbs an den Dieb eine Gegenleistung erbracht hat. Zwar ist der Fall des § 935 Abs.1 BGB nicht unmittelbar vergleichbar mit den hier erörterten Sachverhalten im bargeldlosen Zahlungsverkehr. Die Parallele zeigt aber, daß das Vertrauen des Empfängers nicht ausnahmslos schutzwürdig ist. Beiden Sachverhaltsgruppen ist gemeinsam, daß eine Leistung des Berechtigten (Eigentümers) bzw. Verpflichteten (Schuldners) nur scheinbar vorliegt. In solchen Lagen ist der Empfänger nur durch § 818 Abs.3 BGB geschützt. Die Auffassung von Larenz führt im übrigen zu einer nicht zu rechtfertigenden Einschaltung des von der Bank irrtümlich angegebenen Absenders in die Rückabwicklung einer Überweisung, von der dieser überhaupt nichts weiß. Wenn man der Bank die Kondiktion gegen den Empfänger versagte, so müßte man ihr notwendig gestatten, bei dem vermeintlichen Absender Rückgriff zu nehmen. Jedoch ist schon nicht zu erklären, daß dieser überhaupt etwas erlangt hätte. Befreiung von seiner Verbindlichkeit kann nach der gerade von Larenz vertretenen Theorie der realen Leistungsbewirkung und dem Veranlassungsprinzip nicht eingetreten sein. Ebensowenig ließe sich begründen, der angegebene Absender habe einen Bereicherungsanspruch gegen den Empfänger oder gar Geld erlangt. Das nimmt die h.M.[116] in den Fällen eines Doppelmangels an. Um diese Problematik geht es jedoch hier nicht, weil schon objektiv keine Leistungen vorliegen. Die Problematik des Doppelmangels besteht darin, ob ausnahmsweise eine Rückabwicklung von zwei fehlerhaften Leistungsverhältnissen im Wege des Durchgriffs auf den Letztempfänger zulässig ist.[117] Die Einordnung von Buchungsversehen und anderen vom Schuldner nicht veranlaßten Gutschriften in den Problemkreis des Doppelmangels ist falsch.

Auf die hier behandelten Fälle trifft hingegen der Satz von v. Caemmerer zu[118], Geschäftsgrundlage der Überweisung sei auch dem Empfänger gegenüber, daß überhaupt eine Anweisung erteilt wurde. V. Caemmerer wird ihn nicht zufällig im Zusammenhang mit dem Stornorecht gebraucht haben, was vielfach übersehen wird.

4. Die Vereinbarkeit der Eingriffskondiktion mit dem Abstraktionsgedanken des bargeldlosen Zahlungsverkehrs

Die Eingriffskondiktion der Bank verstößt nicht gegen den Abstraktionsgedanken, sondern entspricht ihm.

a) Die Berechtigung der Bank

Die abstrakte Natur des Anspruchs aus der Gutschrift (§ 780 BGB) steht der Kondiktion schon deshalb nicht entgegen, weil die Bank nicht einen Mangel aus ihrer Deckungsbeziehung, sondern ein eigenes Versehen oder die Tatsache deliktischen Verhaltens Dritter geltend macht. Eine Dekkungsbeziehung besteht hier mangels einer Weisung des Schuldners nicht. Mit der Kondiktion erhebt die Bank auch keine Einwendung ex jure tertii. Sie macht lediglich gel-

116) vgl. etwa H.P.Westermann JuS 1968,21ff; dazu S.218.
117) vgl. Schwark WM 1970,1334(1335).
118) v. Caemmerer JZ 1962,385(387).

tend, daß entgegen ihrem eigenen Erklärungsverhalten eine Überweisung des Schuldners nicht vorliegt. Die Bank beruft sich damit zugleich auf einen Mangel des Empfangs auf Seiten des Empfängers. Die Gutschrift hat keine Erfüllung bewirkt, so daß der Gutschriftsempfänger sich weiterhin an seinen Valutaschuldner halten kann. Es wäre auch nicht zu rechtfertigen, daß die Bank allein infolge eines Versehens dem erkannten Empfänger das Risiko einer Insolvenz des Schuldners abzunehmen hätte; auch wenn sie das Opfer einer Fälschung geworden ist, wäre diese Konsequenz nicht zu rechtfertigen.

b) Der Vertrauensschutz des Empfängers

Andererseits ist der Empfänger bei Fehlen jeglicher Zahlungsanweisung des Schuldners weniger schutzwürdig. Eine Parallele zum Barzahlungsverkehr gibt es nicht. Dem Emfpänger ist das Geld entweder durch Zufall zugeflossen oder auf unrechtmäßige Art und Weise. Die Gutschrift ist anders als bei ungültiger Anweisung durch den Schuldner weder von einem Einverständnis der Bank noch vom Willen des angegebenen Auftraggebers gedeckt. Für die erste Fallgruppe (Buchungsversehen) enthält der Girovertrag in der Stornoklausel ausdrücklich eine den Vertrauensschutz und die Verkehrsfähigkeit des Buchgeldes einschränkende Regelung. Stünde die Bank mit dem Empfänger direkt in rechtsgeschäftlichem Kontakt, dann könnte sie die mit der Gutschrift abgegebene Erklärung anfechten, und zwar durch schlichte Stornierungsbuchung (Art.4 Abs.3 AGB). Diese Möglichkeit hat die Bank bei einer mehrgliedrigen Überweisung nicht. Es ist allein die Technik des Zahlungsverkehrs, die dem Empfänger zugute käme. Die in der Stornoklausel enthaltene Wertung ist dem Empfänger dagegen wohl bekannt. Sie gilt ihrem Sinne nach auch im mehrgliedrigen Überweisungsverkehr. Die Auffassung von Larenz führt im bargeldlosen Zahlungsverkehr mithin zu einer sachlich nicht gerechtfertigten Differenzierung zwischen Hausüberweisungen und mehrgliedrigen Überweisungen. Letztlich ist es Zufall, ob Gläubiger und Schuldner mit verschiedenen oder mit demselben Kreditinstitut zusammenarbeiten. Im mehrgliedrigen Überweisungsverkehr tritt an die Stelle des Stornorechts die Eingriffskondiktion.[119)] Für Fälschungen lassen sich entsprechende Wertungen aus Art.69 WG, 51 ScheckG ablesen. Sie treffen für den Auftrag eines vollmachtlosen Vertreters uneingeschränkt zu. Die abweichende Auffassung von Ulmer[120)] ist allein mit dem Sphärengedanken begründet, der hier nicht zutrifft. Sie ließe sich aber ebensowenig mit dem scheinbar naheliegenden Hinweis auf die Verkehrsfähigkeit des Buchgeldes begründen. Denn der Verkehr mißt Handlungen von Fälschern und vollmachtlosen Vertretern keine endgültige Bedeutung bei.

In den wohl seltenen Fällen, daß der Empfänger ausnahmsweise gutgläubig ist, muß er die Enttäuschung hinnehmen und sich mit dem Schutz des § 818 Abs.3 BGB abfinden. Ein Unterschied zur Hausüberweisung bleibt freilich insofern, als der Empfänger gegenüber dem Stornorecht der Bank nicht Wegfall der Bereicherung einwenden kann. Nach dem hier entwickelten Verständnis der Stornoklausel ist er aber stattdessen durch den Schadensersatzanspruch aus § 122 BGB geschützt. Die Parallele sollte man bei der Anwendung des § 818 Abs.3 BGB beachten. Sie rechtfertigt die unumgängliche Konsequenz, daß der Empfänger, der sich erfolgreich auf Wegfall seiner Bereicherung beruft (Verjährung, Luxusverbrauch, nachträglich eingetretene Insolvenz des Schuldners), seine Forderung gegen den Schuldner an die Bank abzutreten hat. Die Bank mag dann versuchen, sich bei ihrem Vertragspartner zu erholen. Wegfall der Bereicherung sollte man dagegen auch hier nicht annehmen, wenn der Empfänger eine Sicherheit freigegeben hat oder die Durchsetzung der Valutaforderung nach Erteilung der Gutschrift schwieriger geworden ist. Es muß wiederum Sache des Gutschriftsempfängers

---

119) vgl. Canaris, Festschrift für Larenz S.799(810).
120) s.o. S.201.

bleiben, seine Forderung gegen den Schuldner zu realisieren. Solange die Einbringlichkeit der Valutaforderung nicht feststeht, mag dem Empfänger im Einzelfall ein Leistungsverweigerungsrecht (§ 818 Abs.2 BGB) zuzubilligen sein; vorher ist er dann in diesen Sonderfällen zur Rücküberweisung an die kondiktionsberechtigte Bank nicht verpflichtet.

VI. Ergebnis

Überweisungen aufgrund eines rechtsungültigen Überweisungsauftrages sind von solchen Überweisungen zu unterscheiden, für die der Schuldner einen entsprechenden Auftrag nie erteilt hat. Gültigkeitsmängel des Überweisungsauftrages schließen Ausgleichsansprüche im Deckungsverhältnis nicht aus, sofern im Valutaverhältnis mit der Gutschrift der dort angestrebte Leistungszweck, gewöhnlich Schulderfüllung, eingetreten ist. Nach der heute herrschenden Lehre von der realen Erfüllungsbewirkung kommt es darauf an, ob der Schuldner die Gutschrift auf dem Konto des Empfängers bewirkt hat; er muß sie zumindest veranlaßt haben. Die Erfüllung der Valutaschuld tritt dann unabhängig davon ein, ob der Überweisungsauftrag an einem Gültigkeitsmangel leidet. Hat die Gutschrift Erfüllung bewirkt, dann sind im Deckungsverhältnis die Vorschriften über die Geschäftsführung ohne Auftrag anzuwenden. Eine berechtigte Geschäftsführung ohne Auftrag kommt aber nur in Betracht, wenn die Erfüllung der Valutaschuld dem Willen und dem Interesse des Schuldners tatsächlich entspricht (§ 683 BGB). Sonst hat die Bank die Leistungskondiktion gegen ihren Kunden, der Befreiung von seiner Verbindlichkeit erlangt hat (§§ 684, 812 Abs.1 Satz 1, 818 Abs.2 BGB).

Neben den Ausgleichsansprüchen im Deckungsverhältnis hat die unwirksam beauftragte Bank keine Bereicherungsansprüche gegen den Empfänger der Gutschrift. Zwar liegen infolge der Rechtsungültigkeit des Überweisungsauftrages an sich die Voraussetzungen einer Eingriffskondiktion gegen den

Empfänger vor. Die Eingriffskondiktion ist jedoch ausgeschlossen, weil die Bank mit der Gutschrift einen Erfüllungszweck (Auftrag) gegenüber dem Auftraggeber verfolgt hat, mithin im Deckungsverhältnis eine Leistung vorliegt.

Die Eingriffskondiktion ist gegenüber der Leistungskondiktion subsidiär.

Das Ergebnis ändert sich nicht, wenn man mit der Rechtsprechung darauf abstellt, ob eine Leistung im Valutaverhältnis vorliegt. Denn trotz des Gültigkeitsmangels stellt die Gutschrift eine Leistung des Schuldners an den Empfänger dar. Mangelnde Geschäftsfähigkeit oder Verfügungsfähigkeit des Schuldners steht der Entstehung eines Leistungsverhältnisses nicht entgegen, weil der Schuldner doch mit natürlichem Willen die Überweisung veranlaßt hat. Das ist im Einzelfall zu prüfen.

Hat der Schuldner einen Überweisungsauftrag rechtzeitig widerrufen, so liegen gleichwohl die Voraussetzungen des Tatbestandes einer Leistung des Schuldners an den Gläubiger vor. Entscheidend ist die vom Schuldner herrührende willentliche Veranlassung der Gutschrift durch den später widerrufenen Überweisungsauftrag.

Eine Eingriffskondiktion der Bank gegen den Empfänger der Gutschrift ist daher nach dem Subsidiaritätsgrundsatz auch dann ausgeschlossen, wenn der Gutschriftsempfänger den Gültigkeitsmangel der Weisung kannte und beispielsweise vor dem Zeitpunkt der Gutschrift von einem rechtzeitigen Widerruf Kenntnis erhielt. Entscheidend ist nach zutreffender Ansicht allein, daß die Bank im Deckungsverhältnis geleistet hat und im Valutaverhältnis trotz des Gültigkeitsmangels der Weisung Erfüllung eingetreten ist.

Die gegenteilige Auffassung, nach der die Bank wegen aller Mängel des Überweisungsauftrages die Kondiktion gegen den Empfänger hat, steht im Widerspruch zur herrschenden Erfüllungslehre. Sie gewährleistet zudem nicht den erforderlichen abstrakten Vertrauensschutz des Empfängers und bedeutet eine nicht vertretbare Einschränkung der Verkehrsfähigkeit des Buchgeldes. Berechtigte Belange des Schuldners, die sich aus der ihm aufgedrängten Erfüllung ergeben können, sind primär durch Schadensersatzansprüche gegen die Bank auszugleichen, sofern sie nicht im Einzelfall schon der Kondiktion der Bank im Deckungsverhältnis entgegenstehen.

Die Rechtslage ist anders, wenn der Schuldner an der Überweisung tatsächlich völlig unbeteiligt ist. Gutschriften aufgrund eines gefälschten Überweisungsauftrages haben keine schuldtilgende Wirkung, ebensowenig die Überweisung durch einen vollmachtlosen Vertreter.

Solche Gutschriften sind nicht auf eine Leistungshandlung des Schuldners zurückzuführen. Das Gleiche gilt für Gutschriften, die allein auf Buchungsversehen beruhen.

Nur in diesen Fällen (Buchungsversehen und Überweisungsaufträge durch nichtberechtigte Dritte) kann die Bank sich mit der Eingriffskondiktion unmittelbar an den Empfänger der Gutschrift halten. Der Grundsatz der Subsidiarität der Eingriffskondiktion greift nicht ein; denn die Gutschrift stellt weder im Deckungsverhältnis noch im Valutaverhältnis eine Leistung dar.

Die Eingriffskondiktion ist unabhängig davon begründet, ob der Empfänger (zufällig) eine der Gutschrift entsprechende Forderung gegen den angegebenen Absender hat. Auf den von der Bank erweckten Anschein einer Leistung kann sich der Empfänger nicht berufen. Die Sicht des Empfängers entscheidet nur, wenn es darum geht, aus einem Verhalten des Zuwendenden den Inhalt und die Existenz einer Zweckbestimmung auszumachen. Mangels jeglicher Veranlassung der Gutschrift durch den Schuldner verdient der Empfänger nur den Schutz des § 1818 Abs.3 BGB.

5. KAPITEL: DER DOPPELMANGEL

Die Problematik eines Doppelmangels im bereicherungsrechtlichen Dreiecksverhältnis tritt auf, wenn sowohl im Deckungs- als auch im Valutaverhältnis ein Mangel vorliegt, wenn also der von den Beteiligten angestrebte Leistungszweck hier wie dort nicht erreicht wurde. Die Problematik entsteht aber nur, wenn sowohl im Deckungsverhältnis als auch im Valutaverhältnis der Tatbestand einer Leistung vorliegt. Es geht dann um die Frage, ob eine Abkürzung des Bereicherungsausgleichs möglich ist, der dogmatisch folgerichtig parallel zu den Leistungsverhältnissen zu erfolgen hat und einen Doppelschritt verlangt.[1]

I. Betroffene Fälle

Die Doppelmangelproblematik wird nicht selten erörtert im Zusammenhang mit Überweisungen, denen kein entsprechender Auftrag zugrundeliegt. Gewöhnlich besteht dann auch keine der Gutschrift entsprechende Valutaschuld. Diese im vorigen Kapitel behandelten Fälle berühren die Problematik des Doppelmangels in Wahrheit nicht. Mangels jeglichen Leistungsverhaltens des Schuldners sind, wie dargelegt, keine Leistungsverhältnisse entstanden, die der Eingriffskondiktion der Bank gegen den Begünstigten entgegenstehen könnten. Ebensowenig entsteht die Doppelmangelproblematik im bargeldlosen Zahlungsverkehr, wenn im Deckungsverhältnis lediglich ein tatsächlicher

---

1) s. allg. Larenz § 68 II b (anders noch die 9.Aufl.) H.P.Westermann, JuS 1968,17; Esser, Schuldrecht Bd.2 § 1o2 Ib; Medicus § 27 II 2; Berg NJW 1962,1o1; Fikentscher § 99 II 16; Möschel JuS 72,299(3o4) m.w.N.; Köndgen S.72.

Deckungsmangel vorliegt. Das wird ebenso häufig übersehen.[2)]

Der Deckungsmangel läßt nach dem hier vertretenen und herrschenden Standpunkt[3)] zur Rechtsnatur der Belastungsbuchung überhaupt keinen Bereicherungsanspruch der Bank gegen ihren Auftraggeber entstehen. Die Bank hat infolge des ihr zugeteilten Auftrages wie sonst den vertraglichen Ersatzanspruch aus § 670 BGB gegen ihren Auftraggeber. Anders als in den sonst vergleichbaren Fällen einer abgekürzten Lieferung leistet die Bank nicht auf eine Forderung (Guthaben), sondern sie erfüllt mit der Überweisung einen Auftrag.

Die Doppelmangelproblematik liegt danach im Überweisungsverkehr nur vor, wenn der Schuldner seiner Bank eine Weisung erteilt hat, die rechtlich nicht bindend ist, und zugleich im Valutaverhältnis ein Mangel vorliegt, sei es, daß eine Valutaschuld nicht besteht oder aber durch die Gutschrift nicht erfüllt wurde. Wer im Erfüllungsrecht an der Vertragslehre festhält, sieht sich dieser Problematik bei einer Girozahlung durch einen Geschäftsunfähigen und auch dann immer ausgesetzt, wenn der Schuldner dem Gläubiger seine fehlende Erfüllungsbereitschaft (Widerruf, Bedingung) vor Erteilung der Gutschrift mitgeteilt hat. Schließlich gehört systematisch gesehen auch die Überweisung im Konkurs des Schuldners hierher, da der Überweisungsauftrag wegen § 6 KO unwirksam und wegen § 7 KO Erfüllung im Valutaverhältnis nicht eintritt.

II. Meinungsstand

1. Die Durchgriffskondiktion

Der grundsätzliche Streit kann im wesentlichen als bei-

---

2) vgl. Canaris BB 1972,774(776) und in An.C nach § 357 HGB Anm.214.

3) S. 63.

gelegt gelten. Die Rechtsprechung[4)] hat gelegentlich die Durchgriffskondiktion aus Gründen vermeintlicher Praktikabilität ausnahmsweise als zulässig angesehen. Der Bundesgerichtshof[5)] hat die Durchgriffslösung im Anschluß an eine verbreitete Auffassung in der Lehre als bedenklich bezeichnet, weil sie zu einer erheblichen Benachteiligung des Drittempfängers führt, wenn dieser Einreden im Valutaverhältnis geltend machen konnte.

2. Die Doppelkondiktion

In der Lehre[6)] wird die Doppelkondiktion heute allgemein als notwendig und dogmatisch allein konsequent befürwortet. Die Existenz von Zweckbestimmungen hält man auch bei Mängeln in beiden Kausalverhältnissen für beachtlich.

a) Dem liegen folgende Erwägungen zugrunde:

Die Wertungen des Subsidiaritätsprinzipes bei der Eingriffskondiktion treffen dem Grundsatz nach trotz der verschiedenen Mängel unverändert zu. Der Empfänger darf Einwendungen und Einreden gegen den Valutaschuldner nicht deshalb verlieren, weil das Deckungsverhältnis fehlerhaft ist.

---

4) RG,JW 34,2458; RGZ 86,347; BGHZ 5,281 (bzgl. § 328); BGHZ 36,30; OLG Düsseldorf NJW 1974,1oo1 und WM 1975, 885; OLG Koblenz WM 1976,94.

5) BGHZ 48,70, aber auch BGH WM 1976,900.

6) v.Caemmerer JZ 1962,385; BGB-RGRK § 812 Anm.47; Esser, Schuldrecht Bd.2 I 1o2 I 3; Enneccerus-Lehmann, Schuldrecht § 221 Anm.12; Larenz § 68 III b; Medicus § 27 II 2; Berg NJW 1962,1o1; H.P.Westermann, JuS 1968,17; differenzierend Fikentscher § 99 II 1b; Palandt-Thomas § 812 Anm.5ee; Canaris Anh.C nach § 357 HGB Anm. 214 m.w.N;a.noch Erman-Seiler § 812 Rdz. 30 unter Berufung auf Larenz, Schuldrecht II 9.Auflage S.376, der diese Ansicht in der 10.Auflage (aaO.) aufgegeben hat.

Auch wären die Vorteile, die der Durchgriff dem Dritten (Bank) gewähren würde, nicht aus der Tatsache zu rechtfertigen, daß die Valutaschuld nicht besteht oder nicht erfüllt ist. Das ist aus der Sicht der Bank reiner Zufall. Eine Ausnahme vom Grundsatz der Unmittelbarkeit läßt sich gerade in Bezug auf das Einwendungsrisiko nicht begründen. Eine schon erbrachte Gegenleistung könnte der Gutschriftsempfänger nur über § 818 III BGB geltend machen. Selbst das aber bliebe ihm versagt, wenn er vorgeleistet hatte. Die Saldotheorie würde nicht helfen. Soweit der Empfänger im Hinblick auf eine Gegenleistung durch § 818 III BGB geschützt wäre, müßte sich die kondizierende Bank wegen der abgezogenen Gegenleistung allerdings doch an ihren Auftraggeber halten. Sie müßte unter Umständen also zwei Prozesse führen.

Schließlich hinterläßt die Durchgriffslösung die Frage, was aus der Leistungskondiktion des Auftraggebers gegen den Empfänger wird.

b) Besonderheiten im bargeldlosen Zahlungsverkehr

Im bargeldlosen Zahlungsverkehr ist umstritten, was der nur vermeintlich wirksam anweisende Bankkunde erlangt hat, wenn die Gutschrift auf dem Konto des Empfängers den ihr zugedachten Zweck verfehlt hat. Anders als in den bisher behandelten Sachverhalten kommt es hier nie zur Befreiung des Schuldners von seiner Verbindlichkeit. Gegenstand der Leistungskondiktion der Bank im Deckungsverhältnis könnte ein Bereicherungsanspruch des vermeintlich Anweisenden gegen den Empfänger oder aber nach dem Gedanken der Simultanleistung die dem Empfänger erteilte Gutschrift, d.h. Buchgeld sein. Die Bestimmung des Leistungsgegenstandes entscheidet maßgeblich über das Schicksal von Einwendungen des Empfängers gegen den Schuldner und über die Verteilung von Vertragsrisiken. Mit der von der h.M. befürworteten Kondiktion der Kondiktion sind die zahlreichen Rückabwicklungsprobleme jedoch keineswegs bewältigt.

Es bleibt die Frage, ob der Schuldner durch die dem Empfänger erteilte Gutschrift überhaupt etwas erlangt hat. An sich hat der vermeintlich Anweisende vom Boden der neueren Bereicherungslehre aus gesehen nur die Leistungskondiktion gegen den Empfänger erlangt. Gestattet man ihm nun, sich von dem Bereicherungsanspruch der Bank durch Abtretung der Leistungskondiktion an sie zu befreien, so sieht man sich dem Dilemma ausgesetzt, daß die Bank im Ergebnis alle Risiken der Valutabeziehung zu tragen hat. Wegen § 4o6 BGB kann der Empfänger nunmehr der Bank als Abtretungsgläubigerin alle ursprünglich gegen den Schuldner gerichteten Einwendungen entgegensetzen. Der Überweisungsbegünstigte kann aufrechnen, kann Zurückbehaltungsrechte geltend machen, er kann schließlich unter Berufung auf die Saldotheorie eine erbrachte Gegenleistung abziehen oder die Einwendungen aus den §§ 813,814,185 und 817 BGB geltend machen. Gerade dies zu vermeiden, ist aber das erklärte Ziel der neueren Bereicherungslehre. Die herrschende Auffassung geht, was den bargeldlosen Zahlungsverkehr betrifft, deshalb davon aus, die Bank habe ihrem Kunden nicht nur eine Kondiktion, sondern G e l d verschafft. Sie gestattet damit der Bank den unmittelbaren Zugriff auf das Vermögen ihres Vertragspartners. Die Bank ist dadurch vor Einwendungen des Empfängers aus der Valutabeziehung geschützt.[7)]

Allerdings verbleibt dem Schuldner gegenüber der von ihm nicht wirksam beauftragten Bank die Berufung auf § 818 Abs.3 BGB. Dadurch entfällt praktisch die Rückgriffskondiktion der Bank im Deckungsverhältnis, wenn der Gutschriftsempfänger insolvent ist. Im Ergebnis trägt die Bank bei dieser Lösung zwar nicht das Risiko von Ein-

---

7) v.Caemmerer aaO.; Larenz § 68 III b a.E.; H.P.Westermann aaO. S.21; anders Esser, Festschrift für Eduard Kern 1968 S.1o9 ff.

wendungen im Valutaverhältnis, aber neben dem Risiko einer Insolvenz ihres Vertragspartners doch ebenfalls noch das Risiko einer Insolvenz des Gutschriftsempfängers. Dagegen gestattet eine andere, ebenso verbreitete Auffassung der Bank den bereicherungsrechtlichen Zugriff auf den Empfänger mit der Begründung, daß mangels eines Anspruches gegen den vermeintlichen Auftraggeber nichts anderes übrig bleibe.[8)]

3. Die Lehre von Canaris

Gerade wegen dieser Konsequenz wendet sich Canaris gegen die herrschende Lehre. Die Annahme, der Schuldner habe bei nicht bestehender Valutaschuld nicht eine Kondiktion, sondern Geld erlangt, sei eine unhaltbare Umqualifizierung des tatsächlichen Leistungsgegenstandes.[9)] Gegenstand der Leistungskondiktion sei grundsätzlich "das Erlangte" und nicht eine wie immer zu ermittelnde abstrakte Wertverschiebung als solche. Gegenstand der Kondiktion im Deckungsverhältnis könne nur die Leistungskondiktion des vermeintlichen Auftraggebers gegen den Empfänger der Gutschrift sein.

Befriedigende Ergebnisse versucht Canaris auch hier durch einen von Einwendungen aus dem Valutaverhältnis unabhängigen Bereicherungsanspruch zu erzielen. Der "bereicherungsrechtliche Einwendungsausschluß" habe in sinnvoller Anwendung des Abstraktionsprinzips und des Gedankens der Risikoverteilung zur Folge, daß sich der Schuldner nicht auf Abtretung einer Kondiktion gegen den Empfänger beschränken dürfe. Dieser hafte direkt auf

---

8) Larenz JZ 1971 S.427(428) m.w.N.; Meyer-Cording S.32, 50 ff; Soergel-Mühl § 812 Bem.61.

9) Canaris, Festschrift für Larenz, S.799(813); ähnlich Wilhelm, Rechtsverletzung S.123.

Wertersatz (§ 818 Abs.2 BGB), wenn sein Bereicherungsanspruch im Valutaverhältnis nicht einwendungsfrei sei.[10)]

Zum richtigen Verständnis dieser Lehre darf freilich der Ausgangspunkt von Canaris nicht in Vergessenheit geraten. Nach Canaris liegt die Problematik eines Doppelmangels im Dreiecksverhältnis von Überweisungsbeteiligten nur vor, wenn im Deckungsverhältnis ein Deckungsmangel besteht oder der Girovertrag selbst nicht in Ordnung ist (mittelbare Mängel des Überweisungsauftrages) und zugleich das Valutaverhältnis fehlerhaft ist.

In den anderen hier behandelten Fällen mit einer rechtlich nicht bindenden Zahlungsweisung des Schuldners befürwortet Canaris den Durchgriff der Bank auf den Empfänger der Gutschrift ohnehin. Von seinem Standpunkt aus ist es nur konsequent, daß er den Durchgriff auch dann gewährt, wenn außerdem eine Valutaschuld nicht bestand oder aus anderen Gründen im Valutaverhältnis der Zweck verfehlt wurde.

III. Eigene Lösung auf dem Boden der Doppelkondiktionslehre

Die von Canaris geübte Kritik an der herrschenden Lehre gibt zu bedenken. Erteilt eine nicht wirksam beauftragte

---

10) Canaris aaO., S.819; ähnlich Wilhelm, Rechtsverletzung S.122 f; auch Graumann S.58 ff.
Es zeigt sich an dieser Stelle erneut, daß die Verselbständigung des Überweisungsauftrages vom Deckungsverhältnis, von dem die Genannten ausgehen, falsch ist. Der Fehler ist letztlich auf die unzulässige (gedankliche) Analogie von Giroüberweisung und Anweisung im Sinne von §§ 783 BGB zurückzuführen. Aus demselben Fehler ist das namentlich von v.Caemmerer vertretene Geschäftsgrundlagendenken (s.S. 99) zu erklären.

Bank einem Dritten eine Gutschrift, für die im Valutaverhältnis keine rechtfertigende Leistungsbeziehung besteht, dann wird der Zusammenhang zwischen Einwendungen des Empfängers auf rechtsgeschäftlicher Ebene und dem Bereicherungsrecht unübersehbar, sofern nur überhaupt ein Valutaverhältnis, sei es wirksam oder nichtig, besteht.

1. Kritik an der herrschenden Lehre

Dogmatisch folgerichtig erscheint allein die Auffassung von Canaris, nach der das Erlangte die Leistungskondiktion gegen den Empfänger ist. Darin besteht die tatsächliche Vermehrung seines Vermögens. Nach § 812 Abs.1 S.1 BGB ist grundsätzlich das Erlangte herauszugeben, d.h. der bestimmte und konkrete Vermögensvorteil, der durch die Leistung des Anspruchsstellers in das Vermögen des Anspruchsgegners gelangt ist.

Wenn demgegenüber die h.M. im Anschluß an v.Caemmerer[11] davon ausgeht, der vermeintliche oder nicht wirksam anweisende Bankkunde habe die Gutschrift oder eine entsprechende Geldsumme erlangt, so liegt darin bereits eine Wertung, die im Einzelfall einer Begründung bedarf, weil "dieser Kunstgriff"[12] zur Folge hat, daß der vermeintlich Anweisende unabhängig von Bestand und der Durchsetzbarkeit eines Anspruchs gegen den Gutschriftsempfänger seiner Bank Wertersatz schuldet (§ 818 Abs.2 BGB). Die herrschende Lehre übersieht, daß nicht jede dem Empfänger erteilte Gutschrift, die er im Valutaverhältnis nicht zu beanspruchen hat, dem scheinbar Überweisenden eine Leistungskondiktion verschafft. Hier ist die Annahme, dieser habe eine Geldsumme erlangt, eine schlichte Zweckbehauptung. Zu denken ist vor allem an die Rückabwicklung gegenseitiger Verträge. Nach der Saldotheorie entfällt ein

11) v.Caemmerer in JZ 1962,385(386).
12) Canaris, Festschrift für Larenz S.799(813).

Bereicherungsanspruch des Valutaschuldners, wenn der Gutschriftsempfänger bereits eine (gleichwertige) Gegenleistung erbracht hat, auch wenn diese beim Schuldner - verschuldet oder unverschuldet - untergegangen ist. Die Saldotheorie würde zwar nicht gegenüber einem Minderjährigen oder Geisteskranken eingreifen, wohl aber, wenn die Gutschrift trotz Widerrufs oder entgegen einer Bedingung erteilt wurde. Wäre die Gutschrift unterblieben, hätte der Valutaschuldner den Kaufpreis nicht zu zahlen, allenfalls Wertersatz für die untergegangene Sache zu entrichten gehabt. Der Schaden darf nun nicht allein deshalb bei ihm verbleiben, weil die Bank einen vertragsgerecht ausgesprochenen Widerruf oder eine Bedingung des Überweisungsauftrages nicht beachtet hat. Ferner kann die Kondiktion im Valutaverhältnis aus bereicherungsrechtlichen Gründen - §§ 814,815,817 Abs.1 Satz 2 BGB - entfallen. Auch hier trüge letztlich immer der unwirksam Anweisende den Verlust, der ohne das vertragswidrige Verhalten der Bank nicht entstanden wäre. Zwar ist die Annahme der herrschenden Lehre nicht immer willkürlich. V.Caemmerer begründet sie damit, daß die Zurechnung der von dem Dritten bewirkten Vermögensverschiebung als Leistung des Valutaschuldners auch für den Gegenstand der Leistung zu gelten habe. Das mag für die Fälle einer abgekürzten Lieferung, die v.Caemmerer behandelt, richtig sein. Vor jeder schematischen Übertragung solcher Wertungen auf andere Dreieckssachverhalte ist aber zu warnen.[13] Nur wenn die Leistungskondiktion tatsächlich durchsetzbar ist, erscheint die Gleichstellung gerechtfertigt.

Es wurde erwogen, den unmittelbaren Durchgriff mit einer entsprechenden Anwendung des § 822 BGB zu begründen.[14] Jedoch stehen auch dieser Lösung unüberwindliche

---

13) s. v.Caemmerer aaO.; Erman-Seiler § 812 Rdz.25.

14) dazu H.P. Westermann, JuS 1968,17(23) mit Nachweisen aus der älteren Literatur; auch Kunisch S.110; ablehnend Esser, Schuldrecht Bd.2 § 1o2I3.

Hindernisse entgegen. Einmal sind Leistungen, die rechtsgrundlos sind oder die den genannten bereicherungsrechtlichen Einwendungen ausgesetzt sind, nicht generell mit unentgeltlichen Leistungen gleichzusetzen. Zum anderen und vor allem trifft aber der Gedanke des § 822 BGB im Dreieck der Überweisungsbeteiligten nicht zu. Die Vorschrift will dem Leistenden einen Ausgleich gewähren für das ihn treffende Risiko aus § 818 Abs.3 BGB. Sie will ihn ausnahmsweise zu Lasten desjenigen, an den der Empfänger die Leistung unentgeltlich weitergegeben hat, schützen.

Voraussetzung für die Anwendung des § 822 BGB ist demnach, daß der Leistungsgegenstand durch das Vermögen des Empfängers gelaufen und aus diesem Vermögen vollständig wieder ausgeschieden ist.[15] Die Vorschrift soll den Leistenden nicht grundsätzlich vom Risiko eines Wegfalls der Bereicherung befreien. Bei Anweisungsleistungen wie im bargeldlosen Zahlungsverkehr erlangt der Gutschriftsempfänger die Gutschrift aber nicht aus dem Vermögen des Überweisenden. Er erwirbt unmittelbar aus dem Vermögen der gutschreibenden Bank. Es wäre auch nicht einzusehen, daß derjenige, der aufgrund eines gültigen Schenkungsversprechens eine Girogutschrift erlangt hat, an die beauftragte Bank zurückzahlen müßte, wenn der Schenker den Überweisungsauftrag rechtzeitig widerrufen oder nachträglich angefochten hat. Der Gedanke des § 822 BGB trifft im bargeldlosen Zahlungsverkehr nicht zu.[16]

15) H.P.Westermann, JuS 1968,17(20).

16) Dagegen heißt es vielfach, § 822 BGB sei zwar auf eine Bereicherungskette zugeschnitten, könne aber auf "Dreiecksverhältnisse" entsprechend angewandt werden; s. Esser, Schuldrecht Bd.2 § 182,3; Staudinger-Seufert § 812 Rdz 8b; H.P.Westermann aaO.; einschr. aber v.Caemmerer, JZ 1962,385(388).

2. Differenzierende Lösung

a) Einwendungsfreiheit im Valutaverhältnis

Das alles führt zu einer ersten Differenzierung danach, ob die Valutabeziehung rückabgewickelt ist oder nicht. Hat der Gutschriftsempfänger den ihm gutgeschriebenen Betrag an den vermeintlich Überweisenden zurücküberwiesen oder hat er ihm gegenüber aufgerechnet, dann scheidet die Abtretung eines Bereicherungsanspruches aus der Valutabeziehung an die vermeintlich beauftragte Bank aus. Der Absender schuldet seiner Bank nach § 818 Abs.2 BGB Wertersatz. Praktisch kommt es zu keinem weiteren Rückabwicklungsgeschäft. Es bleibt vielmehr bei der ursprünglich zu Unrecht erteilten Belastungsbuchung, die nur eine tatsächliche Leistung, nicht aber einen Anspruch gegen den Kontoinhaber festhielt.

Ist dagegen die Valutabeziehung noch nicht erledigt, so muß dem nur scheinbar Anweisenden erlaubt sein, sich von dem Bereicherungsanspruch seiner Bank durch Abtretung der Leistungskondiktion gegen den Empfänger zu befreien, und zwar grundsätzlich gegen Wiedergutschrift des abgebuchten Betrages. Anders ist nicht gewährleistet, daß die der Bank als Kondiktionsgläubigerin in § 818 Abs.3 BGB gesetzte Grenze eingehalten wird. Auch würde man sonst den nur scheinbar Anweisenden zu Unrecht mit einem Prozeßrisiko belasten. Nach der herrschenden Lehre ist der Kondiktionsschuldner der Deckungsbeziehung zwar auch seinerseits durch § 818 Abs.2 BGB geschützt. Praktisch setzt das aber voraus, daß die Uneinbringlichkeit seiner Kondiktion im Valutaverhältnis bereits feststeht, sei es, daß über das Vermögen des Empfängers das Konkursverfahren bereits eröffnet oder daß dieser aus tatsächlichen Gründen nicht belangbar ist.

Stellt sich dagegen der Wegfall der Bereicherung später heraus, nachdem die Bank bei dem unwirksam Anweisenden schon kondiziert, d.h. zurückgebucht hat, dann müßte sich letzterer jetzt wieder an seine Bank wenden. Das ist aber demjenigen, der den ursprünglichen Überweisungsauftrag rechtzeitig widerrufen oder nur bedingt erteilt hatte oder gar demjenigen, dessen Auftrag infolge mangelnder Geschäftsfähigkeit nichtig war, nicht zuzumuten; es sei denn, die Bank wäre durch Ziff. 23 AGB geschützt. Diese differenzierende Lösung wirft nun aber die weitere Frage auf, was zu gelten hat, wenn etwa der Gutschriftsempfänger gegenüber der Bank mit Forderungen gegen den Valutaschuldner aufrechnet, Zurückbehaltungsrechte geltend macht oder andere Einwendungen erhebt. Diese weiteren Rückabwicklungsfragen können nur im Einzelfall unter Berücksichtigung der jeweils konkreten Interessensituation gelöst werden. Die angedeuteten Problemsachverhalte sind Sonderfälle, die sich aus der jeweiligen Beschaffenheit des Gesamtverhältnisses der Valutapartner und dem konkreten Mangel des Überweisungsauftrages ergeben. Solche Besonderheiten kennzeichnen nicht den Modellfall, der für dogmatische Erwägungen maßgeblich sein sollte. Ist das Valutaverhältnis rechtsgeschäftlich unstreitig, dann ist die Kondiktion der Kondiktion ein interessen- und sachgerechter Ausgleich. Die dadurch bedingte Verwicklung der Bank in das Valutaverhältnis ist unvermeidbar.

Dogmatisch folgerichtig ist allein die Kondiktion der Leistungskondiktion. Sie hat zugleich den Vorteil, daß sie Raum läßt, über das Schicksal von Einwendungen des Empfängers, falls solche bestehen, nach Einzelgruppen zu entscheiden und das daraus entstehende Risiko - je nach Eigenart der jeweiligen Einwendung - interessengerecht zu verteilen.

Zwar führt die Kondiktion der Kondiktion dazu, daß die Bank notfalls eine fremde, abgetretene Kundenforderung einklagen muß, was im bargeldlosen Zahlungsverkehr an sich systemwidrig ist. Diese Folge ist aber in dem Sonderfall eines Doppelmangels nicht zu vermeiden und darauf zurückzuführen, daß die Bank ohne einen wirksamen Auftrag gehandelt hat. Andererseits hat die hier vorgeschlagene Lösung für den Bankkunden als Inhaber des belasteten Kontos den Vorteil, daß sein Konto sofort, d.h. mit Abtretung der Kondiktion wieder entlastet wird.

Nach der herrschenden Lehre bleibt es trotz des rechtzeitigen Widerrufs oder der Unwirksamkeit des Überweisungsauftrages praktisch bei der Belastungsbuchung, es sei denn, es stünde fest, daß die Leistungskondiktion im Valutaverhältnis infolge Insolvenz des Empfängers oder aus anderen tatsächlichen Gründen wertlos ist. Der nur vermeintlich wirksam Anweisende kommt nach h.L. erst wieder zum Gelde, wenn es ihm gelungen ist, seine Kondiktion gegen den Empfänger durchzusetzen. Das ist aus Gründen materiellen Rechts unvertretbar, während die störende Folge der Abtretungslösung allenfalls für die Bank lästig, aber nicht unerklärlich ist. Es kommt schließlich zu ihren Gunsten hinzu, daß ihr im Prozeß gegen den Gutschriftsempfänger der Kunde als Streitgehilfe oder aber doch als Zeuge zur Verfügung steht.

b) Einzelne Einwendungen

Es können nicht alle denkbaren Einwände des Empfängers erörtert werden. In Konsequenz der Doppelkondiktion ergibt sich für typische Sachverhalte folgende Lösung:

(1) Aufrechnung

Rechnet der Gutschriftsempfänger gegenüber der abgetretenen Kondiktion durch Erklärung gegenüber der Bank mit einer gegen den Absender gerichteten Forderung auf (§ 406, 387 BGB), so kann im Ergebnis nicht zweifelhaft sein, daß die Bank das Konto ihres Kunden, der nunmehr von einer Verbindlichkeit befreit ist, (§ 389 BGB) wieder belasten darf. Die Belastungsbuchung hält jetzt einen Anspruch wegen Bereicherung in sonstiger Weise fest.

Durch die Aufrechnungserklärung ist die der Bank abgetretene Leistungskondiktion untergegangen und gleichzeitig (Einheitlichkeit des Bereicherungsvorganges) die Schuldbefreiung beim Valutaschuldner eingetreten. Die Eingriffskondiktion ist Kontokorrent zugehörig, da sie "aus der Geschäftsverbindung" stammt. (§ 355 HGB)

H.P.Westermann[17] nimmt bei einer Aufrechnungslage im Valutaverhältnis an, die Bank habe gegen ihren vermeintlichen Auftraggeber einen Freistellungsanspruch. Diese Konstruktion erscheint im bargeldlosen Zahlungsverkehr aber wenig praktisch. Gegenüber der bereicherungsrechtlichen Lösung hätte sie den Nachteil, daß die Bank weit mehr als notwendig in das Valutaverhältnis verwickelt wird; der Freistellungsanspruch ginge auf vertragsgemäße Leistung an den Valutagläubiger. Diesen Anspruch müßte die Bank notfalls einklagen. Die bereicherungsrechtliche Lösung vermeidet dieses systemwidrige Ergebnis.

(2) Zurückbehaltungsrechte (Saldotheorie)

Denkbar ist auch, daß der Gutschriftsempfänger gegenüber dem Anspruch auf Rücküberweisung ein Zurückbehaltungsrecht aus der Valutabeziehung (§§ 273,321,404 BGB) geltend macht, etwa wegen eines Anspruchs auf Herausgabe einer Sache, die der Valutaschuldner noch im Besitz hat. Auch hier bedarf es nicht der Begründung eines Freistellungsanspruches im eigentlichen Sinn. Vielmehr kann die Bank die Rückbuchung auf dem belasteten Konto ihres Kunden trotz der Abtretung der Leistungskondiktion gegen den Gutschriftsempfänger verweigern, bis sich das Zurückbehaltungsrecht erledigt hat und der Valutaschuldner seinen Verpflichtungen gegenüber dem Empfänger nachgekommen ist. Die Belastungsbuchung, die die Bank aufgrund des nichtigen, widerrufenen oder nur bedingt erteilten Auftrages

17) H.P.Westermann, JuS 1968,17(20).

vorgenommen hat, hält zwar wiederum keinen Anspruch aber doch eine Leistung fest, dessen Gegenstand die Kondiktion ist. Der belastete Kontoinhaber hat diese Leistung nach der Kontokorrentabrede anzuerkennen, solange die Rücküberweisung durch den Empfänger aus Gründen unterblieben ist, die er selbst zu vertreten hat.

Diese Lösung hat gegenüber dem ähnlichen Vorgehen von Canaris, nach dem die Bank schlicht Wertersatz fordern kann, den Vorzug, daß das Konto des vermeintlichen Auftraggebers wieder entlastet wird. Das gebietet die Tatsache, daß die Bank ohne legitimierenden Anlaß an den Empfänger gezahlt hat und der vermeintliche Auftraggeber dadurch so wenig wie möglich benachteiligt werden darf.

Ähnlich ist zu entscheiden, wenn die Bank den ihr abgetretenen Bereicherungsanspruch nicht durchsetzen kann, weil der Empfänger nach den Grundsätzen der Saldotheorie nicht oder nur beschränkt Herausgabe schuldet. Der damit verbundene Nachteil des vermeintlich Überweisenden wurzelt in der Gegenseitigkeit des Valutaverhältnisses und seiner Unwirksamkeit. Er wäre zwar ohne das vertragswidrige (Widerruf, Bedingung) Verhalten der Bank nicht entstanden. Jedoch hätte der Valutaschuldner auch bei irrtümlicher Barzahlung ein entsprechendes Risiko zu tragen gehabt. Einzelfälle mögen anders zu entscheiden sein.

(3) Bereicherungsrechtliche Einwendungen

Anders ist zu entscheiden, wenn der Gutschriftsempfänger sich z.B. wegen Luxusausgaben auf § 818 Abs.3 BGB berufen kann. Das Risiko des Fortbestandes rechtsgrundlos erbrachter Leistungen legt das Gesetz demjenigen auf, der ohne verpflichtet zu sein, Vermögen aus der Hand gibt. Es entspricht allein diesem Grundgedanken des Bereicherungsrechtes, daß die Bank, die trotz eines Widerrufs oder entgegen eines ihr nur bedingt erteilten Auftrages an einen Dritten gezahlt hat, auch in Bezug auf ihn diesen

Nachteil hinzunehmen hat, nicht anders, als sie auch das Risiko einer Insolvenz des Dritten tragen muß. Die Überweisung war eben nicht vertragsgemäß.

Bei den bereicherungsrechtlichen Einwendungen ist zunächst die Begründetheit nach dem Sinn der jeweiligen Vorschrift zu prüfen. Der Gedanke des § 814 (erster Fall) wird darin gesehen, daß derjenige, der einer Leistung f r e i w i l l i g den Charakter einer Schulderfüllung gegeben hat, obwohl er wußte, daß keine Schuld bestand, sich nunmehr so behandeln lassen soll, als sei es eine Schulderfüllung gewesen.[18] Dieser Gedanke trifft auf denjenigen nicht zu, für den eine Bank gegen oder ohne seinen Willen gezahlt hat (widerrufener, bedingter Überweisungsauftrag). Allein der Anschein einer freiwilligen Erfüllungsleistung vermag die Sanktion des § 814 nicht zu rechtfertigen. Bei § 814 (zweiter Fall) dürfte dagegen nach Billigkeitsgesichtspunkten nur von Fall zu Fall zu entscheiden sein.
Entsprechendes gilt für § 815 BGB. Der im ersten Fall der Vorschrift vorgesehene Empfängerschutz ist wiederum nur sinnvoll, wenn die Leistung tatsächlich freiwillig war und nicht nur dem Anschein nach. Im zweiten Fall, der wieder auf Billigkeitserwägungen beruht,[19] kann dagegen im Interesse des Empfängers anders zu entscheiden sein.

Schließlich kann § 817 BGB wegen seines Strafcharakters[20] nie eingreifen, wenn der Absender die Zahlung tatsächlich nicht gewollt hat.

Zweifelhaft ist die Anwendung dieser Bestimmungen gegenüber Minderjährigen und Geisteskranken. Sachgerecht erscheint, hier den Empfängerschutz zurücktreten zu

---

18) vgl. Larenz, Schuldrecht II § 69 I.

19) vgl. H.P.Westermann, JuS 1968,17(23); Staudinger-Seufert § 814 Rdz.9.

20) str., vgl. Larenz, Schuldrecht II § 69 II ("objektive Folge"); Erman-Seiler § 817 Rdz.14.

lassen.

Es bleiben schließlich nur wenige Fälle, in denen die genannten Einwendungen überhaupt begründet sind. Es kommen ausschließlich solche in Betracht, die auf Billigkeitsgründen (§ 814 zweiter Fall und § 815 zweiter Fall) beruhen. In diesen Fällen erscheint es unvermeidlich, daß letztlich die Bank den Schaden trägt. Die Kondiktion, die sie dem vermeintlichen Auftraggeber verschafft hat, ist in diesen Fällen praktisch wertlos. Der Kondiktionsschuldner braucht aber nie mehr herauszugeben, als er erlangt hat.

IV. Rechtfertigung der Rückabwicklung in den Leistungsverhältnissen

1. Die Verteilung der Insolvenzrisiken

Der Haupteinwand gegen die Doppelkondiktion, daß die Bank nicht nur das Risiko einer Insolvenz ihres Vertragspartners, sondern zusätzlich noch das Risiko einer Insolvenz des Empfängers zu tragen hat[21], hat wenig Gewicht.

Die Kumulierung der Insolvenzrisiken bei der nicht wirksam beauftragten Bank ist nämlich nur gerecht. Das zeigt sich deutlich, wenn beispielsweise der Widerruf, den die Bank übersehen hat, gerade deshalb ausgesprochen wurde, weil der Absender eine Insolvenz seines Vertragspartners befürchtete oder wenn er aus demselben Grunde den Überweisungsauftrag an eine Bedingung (z.B. Nachweis einer Vorleistung) geknüpft hat. Wertungsgemäß ergibt sich der Übergang aller Insolvenzrisiken aus dem schon oben verwandten Gesichtspunkt, daß jeder die Gefahren aus der freiwilligen Verwendung eigenen Vermögens selbst

---

21) s. Canaris, Festschrift für Larenz § 799(811); Larenz Schuldrecht II § 68 III b; H.P.Westermann JuS 1968,17(21).

trägt. Das gilt nicht zuletzt gegenüber einem geschäftsunfähigen Vertragspartner. Für diesen Fall kommt freilich im Giroverkehr hinzu, daß Ziff.23 AGB (3 AGBSP) zugunsten des Kreditinstitutes eingreift. Diese Freizeichnungsklausel ist gerade auf solche Risiken gemünzt. Schließlich ist die Kumulierung der Insolvenzrisiken auch nach der Durchgriffslösung unvermeidbar. Selbst wenn man der Bank wahlweise einen Wertersatzanspruch gegen ihren vermeintlichen Auftraggeber zubilligen würde, müßte sich diese wiederum bei Uneinbringlichkeit seiner Kondiktion auf Wegfall der Bereicherung berufen können. Es geht auch der weitere Einwand fehl, die Doppelkondiktion führe zu einer ungerechtfertigten Begünstigung von Gläubigern des Überweisungsauftraggebers.[22] Zwar ist richtig, daß die Kondiktion, die der vermeintliche Zahlungsauftraggeber erwirbt, pfändbar ist. Auch kann im Konkurs des Auftraggebers der Konkursverwalter die Forderung eintreiben und das Geld zur Masse ziehen. Die Bank muß sich dann ihrerseits gegebenenfalls mit der Konkursquote abfinden. Das bedeutet indes keine ungerechtfertigte Verletzung legitimer Interessen der Bank; sie hat nach Konkurseröffnung einen Auftrag des Gemeinschuldners ausgeführt und erwirbt deshalb grundsätzlich nur eine Konkursforderung. Die Bank wollte an ihren Kunden leisten. Sie verdient keinen anderen Schutz als sonstige Gläubiger auch. Bei allem ist zu beachten, daß Insolvenzrisiken für Zahlungsverkehrsmittler nur aktuell werden, wenn sie ihren Kunden Kredit gewährt haben. Solange im bargeldlosen Zahlungsverkehr Deckung vorhanden ist, sind die Kreditinstitute durch das in Ziff. 19 ihrer AGB vereinbarte Pfandrecht und außerdem durch die kontokorrentrechtliche Verrechnungsmöglichkeit ausreichend geschützt.

---

22) Canaris aaO. S.8o9 ff; wie hier Kunisch S.180; Koppensteiner-Kramer S.24 ff,45.

2. Verteilung der Vertragsrisiken

Beachtlicher erscheint dagegen der weitere Einwand, die Doppelkondiktionslösung führe notwendig dazu, daß die Bank rechtsgeschäftlichen Einwendungen aus der Valutabeziehung ausgesetzt werde.[23] Das erklärte Ziel der neueren Bereicherungslehre, den Kondiktionsgläubiger vor Einwendungen aus fremdem Vertrag zu schützen, werde genau verfehlt.

Die Kumulierung mehrerer (nicht aller) Vertragsrisiken auf die Bank ist nicht zu leugnen. In dem vorgezeichneten Rahmen ist sie jedoch angemessen. Sie ergibt sich zwangsläufig daraus, daß die Bank nur aus abgetretenem Recht vorgehen kann. Erteilt die Bank gegen den erklärten Willen ihres Kunden einem Dritten eine Gutschrift, dann begibt sie sich selbst in die Abhängigkeit eines für sie fremden Vertragsverhältnisses. Der Empfänger bleibt gleichermaßen schutzwürdig, namentlich in den Grenzen der Saldotheorie. Andererseits kann die Bank von ihrem Kunden allenfalls das herausverlangen, was dieser tatsächlich erlangt hat. Ziel des Bereicherungsausgleichs kann nur eine vom Verschulden und anderen Haftungsmaßstäben unabhängige Rückverschiebung objektiv eingetretener Vermögensvermehrungen sein.

3. Die Unvereinbarkeit der Durchgriffslösung mit den Wertungen der Konkursordnung

Der Konkurs des Überweisenden als Testfall zeigt, daß die Durchgriffslösung zu einer ungerechtfertigten Privilegierung der Bank gegenüber andern Konkursgläubigern führt. Sie entlastet die Bank vollständig von dem Risiko einer

---

23) s.Wilhelm, JuS 1973,1;auch Canaris aaO. (S.822).

Insolvenz ihres Vertragspartners und zwar gerade auch dann, wenn die Bank diesem Kredit gewährt hat. Die Durchgriffskondiktion bedeutet für die Bank weit mehr an Sicherheit als einem Konkursgläubiger nach den Wertungen der Konkursordnung zusteht.

a) Konkursrecht

Mit dem Erlöschen des Girovertrages (§ 23 Abs.1 Abs.2 KO) verliert auch der einzelne Überweisungsauftrag seine Kraft. Der Gemeinschuldner kann nach Konkurseröffnung keine wirksamen Überweisungsaufträge mehr erteilen. Für Gutschriften oder Barauszahlungen, die die Bank nach Eröffnung des Konkurses vornimmt, erwirbt sie grundsätzlich (vgl. § 8 Abs.1,15,55 II KO)[24] nur einfache Konkursforderungen. Gleiches muß im rückläufigen Überweisungsverkehr für Schecks und Lastschriften gelten. Die Konkursordnung gewährt nun allerdings demjenigen, der nach Konkurseröffnung noch an den Gemeinschuldner leistet, im Rahmen des § 8 Schutz. Die h.M. wendet diese Bestimmung auch zugunsten einer Girobank an, sei es nun direkt oder analog[25]. Voraussetzung ist, daß das Konto des überweisenden Gemeinschuldners noch Deckung aufweist, also kreditorisch ist, das Geleistete in die Konkursmasse gelangt ist und die Bank zur Zeit der Vollendung des Erfüllungsaktes, d.h. im Zeitpunkt der Gutschrift auf dem Konto des Empfängers keine Kenntnis von der Konkurseröffnung hatte. Nur positive Kenntnis schadet.[26]

---

24) Böhle-Stamschräder § 23 KO Anm.7,11; Jäger-Lent § 23 KO Anm.21,17; zum rückläufigen Überweisungsverkehr Skrotzki, KTS 1974,136; zum ganzen Meyer-Cording S.111; Canaris Anh.C nach § 357 HGB Anm.252-257.

25) vgl. Meyer-Cording S.114; Schlegelberger-Hefermehl Anh. § 365 HGB, Rdz.65; Jaeger-Lent § 23 KO Anm.18; Canaris Anh.C nach § 357 HGB Anm.253 m.w.N.; Obermüller S.63,22.

26) Böhle-Stamschräder § 8 Anm.2.

Schließlich ergibt sich aus § 7 KO für das Valutaverhältnis, daß nach Konkurseröffnung erteilte Gutschriften nicht mehr zur Erfüllung der Valutaschuld führen. Unter § 7 KO, der jeden störenden Einfluß des Gemeinschuldners auf die Konkursmasse verhindern will, fällt jedes Verhalten, das Rechtsfolgen auslöst. Die Bestimmung ist auf Giroüberweisungen unabhängig davon anzuwenden, ob man für den Eintritt der Erfüllung eine Tilgungsbestimmung als rechtsgeschäftliche Handlung verlangt oder nicht. Die h.M. gestattet dem Konkursverwalter demzufolge, den Wert der Gutschrift zu kondizieren und in die Masse zu überführen.[27] Der Empfänger ist um den Wert der Gutschrift der Konkursmasse gegenüber ungerechtfertigt bereichert, weil mit der Überweisung eine Schuld des Gemeinschuldners gegenüber dem Empfänger getilgt werden sollte (§§ 812 Abs.1 S.2,818 Abs.2 BGB, 7 KO)[28]. Der herrschenden Auffassung ist zuzustimmen. Sie ist nur eine konsequente Anwendung des Gedankens der Simultaneität im Konkurs.

b) Diese Regelung der Konkursordnung wird unterlaufen, wenn man der Bank gestattet, unmittelbar beim Empfänger Rückgriff zu nehmen. Die Bank bliebe zu Lasten des Valutagläubigers von der Insolvenz ihres Kunden, dem sie Kredit gewährt hat, verschont und stünde damit besser als bei wirksam erteilter Weisung. Der Vorteil bestünde auch unabhängig von den Voraussetzungen des § 8 KO, namentlich auch unabhängig von eventueller Kenntnis von der Eröffnung des Konkursverfahrens oder bestehender Zahlungsunfähigkeit des Kunden. Der Grund für die Privilegierung der Bank wäre allein die Zweckverfehlung im Valutaverhältnis. Dies aber ist ein Umstand, von dem die Bank sonst nicht einmal Notiz nimmt und der für sie nichts

---

27) LG Hamburg, MDR 1966,338; Böhle-Stamschräder § 7 Anm.6.

28) LG Hamburg, MDR 1966,338; Böhle-Stamschräder § 7 Anm.6.

anderes als Zufall ist. Das erkennt auch Canaris an.[29] Im Konkurs des Überweisenden sei die an sich gegebene Durchgriffskondiktion nicht begründet. Wenn die Barauszahlung eines Giroguthabens an den Gemeinschuldner eine zur Konkursmasse zu erfüllende Verbindlichkeit (§ 8 Abs.1 KO) sei, dann müsse das gleiche gelten für auftragsgemäße Überweisungen an Dritte. Denn rechtlich seien diese "nach der Lehre von der Simultanleistung als Leistung der Bank an den Überweisenden anzusehen".

Canaris teilt im Ergebnis die hier vertretene Auffassung. Er sieht sich aber von seinem Standpunkt aus zu einer wesentlichen Einschränkung genötigt. Nach seiner Auffassung bleibt es bei der Durchgriffskondiktion, wenn die Bank nach § 8 Abs.2 Satz 2 KO im Deckungsverhältnis nur eine Konkursforderung erwirbt. Dann könne sich die Bank mit der Eingriffskondiktion an den Gutschriftsempfänger halten. Die Durchgriffskondiktion sei jetzt wiederum wegen des Fehlens einer wirksamen Tilgungsbestimmung im Valutaverhältnis begründet.

c) Die von Canaris vorgenommene Einschränkung ist abzulehnen. Sie führt zu einer ungerechtfertigten Privilegierung der Bank gegenüber den Konkursgläubigern. Entweder ist sie konkursrechtlich geschützt oder aber bereicherungsrechtlich, indem sie sich an den Empfänger halten kann. Diese Auffassung ist mit den Wortungen der §§ 7 u. 8 Abs.1 der KO unvereinbar. Wer nach Konkurseröffnung auf eine zur Konkursmasse zu erfüllende Verbindlichkeit leistet, wird nur insoweit geschützt, als das Geleistete in die Konkursmasse geflossen ist und der Leistende die Eröffnung des Konkursverfahrens nicht kannte. Wenn die h.M. diese Regel weit auslegt und überhaupt auf die Giroüberweisung anwendet, dann ist es nicht mehr zulässig,

---

29) Canaris Anh.C nach § 357 HGB Anm.253.

den Vertrauensschutz der Bank im Wege des Bereicherungsrechts noch darüber hinaus auszudehnen, indem man der Bank den Zugriff auf den Empfänger gestattet und so zu Lasten anderer Konkursgläubiger verhindert, daß das Geld in die Konkursmasse gelangt. Systemwidrig ist, daß die Durchgriffskondiktion davon abhängt, ob der Gemeinschuldner ein kreditorisches oder ein debitorisches Konto unterhalten hat. Die Deckungsfrage im Verhältnis der Bank zum Überweisenden spielt aus Gründen der Abstraktion des Vollzugsverhältnisses nie eine Rolle. Die Tatsache, daß im Valutaverhältnis keine Erfüllung eingetreten ist, rechtfertigt aber wiederum nicht die Kondiktion der Bank, sondern gerade umgekehrt die Kondiktion des Konkursverwalters. Es handelt sich um einen Mangel des Valutaverhältnisses, nicht um einen Mangel im Verhältnis der gutschreibenden Bank zum Empfänger. Nicht die Bank, sondern die Konkursgläubiger werden durch § 7 KO geschützt. Die Widersprüchlichkeit der Lehre von Canaris zeigt sich gerade im Konkurs. Canaris beruft sich zur Begründung des Vertrauensschutzes der Bank nach Konkursrecht (§ 8 Abs.1) auf die Lehre von der Simultanleistung. Bereicherungsrechtlich will er aber dieses Prinzip nicht gelten lassen.

Konsequent ist allein, in allen Fällen dem Konkursverwalter die Leistungskondiktionen gegen den Empfänger zu geben und die Bank auf eine gewöhnliche Konkursforderung zu verweisen, es sei denn, daß sie über § 8 der KO[30] geschützt ist. Dieser Schutz besteht schließlich, was Canaris offensichtlich übersieht nach §§ 8 Abs.1,59 Abs.1 Nr.4 KO immer dann, wenn es dem Konkursverwalter gelingt, den Wert der Gutschrift vom Gutschriftsempfänger in die Masse zu ziehen, wozu er den Konkursgläubigern gegenüber verpflichtet ist. Er besteht dagegen nicht, wenn die Bank

---

30) oder § 23 Abs.2, Abs.1 Satz 2 KO.

dem Gemeinschuldner Kredit gewährt hat (debitorisches Konto).

d) Die Leistungskondiktion im Valutaverhältnis entspricht auch allein der Rechtslage im Barzahlungsverkehr. Wer nach Konkurseröffnung vom Gemeinschuldner Sachgeld erhält, muß dies an den Konkursverwalter zur Masse herausgeben (§ 985 BGB). Er kann sich seiner Rückzahlungspflicht nicht durch Aufrechnung oder unter Berufung auf § 986 BGB entziehen. Seine Herausgabepflicht ist erst nach Konkurseröffnung entstanden und die Aufrechnung deshalb durch § 55 Ziff.1 KO ausgeschlossen. Ebenso versagt aus demselben Grunde die Einwendung des § 986 im Konkurs. Wer umgekehrt dem Gemeinschuldner nach Konkurseröffnung Bargeld übergibt, ist nur unter den Voraussetzungen des § 8 KO geschützt. Handelt es sich um einen Beauftragten, so erwirbt er nur im Fall des § 672 BGB eine Masseforderung und selbst im Fall des § 674 BGB nur eine einfache Konkursforderung (§§ 23 Abs.1 S.2,27 KO). Die Rechtslage sollte im Ergebnis nicht anders sein, wenn ein Kreditinstitut statt einer Barauszahlung an den Gemeinschuldner einen von ihm erteilten Auftrag noch ausführt.

V. Ergebnis

Ein Doppelmangel im Sinne des Bereicherungsrechts liegt im Überweisungsverkehr nur vor, wenn der Absender der Zahlung seiner Bank einen der Gutschrift entsprechenden, aber nicht rechtsgültigen Auftrag (im Scheckverkehr entsprechend eine nicht wirksame Ermächtigung) erteilt hat. Sonst entstehen keine Leistungsverhältnisse. Es muß hinzu kommen, daß im Valutaverhältnis der mit der Gutschrift scheinbar verfolgte Zweck nicht erreicht wurde. Entsprechend dem Grundsatz der neueren Bereicherungslehre, nach dem nur innerhalb der Leistungsverhältnisse zu kondizieren ist, hat die unwirksam beauftragte Bank die Leistungskondiktion gegen ihren Auftraggeber, dieser die Leistungskondiktion gegen den Empfänger der Gutschrift.

Bezüglich des Inhalts der Leistungskondiktion im Deckungsverhältnis ist zu differenzieren:

Ist das Valutaverhältnis bereits zurückabgewickelt, sei es, daß der Empfänger der Gutschrift an den Absender der Zahlung zurücküberwiesen oder etwa aufgerechnet hat, so schuldet dieser seiner Bank Wertersatz nach § 818 II BGB. Praktisch bleibt es bei der Belastungsbuchung.

Sonst kann der vermeintliche Auftraggeber von seiner Bank Wiedergutschrift verlangen gegen Abtretung seiner Leistungskondiktion gegen den Empfänger der Gutschrift, sofern nicht der Fall der Ziff.23 AGB vorliegt. Es ist grundsätzlich Sache der Bank, den gutgeschriebenen Betrag vom Empfänger zurückzuholen. Dabei hat sie das Risiko zu tragen, das sich aus § 818 III BGB ergibt.

Zwangsläufig ergibt sich weiter, daß die wirtschaftliche Durchsetzbarkeit (Insolvenz oder tatsächliche Nichtbelangbarkeit des Empfängers) der abgetretenen Kondiktion ein Risiko der Bank ist.

Jedoch hat die Bank im Ergebnis nicht alle Risiken der Valutabeziehung zu tragen. Im Einzelfall kann sich ergeben, daß sie das Konto ihres Kunden erneut belasten darf. Rechnet der Gutschriftsempfänger mit einer Forderung gegen den Absender der Überweisung gegenüber der Bank als Abtretungsgläubigerin auf (§ 406 BGB), so erwirbt die Bank dadurch eine Eingriffskondiktion gegen ihren Auftraggeber, die kontokorrentzugehörig ist.

Macht der Empfänger der Gutschrift ein begründetes Zurückbehaltungsrecht aus der Valutabeziehung geltend (§ 404 BGB), dann muß der Absender entweder die Bank freistellen oder aber die dem Empfänger erteilte Gutschrift als Leistung der Bank an ihn selbst anerkennen.